中等职业教育“十二五”规划课程改革创新教材

中职中专计算机类专业通用教材系列

计算机程序设计基础
——C#实用版

陈佳玉　陈　成　主　编

李一中　张景文　张永洁　副主编

科学出版社

北　京

内 容 简 介

本书从初学者的角度出发，以微软Visual C# 2008 Express作为开发平台，精心设计了多个趣味实用的实例项目，让读者在制作实例的同时学习相关知识。全书包含12项目：前11个项目中，每个项目通过一个实用的小例子来讲解C#编程的基础知识；最后一个项目通过一个实用、完整的文具店零售管理系统实例，让读者学习如何进行软件项目的开发，体验开发软件项目的全过程。

本书采用了项目引导、任务驱动的模式编写，内容通俗易懂，图文并茂，实例丰富，非常适合作为中等职业学校计算机程序设计基础课程的教材，也可作为程序设计初学者的入门读物。

图书在版编目(CIP)数据

计算机程序设计基础：C# 实用版 / 陈佳玉，陈成主编 .—北京：科学出版社，2011

（中等职业教育“十二五”规划课程改革创新教材·中职中专计算机类专业通用教材系列）

ISBN 978-7-03-031696-7

Ⅰ.①计… Ⅱ.①陈… ②陈… Ⅲ.①C语言–程序设计–中等专业学校–教材 Ⅳ.①TP312

中国版本图书馆CIP数据核字（2011）第119097号

责任编辑：陈砺川 / 责任校对：王万红
责任印制：吕春珉 / 封面设计：东方人华平面设计部

科学出版社 出版
北京东黄城根北街 16 号
邮政编码：100717
http://www.sciencep.com

三河市骏杰印刷有限公司印刷

科学出版社发行　　各地新华书店经销

*

2011 年 7 月第 一 版　　开本：787 × 1092　1/16
2019 年 1 月第四次印刷　　印张：16 3/4
字数：358 000

定价：42. 00 元

（如有印装质量问题，我社负责调换<骏杰>）
销售部电话 010-62134988　编辑部电话 010-62135763-8020

中等职业教育“十二五”规划课程改革创新教材

编写委员会

序

《国家中长期教育改革和发展规划纲要（2010 ~ 2020 年）》中明确指出，要“大力发展职业教育”,“把提高质量作为重点。以服务为宗旨，以就业为导向，推进教育教学改革。”可见，中等职业教育的改革势在必行，而且，改革应遵循自身的规律和特点。“以就业为导向，以能力为本位，以岗位需要和职业标准为依据，以促进学生的职业生涯发展为目标”成为目前呼声最高的改革方向。

实践表明，职业教育课程内容的序化与老化已成为制约职业教育课程改革的关键。但是，学历教育又有别于职业培训。在改变课程结构内容和教学方式方法的过程中，我们可以看到，经过有益尝试，“做中学，做中教”的理论实践一体化教学方式，教学与生产生活相结合、理论与实践相结合，统一性与灵活性相结合，以就业为导向与学生可持续性发展相结合等均是职业教育教学改革的宝贵经验。

基于以上职业教育改革新思路，同时，依据教育部 2010 年最新修订的《中等职业学校专业目录》和教学指导方案，并参考职业教育改革相关课题先进成果，科学出版社精心组织 20 多所国家重点中等职业学校，编写了一套计算机类专业的“中等职业教育‘十二五’规划课程改革创新教材”，其中，计算机动漫与游戏制作专业是教育部新调整的专业。此套具有创新特色和课程改革先进成果的系列教材将在“十二五”规划的第一年陆续出版。

本套教材坚持科学发展观，是“以就业为导向，以能力为本位”的“任务引领”型教材。教材无论从课程标准的制定、体系的建立、内容的筛选、结构的设计还是素材的选择，均得到了行业专家的大力支持和指导，他们作为一线专家提出了十分有益的建议；同时，也倾注了 20 多所国家重点学校一线老师的心血，他们为这套教材提供了丰富的素材和鲜活的教学经验，力求以能符合职业教育的规律和特点的教学内容和方式，努力为中国职业教学改革与教学实践提供高质量的教材。

本套教材在内容与形式上有以下特色：

1. 任务引领，结果驱动。以工作任务引领知识、技能和态度，关注的焦点放在通过完成工作任务所获得的成果，以激发学生的成就感；通过完成典型任务或服务，来获得工作任务所需要的综合职业能力。

2．内容实用，突出能力。知识目标、技能目标明确，知识以“够用、实用”为原则，不强调知识的系统性，而注重内容的实用性和针对性。不少内容案例以及数据均来自真实的工作过程，学生通过大量的实践活动获得知识技能。整个教学过程与评价等均突出职业能力的培养，体现出职业教育课程的本质特征。做中学，做中教，实现理论与实践的一体化教学。

3．学生为本。除以培养学生的职业能力和可持续性发展为宗旨之外，教材的体例设计与内容的表现形式充分考虑到学生的身心发展规律，体例新颖，版式活泼，便于阅读，重点内容突出。

4．教学资源多元化。本套教材扩展了传统教材的界限，配套有立体化的教学资源库。包括配书教学光盘、网上教学资源包、教学课件、视频教学资源、习题答案等，均可免费提供给有需要的学校和教师。

当然，任何事物的发展都有一个过程，职业教育的改革与发展也是如此。如本套教材有不足之处，敬请各位专家、老师和广大同学不吝赐教。相信本套教材的出版，能为我国中等职业教育信息技术类专业人才的培养，探索职业教育教学改革做出贡献。

信息产业职业教育教学指导委员会委员

中国计算机学会职业教育专业委员会名誉主任

广东省职业技术教育学会电子信息技术专业指导委员会主任

何文生

2011 年 1 月

前言

C# 是微软公司推出的一款面向对象的编程语言，是专门为 .NET 框架设计的，是能与 .NET 框架完美结合的程序设计语言。自面世以来，它凭借功能强大、简单易学、健壮安全的特点得到了广泛的应用，成为现代主流编程语言之一。C# 程序设计语言易学易用，结合微软公司推出的可视化开发平台，非常适合作为学习程序设计的入门语言。

本书内容

本书以 C# 的基础语法、Windows 窗体应用程序、数据库应用开发作为主要内容，以微软 Visual C# 2008 Express 作为开发平台。全书共十二个项目。前四个项目主要介绍了 Microsoft Visual C# 2008 Express 开发环境的使用，C# 程序运行与调试的方法，以及 C# 的基础语法，包括常量、变量、三种基本程序设计结构、数组、类与对象等；项目四～项目八主要讲述了 C# 关于 Windows 窗体应用程序的开发方法，包括 Windows 窗体应用程序的常用控件；项目九～项目十一详细介绍了 C# 开发 Windows 窗体应用程序的高级控件的使用方法、C# 关于网络编程的相关知识，以及 ADO.NET 数据访问技术；项目十二通过一个实用、完整的文具店零售管理系统实例，让读者学习如何进行软件项目的开发，体验开发软件项目的全过程。

本书特点

● 模式新颖

本书结合当代中等职业教育的特点，摒弃了传统的程序设计教材讲授模式，采用了项目引导、任务驱动的编写思路，将知识点分布在各个项目任务中，使学生在完成项目任务的过程中就掌握编程的相关知识和技能，真正体验“做中学、学中做”的乐趣。

● 内容适度够用

本书充分考虑到中职学生的特点，所设计的内容适度够用，重点包括中职学生所应、所能掌握的 C# 程序设计基础知识。书中所设计的项目任务建立在学生能做、会做的基础上，从易到难，难度适中，旨在培养学生的应用能力。

● 结构体系合理

本书的结构体现了一个从入门到精通的学习过程。这种从新手到高手的修炼过程能使学生融入角色，激发学生的学习兴趣。项目的选择体现了从生活中来，到生活中去，十分实用。

读者对象

本书可作为中等职业学校计算机程序设计基础课程的教学用书，也可作为程序设计初学者的入门教材。对于广大编程爱好者而言，本书又是一本通俗易懂且实用性强的自学参考书。

本书编者

本书由陈佳玉、陈成主编，李一中、张景文、张永洁担任副主编。项目一、项目十二由陈佳玉编写，项目二、项目三由陈成编写，项目四、项目五由李一中编写，项目六、项目七由周晓静编写，项目八、项目九由张景文编写，项目十由张治平编写，项目十一由邹贵财编写，全书由陈成统一修改后定稿。

由于作者水平有限，加上编写时间仓促，书中难免有不妥之处，恳请广大读者批评指正，科学出版社提供本书中实例的源代码电子包及教学课件，可从 www.abook.cn 网站下载，如需要电邮，请联系：ChenChengCG@163.com。

目 录

1 项目一 开始 C# 修炼

项目说明

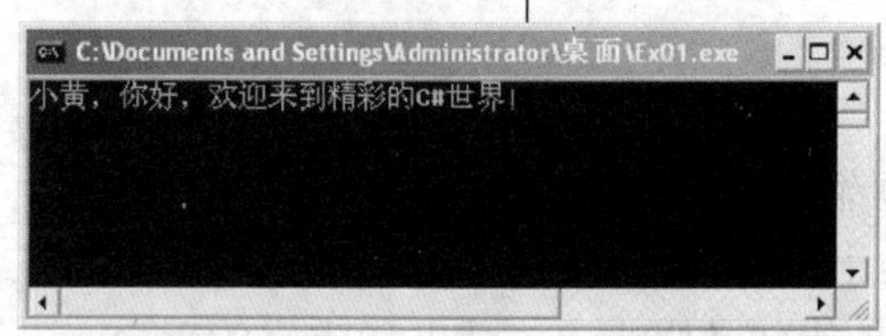

图 1-1 第一个 C# 程序

本项目首先对 C# 进行初步介绍，使读者认识什么是 C#、C# 语言的特点以及用 C# 能编写什么样的应用程序。其次，介绍由微软公司推出的一款专门用于进行 C# 开发的工具——Microsoft Visual C# 2008 Express。接着，在 Microsoft Visual C# 2008 Express 开发环境中创建第一个 C# 的控制台应用程序，该程序的运行结果如图 1-1 所示。最后详细介绍在 Microsoft Visual C# 2008 Express 开发环境中如何进行程序的运行与调试，这是程序开发中非常重要的环节。

能力目标

- 了解 C# 的基本情况以及能用 C# 开发什么样的应用程序。
- 熟悉 Microsoft Visual C# 2008 Express 开发环境，了解环境中主要子窗口的功能。
- 学会在 Microsoft Visual C# 2008 Express 开发环境中创建控制台应用程序。
- 学会在 Microsoft Visual C# 2008 Express 开发环境中对 C# 程序进行运行与调试。

任务一 初识 C#

任务目标 通过完成本任务，使读者对 C# 有一个初步的认识，认识什么是 C#，了解 C# 语言的特点以及用 C# 语言能编写什么样的应用程序。

任务分析 本任务主要从以下 3 个方面对 C# 进行介绍。

(1) 什么是 C#。要想理解 C# 的定义，必须先从 .NET 框架与 C# 的关系入手。

(2) C# 语言的特点。C# 具备了语法简洁、纯面向对象以及兼容性等许多突出特点。

(3) 用 C# 能编写什么样的应用程序。C# 除了能开发运行在传统 DOS 平台上的控制台应用程序外，还能开发 Windows 应用程序以及 Web 应用程序等。

相关知识

1．什么是 C#

在认识什么是 C# 之前，必须先理解什么是 .NET 框架以及 C# 与 .NET 框架之间的关系。

(1) .NET 框架（.NET Framework）是微软公司推出的一个全新的编程平台，目前的版本是 3.5，但微软公司正对其进行不断升级。它是一个功能非常强大、类库非常丰富的平台，利用它可轻松地创建 Windows 应用程序、Web 应用程序、Web 服务和其他各种类型的应用程序。更直接地说，.NET 框架就是主要包含一个非常大的代码库，它针对不同的应用范围分为不同的模块，例如有专门针对 Windows 应用程序的模块，也有专门针对 Web 程序的模块，而在 .NET 框架平台上编程就是使用这些丰富的资源。

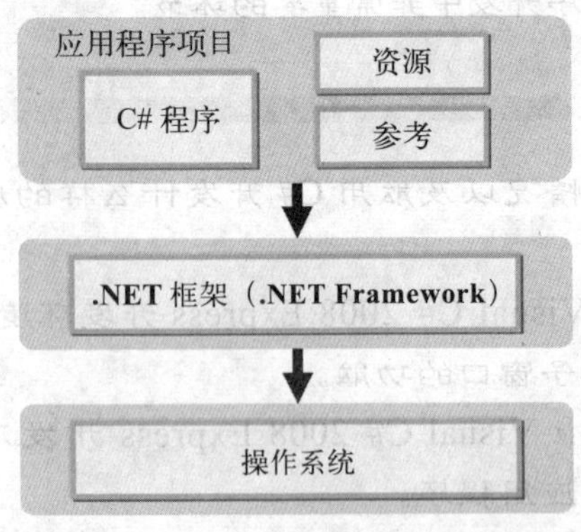

图 1-2 C# 与 .NET 框架的关系

小贴士

.NET框架是一个资源丰富的编程平台，而C#正是在此平台上进行程序开发的一种面向对象的编程语言，是专门为使用.NET框架而创建的。

(2) C# 是微软公司设计的在 .NET 平台上开发的一种语言，是唯一为 .NET 框架设计的语言，也是 .NET 移植到其他操作系统上主要使用的语言，具有美好的前景。虽然其他编程语言也能在 .NET 框架上开发应用程序，但往往只能完全支持 .NET 代码库的部分功能，而 C# 却能使用 .NET 框架平台上的每一项功能，这使得 C# 成为开发 .NET 框架应用程序的最佳语言。

(3) C# 是相对较新的一种语言，它吸取了其他编程语言的优点，摒弃了它们的缺点，成为一种更强大、更简单、更健壮的编程语言。图 1-2 简单展示了 C# 与 .NET 框架的关系。

2．了解 C# 语言的特点

C# 具有以下几大突出优点。

（1）纯面向对象设计。C# 摒弃了 C 面向过程与 C++ 非纯面向对象的特点，以纯面向对象的方式设计，这样更有利于代码的重用与大型系统的开发。C# 具有面向对象语言所应有的封装、继承和多态的特征。

（2）完善的异常处理机制。C# 提供了完善的异常处理机制，能实时处理程序运行中所出现的异常，大大加强了程序的健壮性。

（3）语法简洁。C# 是由 C 与 C++ 派生而来的，因此它继承了这两种语言语法简单灵巧的优点，使开发人员可以自由地发挥。

（4）与 Web 紧密结合。C# 支持绝大多数的 Web 标准，例如 HTML、XML 和 SOAP 等。

（5）安全性强。C# 是类型安全语言，要求可以相互转换的不同类型数据在进行转换时必须显式转换。另外，它还提供了垃圾回收机制，能帮助开发者有效地管理内存资源。

（6）兼容性。C# 是专门为 .NET 框架设计的，所以它完全遵循 .NET 的公共语言规范，能与其他开发语言开发的组件兼容。

3．用 C# 能开发的应用程序

如前所述，.NET 框架包含一个非常大的代码库，有专门针对 Windows 应用程序的模块，也有专门针对 Web 程序的模块等。C# 使用 .NET 框架开发，因此，它也可以开发这些应用程序。

（1）控制台应用程序。这些应用程序运行在 DOS 平台上，以命令行的形式运行，没有图形界面程序。后台运行的程序一般使用此类程序。

（2）Windows 应用程序。这些应用程序运行在 Windows 平台上，以熟悉的 Windows 界面和操作方式与用户进行交互，如 Microsoft Office。此类程序使用 .NET 框架的 Windows Forms 模块进行开发，该模块是一个控件库，包括用于建立 Windows 用户界面的控件，如按钮、标签、菜单等。

（3）Web 应用程序。Web 应用程序是一种在服务器上发布后，客户终端能通过 Web 浏览器进行查看的应用程序，是 B/S 模式的程序（Browse/Server）。.NET 框架包括一个动态生成 Web 内容的强大系统，这个系统叫 Active Server Pages.NET（ASP.NET），C# 使用 .NET 框架中的 Web Forms 就可创建 ASP.NET 应用程序。

小贴士

C# 能开发控制台应用程序、Windows 应用程序、Web 应用程序。

拓展训练

1．什么是 C#？什么是 .NET 框架？它们之间有何关系？

2．C# 语言具有哪些特点？

3．用 C# 能编写哪些应用程序？

4．什么是面向过程程序设计？什么是面向对象程序设计？

任务二 熟悉 Microsoft Visual C# 2008 Express 开发环境

任务目标 通过完成本任务，熟悉 Microsoft Visual C# 2008 Express 开发环境中的菜单栏、工具栏、起始页、“工具箱”面板、“属性”面板以及代码编辑器的功能。

任务分析 Microsoft Visual C# 2008 Express 是微软公司专门针对 C# 开发的一个可视化编程工具，它轻巧，有针对性，容易获取和安装，特别适合学习 C# 基础编程的初学者和热衷者。

本任务详细介绍 Microsoft Visual C# 2008 Express 开发环境中菜单栏、工具栏、起始页、“工具箱”面板、“属性”面板以及代码编辑器的功能。

实施步骤

01 选择“开始”/“程序”/“Microsoft Visual C# 2008 Express Edition”命令，启动 Microsoft Visual C# 2008 Express 开发环境，程序启动后的起始页面如图 1-3 所示。

02 启动 Microsoft Visual C# 2008 Express 开发环境后，创建新项目有三种方法。第一种是选择“文件”/“新建项目”命令；第二种是使用快捷键 Ctrl+Shift+N；第三种是在“起始页”的“最近的项目”中直接单击“创建”后面的“项目”，如图 1-4 所示。

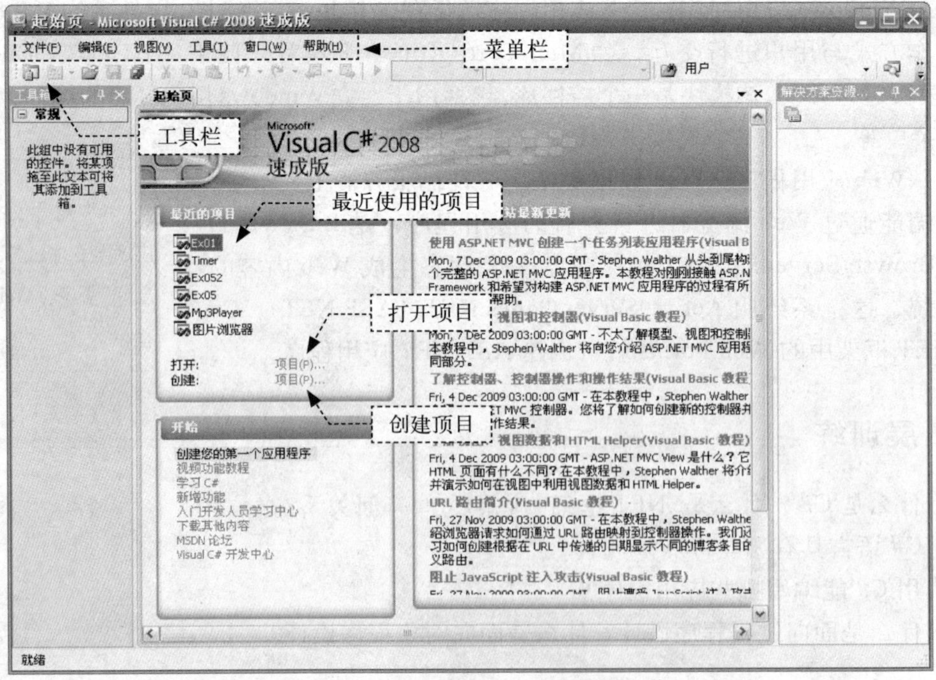

图 1-3 Microsoft Visual C# 2008 Express 启动后的起始页面

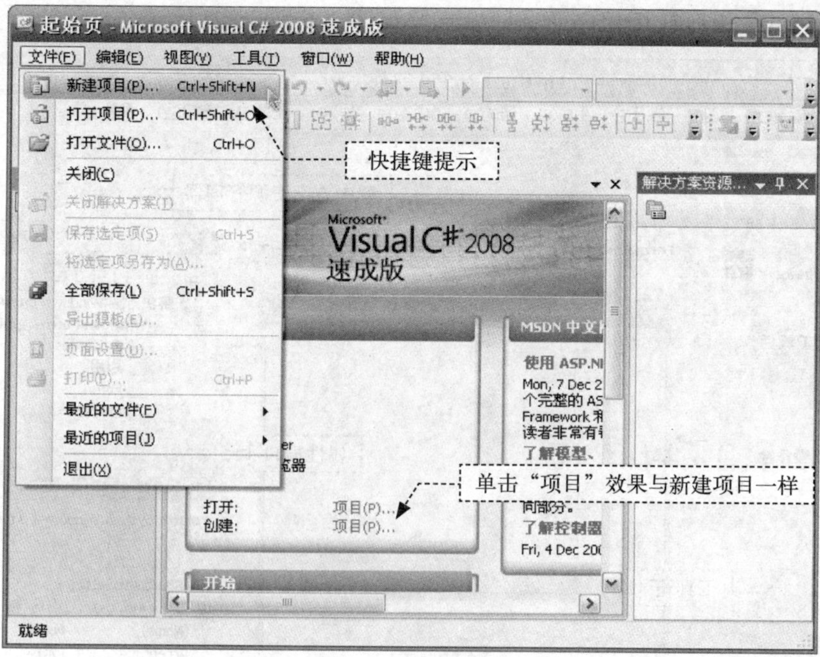

图 1-4 新建项目

在弹出的"新建项目"对话框中选择"Windows 窗体应用程序"模板，输入项目名称，单击"确定"按钮创建一个项目，如图 1-5 所示。

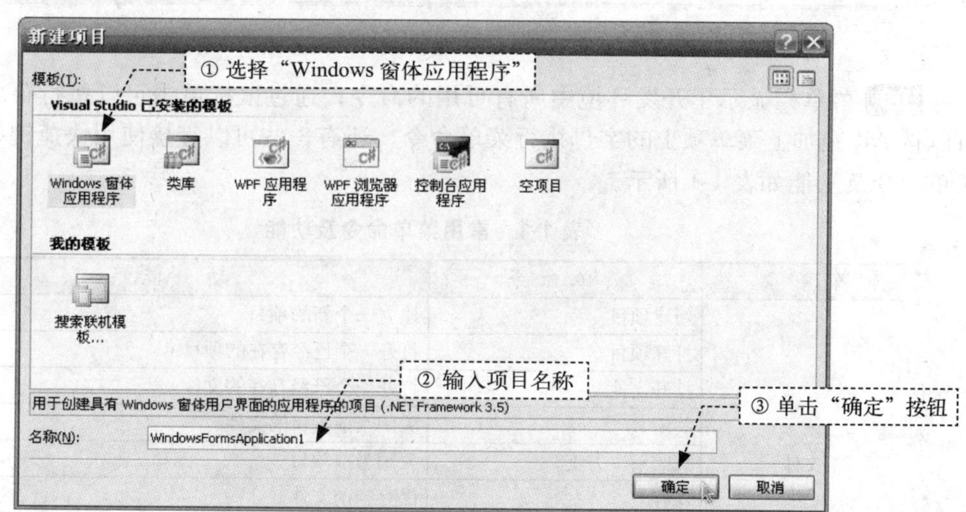

图 1-5 "新建项目"对话框

注 意

本处创建一个涉及环境窗口相对较齐全的项目，目的是使读者先熟悉 Microsoft Visual C# 2008 Express 开发环境，关于创建 Windows 窗体应用程序的方法将在项目五进行详细介绍。

创建 Windows 窗体应用程序后，开发环境如图 1-6 所示。

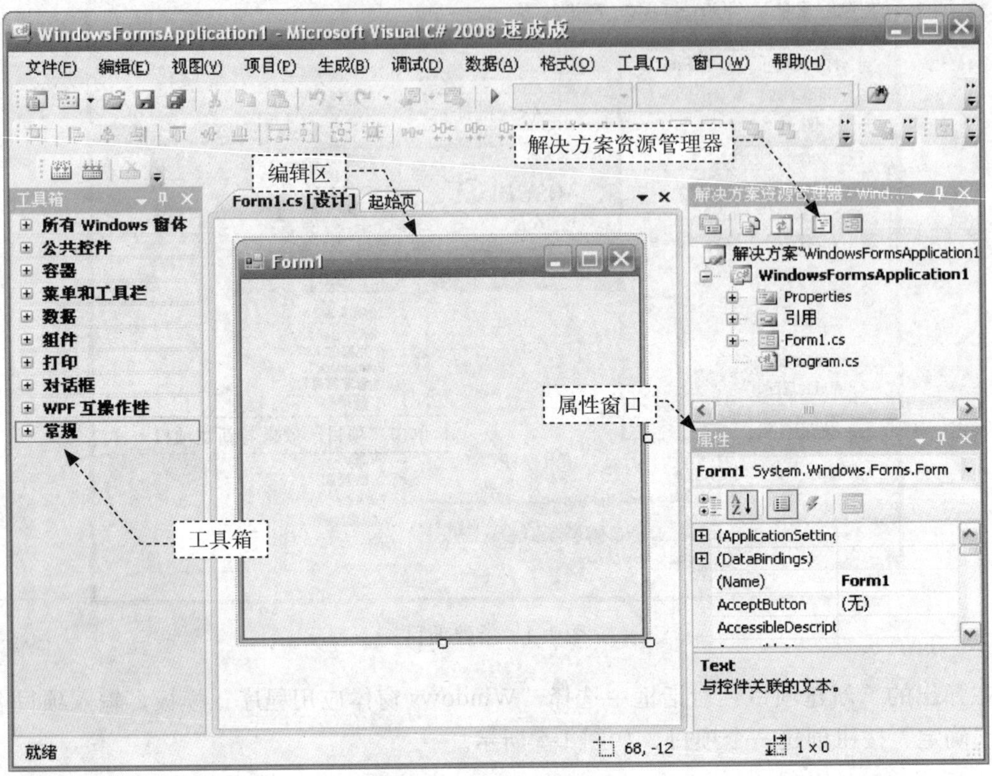

图 1-6 Microsoft Visual C# 2008 Express 开发环境

03 菜单栏显示了开发环境中所有可用的命令，通过鼠标单击可以执行菜单命令，也可以按 Alt 键加上菜单项上的字母执行菜单命令，还有一些可以直接使用快捷键执行。常用菜单命令及功能如表 1-1 所示。

表 1-1 常用菜单命令及功能

菜单项	菜单命令	功能
文件	新建项目	建立一个新的项目
	打开项目	打开一个已经存在的项目
	打开文件	打开一个已经存在的文件
	关闭	关闭当前编辑的文件
	关闭解决方案	关闭当前项目
	保存	保存当前文件
	全部保存	保存编辑过未保存的文件
	最近的文件	最近编辑的文件
	最近的项目	最近编辑的项目
编辑	撤销	撤销上一步操作
	重复	重做上一步所做的修改
	剪切	将选定的内容放入剪贴板，同时删除该内容
	复制	将选定的内容放入剪贴板，但不删除该内容
	粘贴	将剪贴板中的内容粘贴到当前光标处

续表

菜 单 项	菜 单 命 令	功　能
编辑	删除	删除所选定的内容
	全选	选择当前文档的全部内容
	查找和替换	在当前窗口查找指定内容，并可进行替换
视图	代码	显示代码编辑窗口
	设计器	打开设计器窗口
	属性窗口	显示属性窗口
	解决方案资源管理器	显示解决方案资源管理器
	工具箱	显示工具箱
生成	生成解决方案	编译项目，生成可执行文件
	重新生成解决方案	重新编译项目，生成可执行文件
调试	启动调试	在调试模式下运行代码
	开始执行（不调试）	在非调试模式下运行代码
	逐语句	逐条语句调试运行
	逐过程	逐过程调试运行

04 工具栏包括了菜单栏中若干命令按钮，通过工具栏能够快速地访问这些常用的菜单命令，使操作更方便、快捷。标准工具栏包括大多数常用的命令按钮，如新建项目、添加新项、打开文件、保存、全部保存、剪切、复制、粘贴等。标准工具栏如图 1-7 所示。

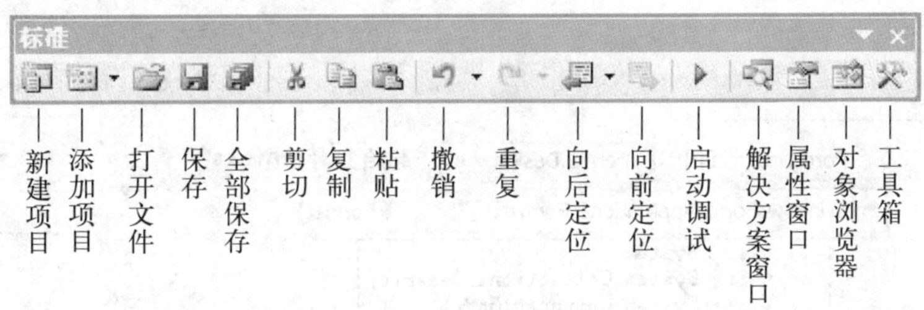

图 1-7　标准工具栏

05 工具箱提供了进行 Windows 窗体应用程序开发所必需的控件。通过工具箱，开发人员可以方便地进行可视化窗体设计。“工具箱”面板如图 1-8 所示。

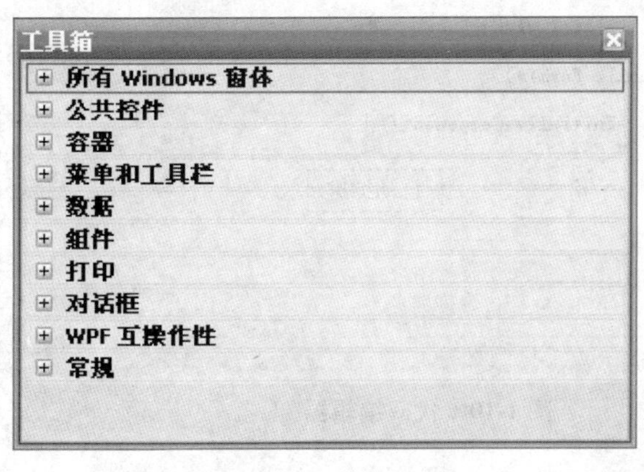

图 1-8　“工具箱”面板

注　意

“工具箱”面板只有在视图设计器模式下才显示控件。如果“工具箱”面板关闭了，可通过单击“视图”/“工具箱”命令显示，也可以先按 Ctrl+W 组合键，然后再按 X 键。

06“属性”面板是开发 Windows 窗体应用程序非常重要的一个工具，工作在视图设计器模式下。每一个控件都具有各种属性，通过设置属性可以改变控件对应的特征。而“属性”面板正好为开发人员在编程时提供了简单的属性修改方式。“属性”面板如图 1-9 所示。

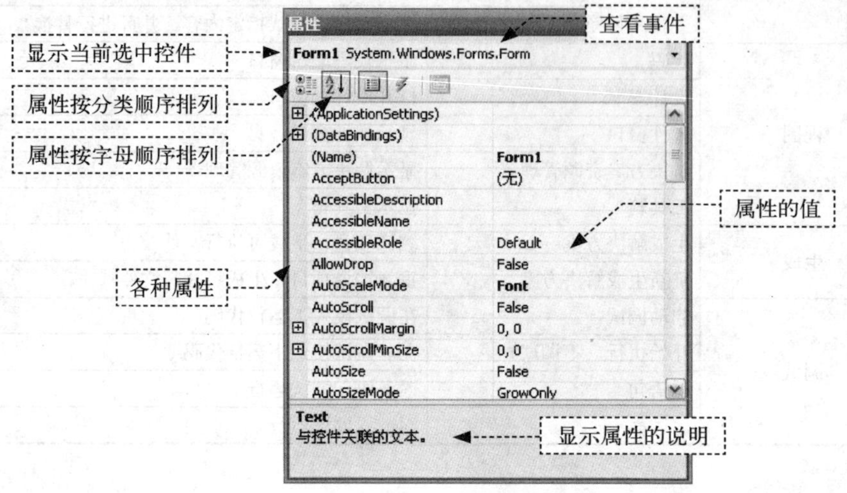

图 1-9 “属性”面板

07代码编辑器是开发人员编写程序代码的工具，它为开发人员方便、快捷地编写代码提供了强大的编辑功能，其中包括自动换行、自动缩进、编码问题提示等。代码编辑器如图 1-10 所示。

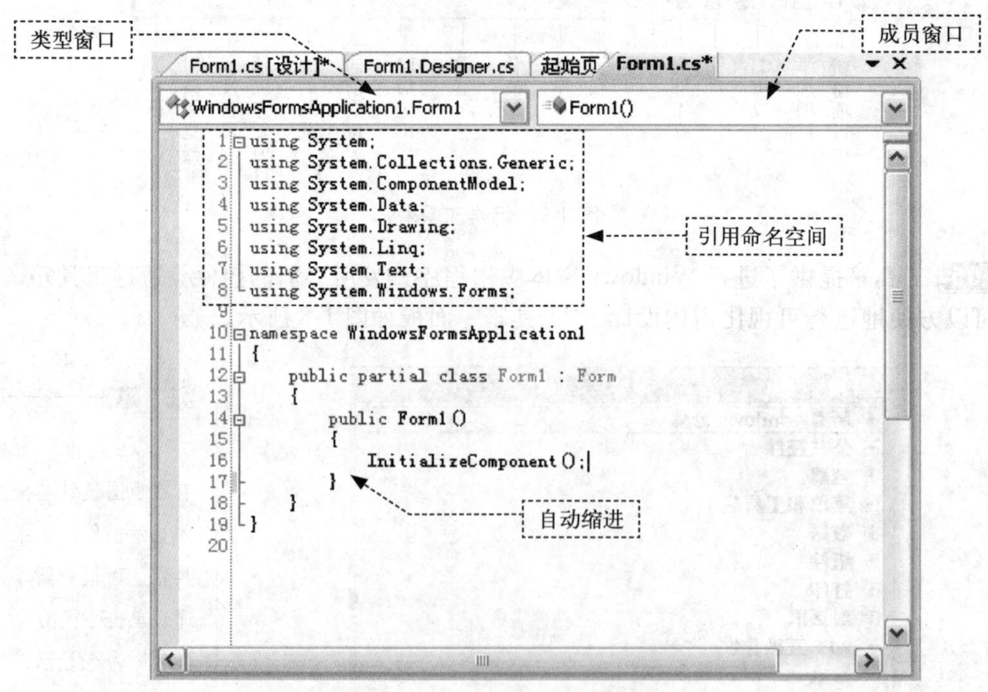

图 1-10 代码编辑器

拓展训练

1．请写出在 Microsoft Visual C# 2008 Express 开发环境中创建新项目的 4 种方法。
2．请简单讲述工具栏、“工具箱”面板、“属性”面板以及代码编辑器的功能。
3．请列出“工具箱”面板包括哪几类控件。
4．请逐个执行表 1-1 所介绍的菜单命令，熟悉各个命令的功能。

任务三 初建 C# 控制台应用程序

任务目标 通过完成本任务，学会如何创建 C# 的控制台应用程序，如何编写代码、运行程序以及如何保存项目。另外，认识 C# 的程序入口、注释、标识符以及关键字。

任务分析 编写第一个 C# 的应用程序。该程序是一个控制台应用程序，运行于 DOS 平台上，以简单的文字模式呈现在用户眼前。程序运行时，弹出一个 DOS 窗口，显示“小黄，你好，欢迎来到精彩的C# 世界！”的提示信息。当用户按下任意键后，程序结束，关闭 DOS 窗口。程序效果如图 1-11 所示。

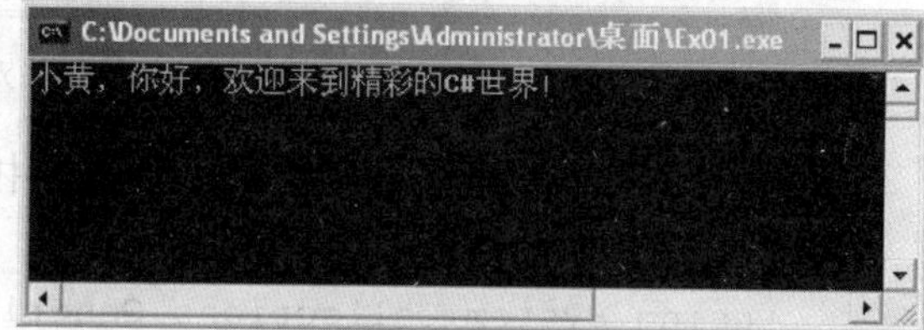

图 1-11　第一个 C# 应用程序效果

实施步骤

01 启动 Microsoft Visual C# 2008 Express，新建一个项目，如图 1-12 所示。

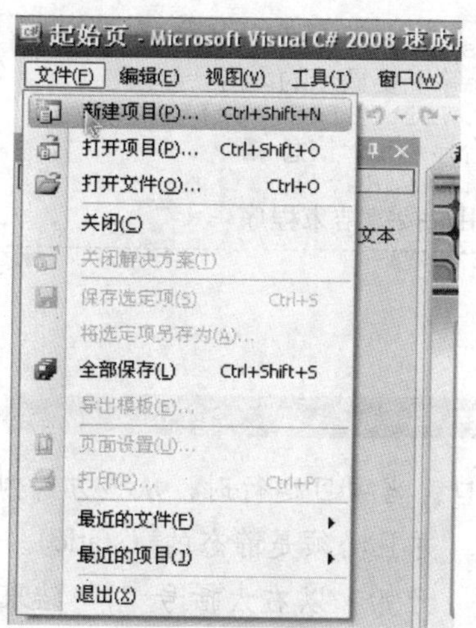

图 1-12　新建项目

02 在“新建项目”对话框中，选择“控制台应用程序”，输入项目名称 Ex01，最后单击“确定”按钮即可完成新建项目。操作过程如图 1-13 所示。

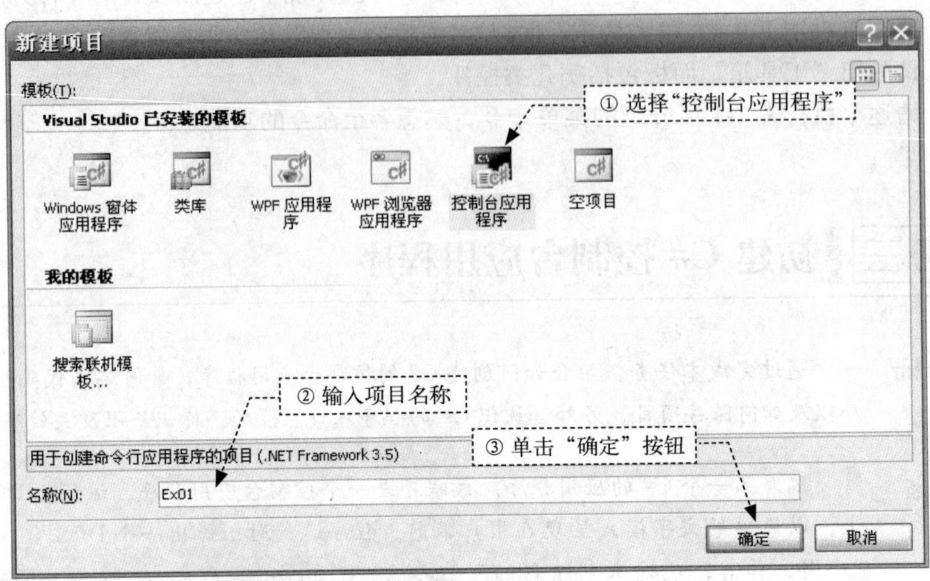

图 1-13 “新建项目”对话框及新建项目过程

03 双击打开“解决方案资源管理器”中的 Program.cs 文件，输入以下代码。

```
using System;
using System.Collections.Generic;
using System.Linq;
using System.Text;
                                                  ④
namespace Ex01                                // 项目名称
{
    class Program                   ①         // 类
    {
        static void Main(string[] args)       // 程序入口
        {
            string str = "小黄，你好，欢迎来到精彩的c#世界！";
            // 使str等于要显示的内容
            Console.WriteLine(str);
            // 控制台显示str信息
            Console.ReadKey();
            // 等待用户按键结束程序
        }
    }                                            ③
}          ②
```

代码解释

① Main 方法是程序的入口，当项目运行时，从该方法内的第一条语句开始执行。一个 C# 程序只能有一个 Main 方法，并且必须是静态的（static）。

② 方法是以左大括号“{”开始，以右大括号“}”结束，在这对大括号中间编写该方法的相关代码。

③ 这三句代码是 Main 方法的代码块，程序运行时，以 Main 方法作为入口，从上往下依次执行这三句代码。

④ 该语句是 C# 代码的注释，不参与编译与运行的文字，其主要功能是开发人员对某行或某段代码进行说明。

04 单击标准工具栏的 ▶ 按钮运行程序，运行结果如图 1-11 所示。

05 单击“文件”/“全部保存”命令，对项目进行保存，如图 1-14 所示。弹出“保存项目”对话框，如图 1-15 所示。

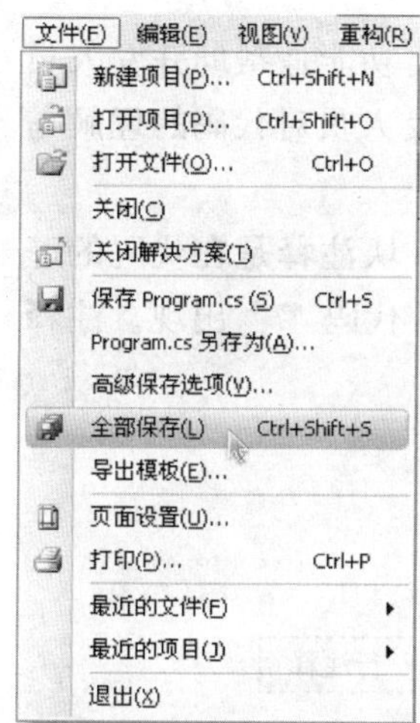

图 1-14　保存全部文件

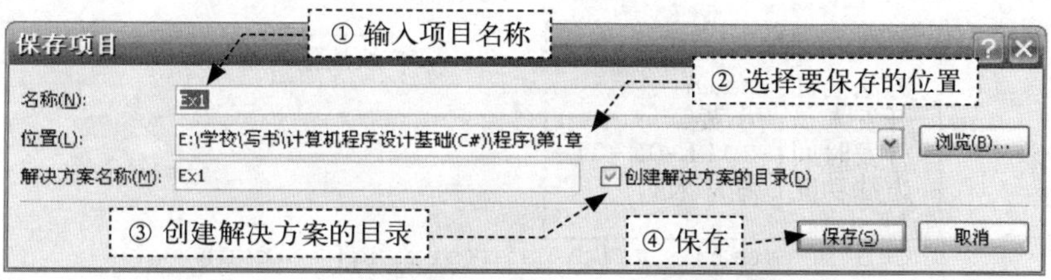

图 1-15　“保存项目”对话框

相关知识

1. Main 方法

Main 方法是程序的入口，C# 程序中必须有且只有一个 Main 方法，在该方法中可以执行相关的代码。标准的 Main 方法如下所示。

```
public static void Main(string[] args)
{
    [代码块]
}
```

(1) 方法的内容是以左大括号“{”开始，以右大括号“}”结束，中间是相关的代码块。

(2) 在 Main 方法前面有三个修饰符：public、static 和 void，这在后面的项目中会详细介绍。

(3) Main 方法后面的小括号是方法的参数，这在后面的项目中会进行详细介绍。

2. 标识符与关键字

(1) 关键字是指在 C# 语言中具有特殊意义的单词。这些关键字都是内部设定的，是保留字，不能随意再使用。例如在本任务中的 public、static、void、string，它们都具有一定的意义。

(2) 标识符是指在程序中用来表示事物的单词。例如在本任务的代码中，Main 表示一个方法，Console 表示控制台，str 表示要显示的信息。标识符的命名有以下三个基本规则。

① 标识符必须是以字母或者下划线开头。

② 标识符只能由数字、字母和下划线组成。

③ 标识符不能是关键字。

例如：123abc、123_abc、abc#@!、public 是非法的标识符，abc123 和 _123abc 是合法的标识符。

3. 注释

(1) 注释是指 C# 程序中不参与编译与执行的代码或文字，其主要功能是帮助开发人员对某行或某段代码进行说明。注释在实际开发中非常重要，它便于开发人员对代码的理解与维护。对于编程新手来说，请务必养成编写注释的良好习惯。

(2) 注释包括行注释和块注释两种，其中行注释是以“//”开头，块注释是在代码的开头位置使用“/*”，而在代码的结束位置使用“*/”，也就是成对的“/* 代码 */”出现。注释如下所示。

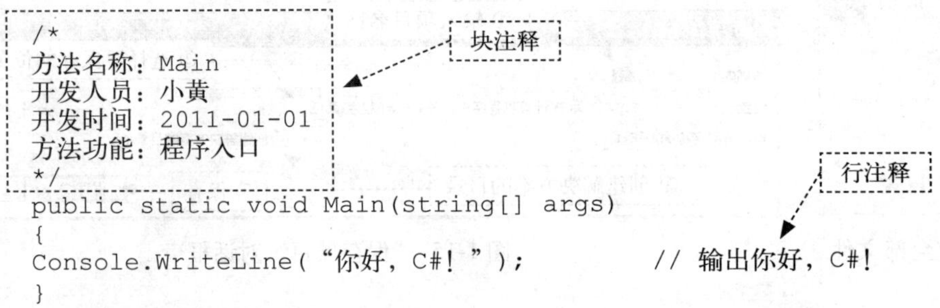

拓展训练

1. 什么是关键字？什么是标识符？请分别列举 4 个合法的关键字与标识符。
2. 请创建一个控制台应用程序，程序运行时，显示提示信息，相关信息自拟。
3. 请自行搜索 C# 输出方法的相关资料，创建一个控制台应用程序，显示多行信息。

任务四 程序运行与调试

任务目标 本任务将对任务三创建的控制台应用程序进行调试运行，通过完成本任务，学会如何对程序进行启动调试和逐语句调试，并且从中体会程序运行的过程。

任务分析 本任务主要介绍两种调试方式：启动调试和逐语句调试。启动调试是程序正常启动运行，开发人员可以通过在程序运行过程中中断程序，以达到调试的作用；而逐语句的调试则是指程序逐条语句运行，开发人员可以逐条语句观察运行结果。

实施步骤

01 选择菜单栏上的“视图”/“工具栏”/“调试”命令，显示“调试”工具栏，如图 1-16 所示。该工具栏专门用于调试。

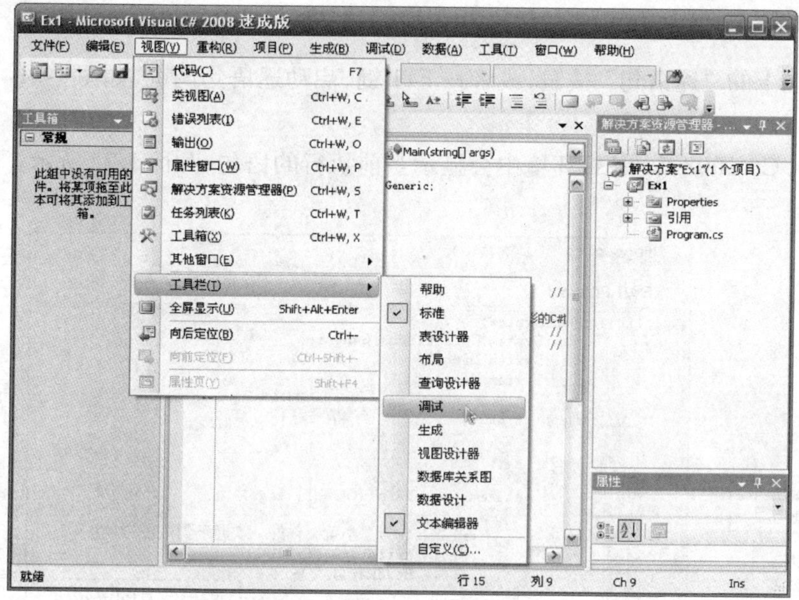

小贴士

右击标准工具栏也可设置显示“调试”工具栏。

图 1-16　显示“调试”工具栏

02 使用启动调试模式。

（1）单击“调试”工具栏上的“启动调试”，或者使用快捷键 F5，启动程序调试，如图 1-17 所示。

（2）启动调试后，项目处于运行状态，此时可单击“调试”工具栏上的“全部中断”按钮，中断程序运行，如图 1-18 所示。

图 1-17　启动程序调试　　图 1-18　全部中断

（3）此时在 Microsoft Visual C# 2008 Express 环境左下角的“局部变量”窗口中可查看标识符 str 的值，如图 1-19 所示。

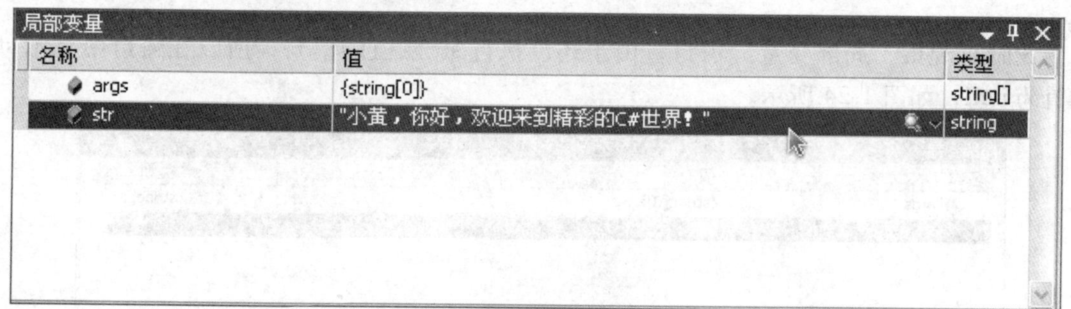

图 1-19　观察局部变量

（4）单击“调试”工具栏的“继续”按钮，或者按 F5 键，可继续运行。单击“调试”工具栏的“停止调试”按钮，或者使用快捷键 Shift+F5，可停止调试，如图 1-20 所示。

03 使用逐语句调试模式。

(1) 单击“调试”工具栏上的“逐语句”按钮，或者按 F11 键，启动逐语句调试，如图 1-21 所示。

此时在 Microsoft Visual C# 2008 Express 环境中会显示当前执行的语句，如图 1-22 所示。

图 1-20 停止调试

图 1-21 逐语句调试

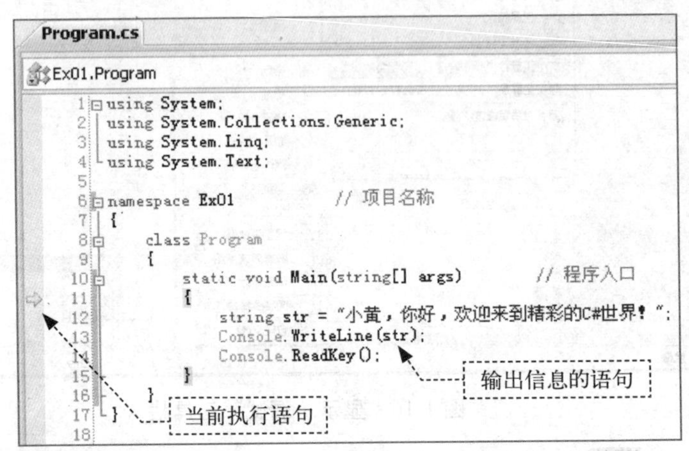

图 1-22 当前执行语句

由于程序语句还没有执行到输出信息的语句 Console.WriteLine(str)，所以程序运行结果没有显示任何信息，如图 1-23 所示。

小贴士

在 C# 中，当一个变量没赋值时，它的值为 null，null 是空值的意思。

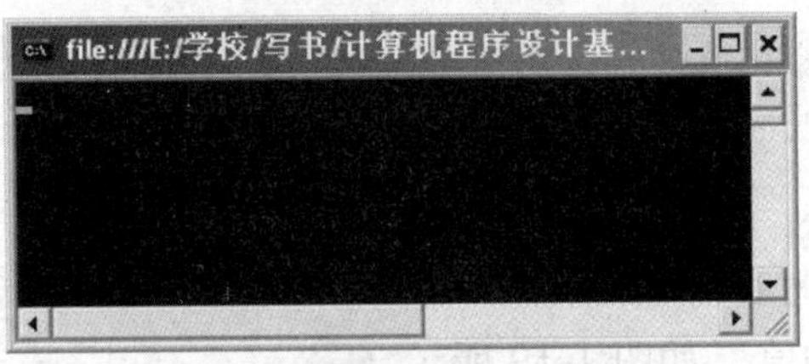

图 1-23 调试时程序运行结果

此时再观察“局部变量”窗口，由于还没执行 str 赋值的语句，所以在窗口中显示 str 的值为 null，如图 1-24 所示。

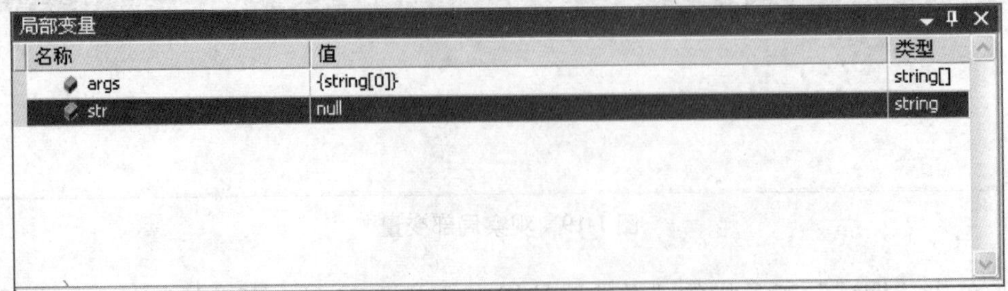

图 1-24 观察局部变量 str

（2）单击“调试”工具栏上的“逐语句”按钮，或者按 F11 键，执行下一条语句，如图 1-25 所示。

图 1-25　执行下一条语句

当执行到第 13 行语句 Console.WriteLine(str) 时，观察“局部变量”窗口 str 的变化，str 已经赋值了，如图 1-26 所示。此时，程序结果窗口仍然没有显示信息。

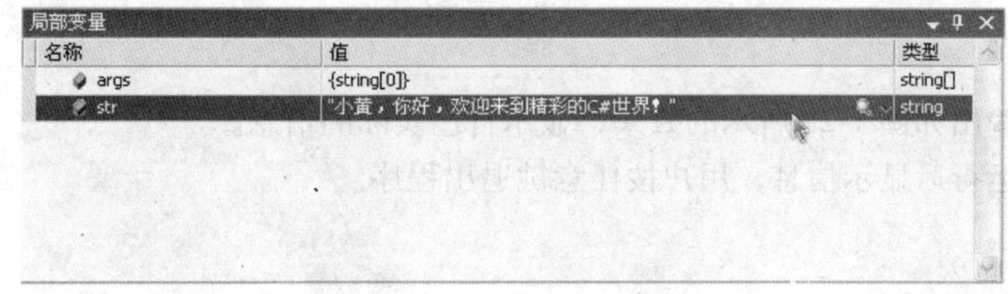

图 1-26　为局部变量赋值

（3）当执行到程序的最后一句代码时，程序结果窗口显示提示信息，并等待用户按键退出，如图 1-27 所示。

```
10    static void Main(string[] args)          // 程序入口
11    {
12        string str = "小黄，你好，欢迎来到精彩的C#世界！";
13        Console.WriteLine(str);
14        Console.ReadKey();
15    }
```

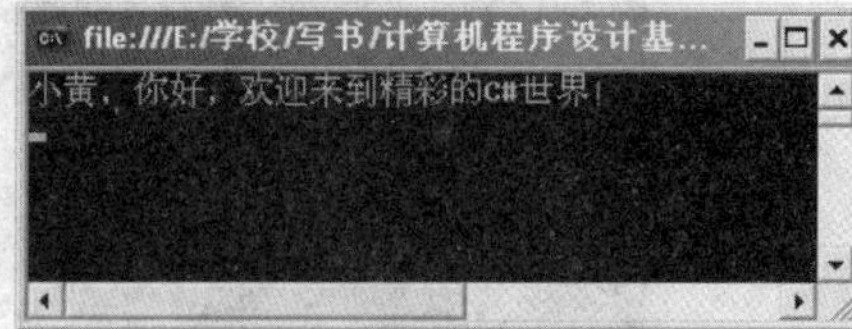

图 1-27　显示程序运行结果

拓展训练

创建一个控制台应用程序，输入以下代码，并以两种调试模式调试运行，注意观察局部变量窗口与程序结果窗口的变化。

```
static void Main(string[] args)               // 程序入口
{
    int x = 1;                                // x=1
    int y = 2;                                // y=2
    int z = x + y;                            // z=1+2
    Console.WriteLine("1+2={0}", z);          // 显示1+2=3
    Console.ReadKey();                        // 等待用户按键结束程序
}
```

项 目 小 结

本项目详细介绍了什么是 C#，什么是 .NET 框架，C# 与 .NET 框架之间的关系，C# 的特点以及能用 C# 开发什么样的程序。并且以图文并茂的方式简单介绍了 Microsoft

Visual C# 2008 Express 开发环境的菜单栏、工具栏以及常用面板。然后利用 C# 开发了一个简单的控制台应用程序。最后针对该控制台应用程序详细地介绍了关于程序调试的方法。

项 目 实 训

【实训名称】自我介绍

【实训说明】

使用所学知识在程序中完成一个自我介绍，程序执行后应如图 1-28 所示。

【实训要求】

（1）程序输出如图 1-28 所示的效果，显示自己实际的信息。

（2）程序运行后显示信息，用户按任意键退出程序。

【实训提示】

（1）使用 Console.WriteLine() 方法输出信息，注意使用空格与 * 号。

（2）使用 Console. ReadKey() 方法接收用户输入任意键。

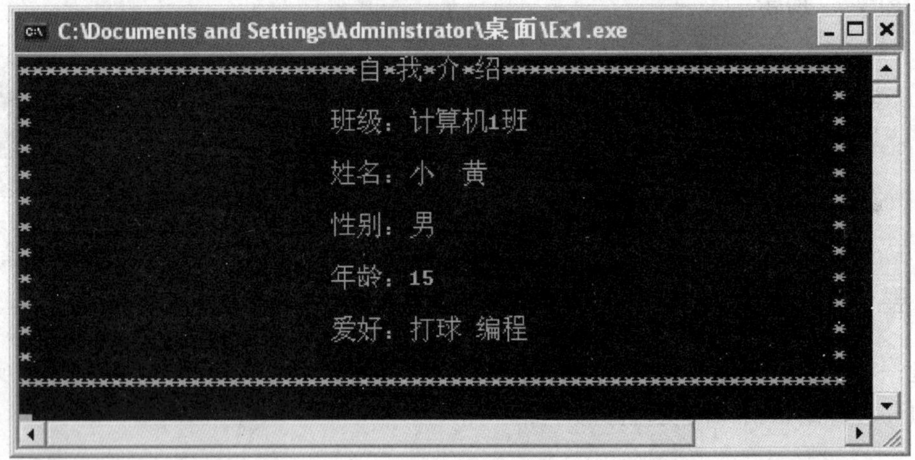

图 1-28　自我介绍程序效果

2

项目二　猜数字游戏

项目说明

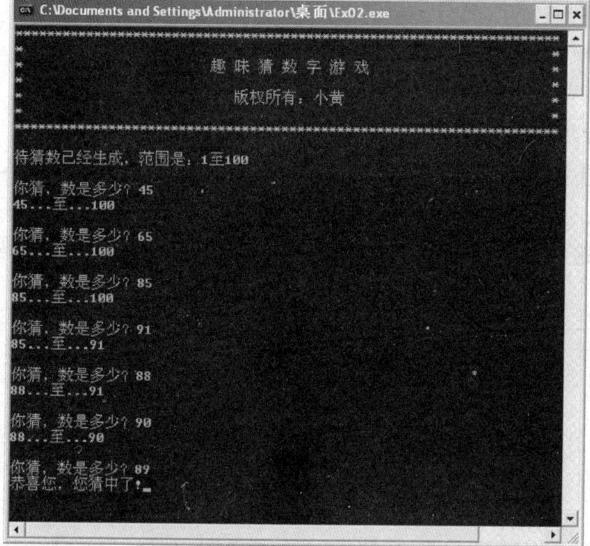

图 2-1　猜数字游戏程序效果

在平时的学习生活中或者某些电视游戏节目上都能经常见到一些猜数字游戏。这些游戏有趣好玩，形式各异。本项目将用 C# 模拟实现某游戏节目的猜数字游戏。在游戏中先随机生成一个待猜数字，范围是 1 ～ 100，然后玩家输入所猜测的数字，程序将判断该数字是否与待猜数字相同，相同提示“猜中了”，不同则提示新的数字范围。逐渐缩小数字范围，最后帮助玩家猜到数字，如图 2-1 所示。本游戏适合一群玩家轮流猜数，不幸猜中的玩家可适当给予惩罚，起到娱乐的效果。

能力目标

- 学会在控制台应用程序中实现基本的输入输出。
- 学会如何声明与初始化变量，并掌握类型之间的转换。
- 学会加、减、乘、除四则运算符的使用，能编写简单的关系表达式。
- 学会 if 选择语句的三种分支结构，能根据需要使用 if 选择语句。
- 学会标签与 goto 跳转语句的结合使用，能利用它们控制程序流程。

任务一　游戏前准备

任务目标　在猜数字游戏开始之前需要做许多准备工作，例如建立工程，绘制游戏界面和生成待猜数等等。本任务将完成这些工作。

通过完成本任务，掌握C#的基本输出，理解C#的类型、变量与常量的概念，掌握变量的声明与初始化以及各种运算符和选择结构等，学会如何在控制台应用程序中绘制界面，能根据需要声明变量，并对它们进行初始化。

任务分析　(1) 本程序是控制台应用程序，运行在DOS平台上。因此，游戏界面需要使用基本输出命令进行绘制。

(2) 分析猜数字游戏的规则流程得知需要以下五个变量：

① 需要一个变量用于保存待猜数字，将其命名为guess。

② 需要两个变量用于保存当前数字范围，将其命名为min和max。

③ 需要一个变量用于保存玩家输入的猜测数字，将其命名为input。

④ 由于控制台输入的是字符串，因此需要一个字符串变量来接收玩家的输入内容，将其命名为tmp。

⑤ 本项目需要产生一个随机的待猜数字，范围是1～100。C#为开发人员提供了一个强大的随机类Random，使用该类定义一个随机对象，将其命名为r。

实施步骤

小贴士

可使用快捷键Ctrl+Shift+N或者在起始页中单击“创建”后面的“项目”新建项目。

01 启动Microsoft Visual C# 2008 Express，新建一个项目，如图2-2所示。

02 打开“新建项目”对话框，在模板中选择“控制台应用程序”，输入项目名称Ex02，最后单击“确定”按钮即可完成新建项目。操作过程如图2-3所示。

图2-2　新建项目

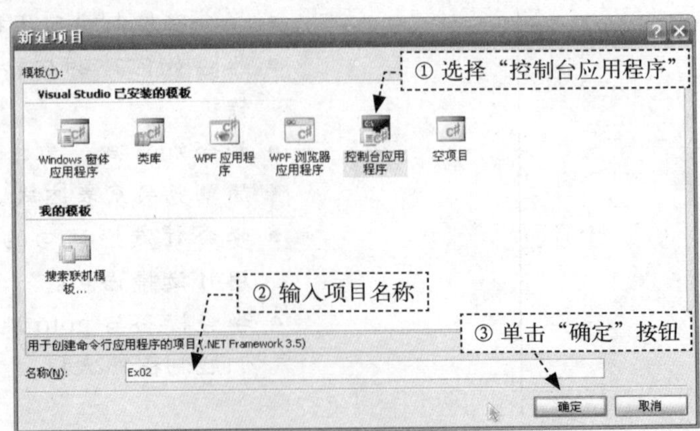

图2-3　新建项目过程

03 打开 Program.cs 文件，在 Main 函数中编写相应变量声明代码。Program.cs 文件的参考代码如下所示。

```
using System;
using System.Collections.Generic;
using System.Linq;
using System.Text;

namespace Ex02
{
    class Program
    {
        static void Main(string[] args)
        {
            // 声明变量
            int guess;          // 待猜数            ①
            int min;            // 范围最小值
            int max;            // 范围最大值
            int input;          // 保存玩家输入值
            string tmp;         // 保存玩家输入字符串  ②
            Random r = new Random();      // 随机对象，用于产生随机数  ③
        }
    }
}
```

代码解释

① 本语句声明了一个变量，类型为 int（整型），只能保存整数，变量名为 guess，用于保存待猜数。关于类型与变量的概念请参考本任务的【相关知识】。

② 本语句声明了变量 tmp，用于保存玩家从控制台输入的数字。类型为 string（字符串），只能保存字符的有序集合，即文本。

③ 本项目将随机产生一个待猜数，那么就需要使用 C# 所提供的强大的随机类 Random。本语句使用随机类 Random 声明一个随机对象 r，并使用 new 对它进行初始化。关于类的使用将在项目四进行详细讲述，这里只作简单介绍。

小贴士

编写代码时可按 Tab 键来进行缩进。读者应该从一开始就养成缩进的习惯，它能使代码有层次，更加易懂。

04 绘制游戏主界面，在步骤 03 的变量声明代码后面加入以下代码。

```
// 绘制游戏主界面
Console.WriteLine("*****************************");
Console.WriteLine("*                           *");
Console.WriteLine("*     趣 味 猜 数 字 游 戏     *");
Console.WriteLine("*                           *");
Console.WriteLine("*        版权所有：小黄        *");
Console.WriteLine("*                           *");
Console.WriteLine("*****************************");
Console.WriteLine();
```

注　意

如果 WriteLine 方法的括号中没有输出内容，那么只起到换行的作用。当然，可以用 Write("\n") 取代。

代码解释

控制台应用程序运行在 DOS 平台上，因此，没有可视化的特点，所有程序界面都需要使用基本输出命令来实现。例如以上程序，使用基本输出命令 WriteLine 输出一些字符和文字，使游戏主界面整洁，美观。

05 对所声明的变量进行初始化，在步骤 04 的主界面代码后面加入以下代码。

```
// 变量初始化
guess = r.Next(1, 100);         // 产生1~100的随机整数      ①

min = 1;                        // 初始范围最小值为1
max = 100;                      // 初始范围最大值为100      ②

// 游戏开始
Console.WriteLine("待猜数已经生成，范围是1~100\n");
```

代码解释

① 本语句调用随机对象 r 的 Next 方法，产生一个随机整数，整数范围为 1 ~ 100，然后将所产生的随机整数赋值给 guess 变量。

② 本语句为 min 和 max 变量赋值，初始化猜数的范围。由于随机产生的数在 1 ~ 100 之间，所以初始范围最小值为 1，最大值为 100。

06 单击标准工具栏的按钮，或者使用快捷键 Ctrl+Shift+S，或者单击“文件”/“全部保存”命令，对项目进行保存，如图 2-4 所示。弹出“保存项目”对话框，如图 2-5 所示。

07 单击标准工具栏的 ▶ 按钮，或者按 F5 键，或者单击“调试”/“启动调试”命令即可运行程序，如图 2-6 所示。运行得到结果如图 2-7 所示。

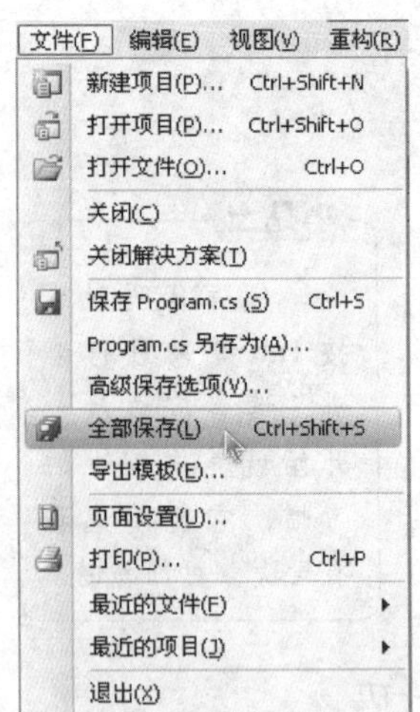

图 2-4 保存全部文件

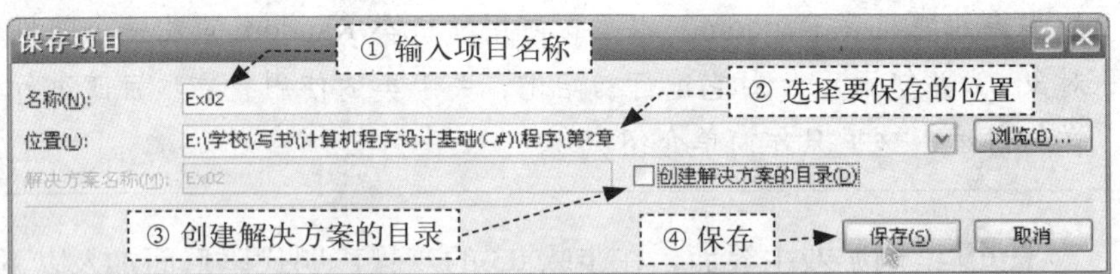

图 2-5 “保存项目”对话框

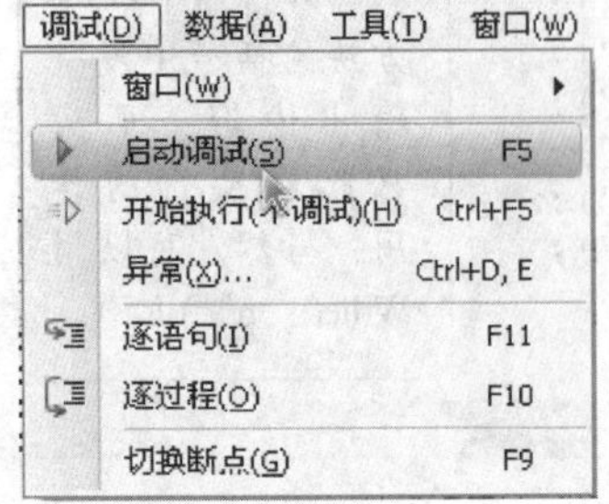

图 2-6 运行程序

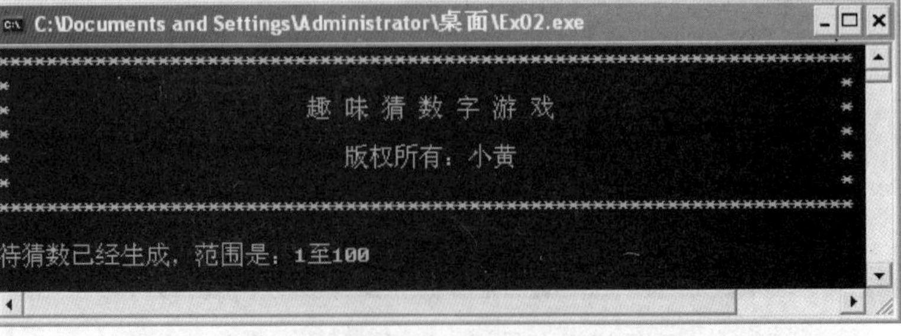

图 2-7 程序运行结果

相关知识

本任务完成了游戏前的一系列准备工作，其中包括变量的声明与赋值，绘制游戏主界面和生成待猜随机数。

> **小贴士**
>
> 当勾选了“创建解决方案的目录”，C#将启用“解决方案名称”文本框，以项目和解决方案名称创建一个新目录。

1．类型

在日常生活中会接触到不同种类的信息，例如一位学生就有如下不同种类的信息。

姓名：张三

年龄：16

成绩：99.5

上面的信息有三种类别，其中“张三”是属于文字类别，“16”属于整数，“成绩”属于实数。信息所属的类别称为类型。在C#中，针对所要保存的不同类别的信息定义了各种类型，常见的内置类型如下。

1）整数类型

整数类型代表一种没有小数点的整数数值，例如：16、−100、45321等。在C#中内置的常用整数类型如表2-1所示。

表2-1 C#内置的常用整数类型

类型名称	说　明	范　围
short	16位有符号整数	−32768～32767
ushort	16位无符号整数	0～65535
int	32位有符号整数	−2147483648～2147483647
uint	32位无符号整数	0～4294967295
long	64位有符号整数	−9223372036854775808～9223372036854775807
ulong	64位无符号整数	0～18446744073709551615

> **小贴士**
>
> 计算机内部用二进制存放数值，在存放整数时，用最高位的二进制位标识整数的符号。当整数为正时，最高位的二进制为0；整数为负时，最高位的二进制为1。对于无符号的整数，最高位不再用于表示符号，因此，它们的范围是从0开始，而且最大值比有符号的整数更大。

2）浮点类型

与整数相反，浮点类型用于表示含有小数的数值，例如：12.7832、−1023.234等。浮点类型主要包含单精度型float和双精度型double两种，描述信息如表2-2所示。

表2-2 浮点类型信息

类型名称	说　明	范　围
float	小数位精确到7位数	$1.5\times10^{-45}\sim3.4\times10^{38}$
double	小数位精确到15~16位数	$50\times10^{-324}\sim1.7\times10^{308}$

3）布尔类型

在现实中经常会出现真、假这两种值，在C#中用布尔类型来表示它们，类型名称为bool。“真”对应用true表示，“假”对应用false表示，因此布尔类型只能有true/false这两种值。

4）字符类型

对于大小写26个英语字母、10个数字以及特殊符号等单个字符，C#使用字符类型来表示，类型名称为 char。表示字符类型的值必须用一对单引号（‘’）括起来，例如：‘a’、‘1’、‘*’。

> **小贴士**
>
> C# 的实数值默认是 double 类型，不过可以在值后面标明是何种类型，例如：10.12f，则表明该值是 float 类型。

5）字符串类型

字符串类型表示一连串字符组成的值，类型名称为 string。字符串类型的值必须用一对双引号（“”）括起来，例如：“abcd123”、“a”、“!@#$%”。

2．变量

1）变量的基本概念

变量是指在程序的运行过程中随时可以发生变化的量，它是存放数据的临时场所。变量包括三个元素：名称、类型和值。变量名是变量存在的一个标识，类型是指该变量能存放哪种类别的数据，而值就是它所存放的数据。变量的含义如图 2-8 所示。

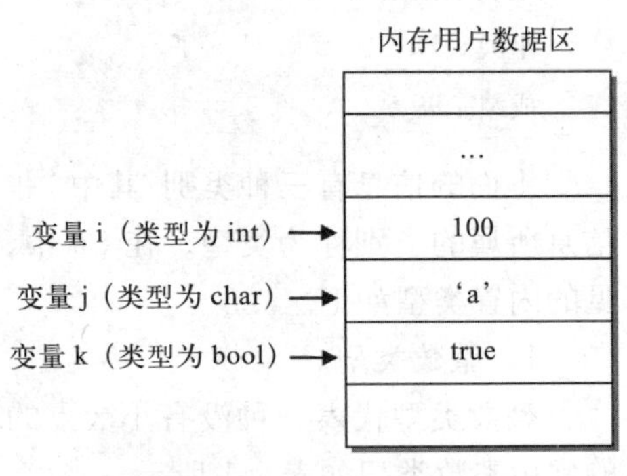

图 2-8　变量的含义

2）变量的声明

想使用一个变量来存放数据前，必须先声明该变量，为其指定变量类型与变量名。变量声明的格式如下：

```
<类型>  <变量名> [,<变量名>…];
```

> **小贴士**
>
> 尖括号 <> 中的内容为必需的，方括号 [] 中的内容为可选的，全书均采用此种格式。

说明：如上所示，声明一个变量必须先以类型开头，再输入变量名，中间以空格隔开。若想声明同一类型的多个变量，可在变量名后加上多个变量名，以逗号隔开。

示例：

```
int      a;           // 声明一个变量，名称为a，类型为整型
double   i, j, k;     // 声明三个变量，名称分别为i,j,k，类型都为双精度型
string   s;           // 声明字符串变量s
```

3）变量的赋值与使用

声明变量后，可对变量进行赋值，使它存放某一个数据。赋值使用等于号（=），例如：

```
int  a;          // 声明一个变量，名称为a，类型为整型
a = 100;         // 给变量a赋值，内容为100
```

另外，在声明变量时可直接赋值，例如：

```
int  a = 100;         // 声明一个变量，名称为a，类型为整型，值为100
```

当需要读取变量中所存放的值时，只需直接使用该变量即可，例如：

```
int  a = 100;              // 声明一个变量，名称为a，类型为整型，值为100
Console.WriteLine(a);      // 输出变量a的值
```

3．随机类 Random

在本任务中，使用了随机类 Random 来获取一个随机数。关于类的定义，将在项目四中进行详细讲解，这里只需知道如何去获取某一范围的随机数。类是一种类型，代码中先利用 Random 类定义一个变量 r,然后调用 r 的 Next 方法来获取 1 ～ 100 的随机数。括号中的"1,100"指的是随机数范围，改变这两个参数能获取不同范围的随机数。

例如：

```
Random r = new Random();       // 随机对象，用于产生随机数
guess = r.Next(50, 90);        // 产生50～90的随机整数
```

拓展训练

1．为每一种类型声明一个变量，赋值，并输出各个变量值。

2．随机生成一个 1 ～ 10 的整数，并输出。

3．发挥创意，利用 C# 的基本输出为自己绘制一张名片。

任务二 编写游戏主干程序

任务目标 本任务完成猜数字游戏主干程序的编写，包括玩家输入猜数、判断玩家是否猜中和待猜数范围的缩小操作。

通过完成本任务，掌握 C# 的基本输入、带占位符基本输出，C# 类型转换、关系运算符和 if 选择语句。学会如何接收用户的输入信息，能在不同类型之间进行转换，并且能利用运算符编写简单的表达式和利用 if 选择语句编写分支结构的程序。

任务分析 任务一已经完成游戏前的准备，包括主界面、待猜数的生成。按照游戏规则，接下来，游戏将进入玩家猜数阶段。玩家输入猜数后，游戏做出判断，如果未猜中则必须根据所猜数缩小待猜数范围，引导玩家猜中，否则提示猜中，如图 2-9 所示。

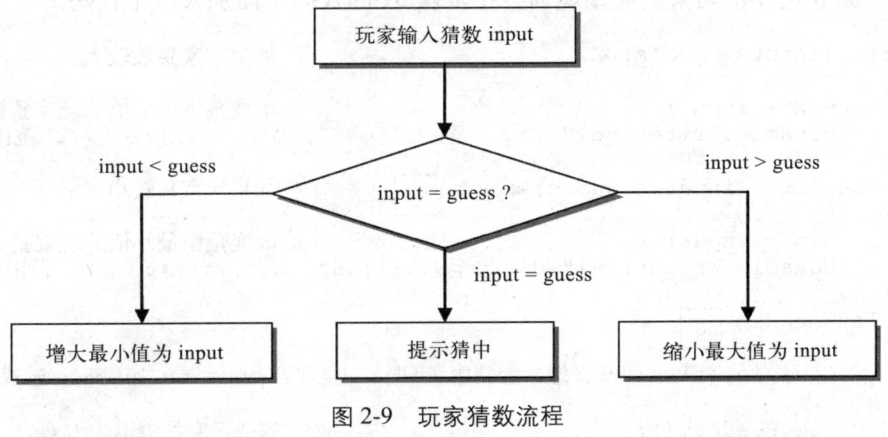

图 2-9 玩家猜数流程

实施步骤

01 提供输入界面，让玩家输入猜数。打开 Program.cs 文件，在任务一的代码下面加入以下代码。

```
……                                  ①                 ②
Console.Write("你猜，数是多少？");      // 游戏提示信息
tmp = Console.ReadLine();              // 玩家输入猜数(字符串型)  ③
input = Convert.ToInt32(tmp);          // 猜数转换为整型
```

代码解释

① 游戏界面的友好性非常重要，在此输出游戏的提示信息，提示玩家输入猜数。

② 利用控制台 Console 对象的 ReadLine 方法可读取玩家输入的一行数据，将它存放在 tmp 变量中。

③ tmp 是字符串，而对猜数进行判断时必须使用整数类型，所以必须通过转换方法将字符串转换成整数，而此代码正是实现了该功能。有关于数据类型之间的转换请查阅本任务后面的【相关知识】。

注 意

ReadLine 方法读取的是字符串，必须存放在字符串变量中。

运行程序得到结果如图 2-10 所示。

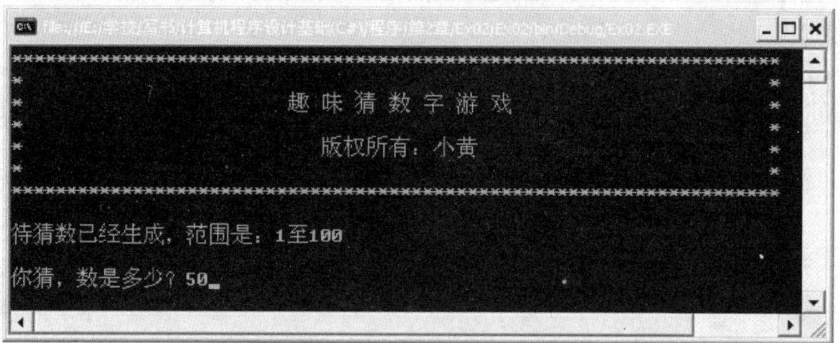

图 2-10 玩家输入猜数

02 玩家输入猜数后，游戏必须判断玩家所输入的数字是否猜中。根据任务分析的流程，在此需要一套 if 选择语句来实现该规则。在步骤 01 的代码下面加入以下代码。

```
if  (input > guess) ◄---- ①                          // 如果玩家猜数较大
{
    max = input;                                     // 改变范围最大值为玩家猜数
    Console.WriteLine("{0}...至...{1}\n", min, max);  // 范围提示
}
else  if  (input < guess) ◄---- ②                    // 如果玩家猜较小
{
    min = input;                                     // 改变范围最小值为玩家猜数
    Console.WriteLine("{0}...至...{1}\n", min, max);  // 范围提示
}
else  ◄---- ③
{
    Console.Write("恭喜您，您猜中了！");                // input == guess，游戏提示猜中
}
Console.ReadKey();                                   // 等待玩家按键退出游戏
```

代码解释

① 本语句判断玩家输入的猜数 input 是否大于待猜数 guess，（注意条件要放在括号中）如果大于则执行大括号中的两句代码，改变范围最大值为 input，提示待猜数新范围。关于 if 选择语句的使用和带占位符输出请查阅本任务的【相关知识】。

② 本语句判断玩家输入的猜数 input 是否小于待猜数 guess，如果小于则执行大括号中的两句代码，改变范围最小值为 input，提示待猜数新范围。本语句中的 else 是“否则”的意思，即在上面 if 语句条件不成立的情况下才判断本 else 语句的条件。

③ 本语句是除以上两种条件外的其他条件，即 input 等于 guess 情况，则提示玩家猜中了。

小贴士

if 与后面的小括号之间、运算符前后最好都加上一个空格，这样能使代码更加清晰明了，方便程序阅读。

运行程序结果如图 2-11 所示。

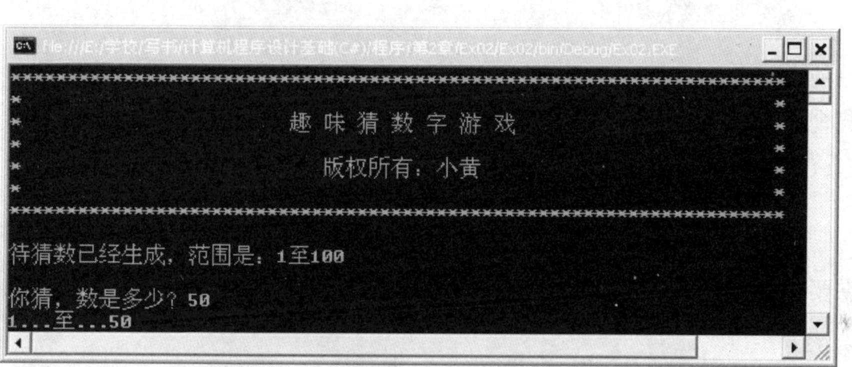

图 2-11 判断玩家猜数并缩小猜数范围

相关知识

1．基本输入

在 C# 的控制台应用程序中，使用 Console 控制台对象的 ReadLine 方法来读取用户所输入的一行数据，以回车符作为结束标记。格式如下：

```
Console.ReadLine()
```

例子：

```
String  s;  // 定义一个字符串变量，变量名为s，用于接收输入数据
s  =  Console.ReadLine();    // 读取用户输入的一行数据
Console.WriteLine(s);        // 显示字符串s的内容
```

注 意

该方法将返回用户所输入的一行字符串数据，因此必须用一字符串变量来接收数据。

2．带占位符输出方法

当用 Write 或者 WriteLine 输出的内容是字符串，而在该字符串中有某些内容无法直接确定，需经过运算或者处理才能得到时，就可在输出字符串里使用占位符，将真正的内容放

在字符串逗号后面的列表中。例如本任务中代码：

```
Console.WriteLine("{0}...至...{1}\n", min, max);  // 范围提示
```

在代码中输出的内容为：最小值…至…最大值，由于最小值与最大值分别存放在 min 和 max 变量中，所以在“至”字前后先使用了一个占位符 {0} 和 {1}，而真正的内容是字符串逗号后面的 min 和 max。在输出时，程序将用 min 和 max 的值代替 {0} 和 {1} 的内容。

一个占位符用一对花括号 {} 表示，花括号中有一个整数，它表示该占位符将用后面列表中的第几个元素来代替它的内容（注意从 0 开始计算）。例如 {0} 表示第一个占位符，{1} 表示第二个占位符，{2} 表示第三个占位符，以此类推。

例子：

```
string h = "你好";        // 定义字符串h，变量值为"你好"
string c = "C#";          // 定义字符串c，变量值为"C#"
Console.WriteLine("{0} {1}", h, c);  // 使用两个占位符输出"你好 C#"
```

3．类型转换

类型转换是指将一种类型转换成另一种类型。类型转换往往在某些场合非常必要，例如在 C# 中“1”+“2”得到的结果是“12”，是将两个字符串连接起来，那么要想得到 1+2=3，则必须将“1”、“2”字符串类型转换成整数类型。类型转换分为隐式转换与显式转换两种。

1）隐式转换

隐式转换是指不需要声明就能进行的转换，是 C# 运算时自动进行的，如以下代码所示。

```
int   a  = 10;
long  b  = a;           // int型隐式转换成long型
Console.WriteLine(b);
```

结果：10

上述代码中，变量 a 的类型是整数，占 32 位，而变量 b 是长整数，占 64 位。当将 a 赋给 b 时，实际上 C# 进行类型的隐式转换，将 a 的值转换成 long 型再赋给 b。由于 long 型的范围比 int 型的范围更大，b 能完整存放 a 的值，所以不会丢失任何信息。只有小范围的数字类型才允许隐式转换为大范围的数字类型。

2）显式转换

显式转换也称为强制转换，需要在代码中明确地声明要转换的类型。显式转换包括两种方法：() 方法和 Convert 关键字方法。

(1) () 方法一般用于数字类型之间的转换，它可以实现大范围的数字类型转换为小范围的数字类型，例如：

```
double a = 1000.1234;
int b = (int)a;
// double型显式转换成int型，小数点去掉
Console.WriteLine(b);
```

> **注 意**
>
> 在将范围大的数字类型显式转换为范围小的数字类型时，要注意数字丢失问题。

结果：1000

(2) 也可以通过 Convert 关键字进行显式类型转换。C# 为 Convert 对象实现了多种类

型的转换，它除了能用于数字类型之间的转换，还可以用于字符串与数字类型之间的转换。例如：

```
string a = "1";
string b = "2";
int c;
c = Convert.ToInt32(a) + Convert.ToInt32(b);  // string型显式转换int型
Console.WriteLine(c);
```

结果：3

4．运算符

运算符用于表示各种不同运算的符号，C# 中包括算术运算符、关系运算符、逻辑运算符等。

1）算术运算符

算术运算符用于实现对两个值的算术运算，它将返回一个运算结果，结果的类型为两个操作数的类型中范围较大的那个类型。常见的算术运算符如表 2-3 所示。

表 2-3　算术运算符

算术运算符	说明	算术运算符	说明
+	加	-	减（负号）
*	乘	/	除
%	求余		

例如：

```
int a = 5, b = 2, c;
c = a + b;           // 加法
Console.WriteLine("5+2={0}",c);
c = a - b;        // 减法
Console.WriteLine("5-2={0}", c);
c = a * b;         // 乘法
Console.WriteLine("5*2={0}", c);
c = a / b;         // 除法
Console.WriteLine("5/2={0}", c);
```

注　意

由于 a 和 b 都是整型，所以 a/b 得到的结果的类型也是整数，小数位会丢失。

结果：

```
5+2=7
5-2=3
5*2=10
5/2=2
```

2）关系运算符

关系运算符用于实现对两个值的比较运算，比较结果将返回一个布尔类型（bool）的值(true/false)。常见的关系运算符如表 2-4 所示。

表 2-4　关系运算符

关系运算符	说　明	关系运算符	说　明
>	大于	>=	大于等于
<	小于	<=	小于等于
==	等于	!=	不等于

例如：

```
bool b, c;                    // 定义布尔类型变量b和c
```

```
b = (1 == 2);           // 1 == 2 为假，返回false
c = (15 > 10);          // 返回true
Console.WriteLine(b);
```

结果：false

3）逻辑运算符

逻辑运算符是对两个表达式执行布尔逻辑运算，它的操作数可以直接是布尔值（true/false），也可以是结果为布尔值的表达式，按照一定的运算规则得到一个结果，结果也是布尔值。常见的逻辑运算符如表 2-5 所示。

表 2-5 逻辑运算符

逻辑运算	说 明	规 则	举 例
&	与	两边操作数都为true，结果为true	true & true
|	或	一边操作数为true，结果为true	true | false
!	非	true取非为false，false取非为true	!true
^	异或	两边操作数值相反，结果为true	true ^ false

例如：

```
bool b;
b = 3 > 2 & 4 >3;           // 与运算
Console.WriteLine(b);
b = 5 < 6 | 7 < 9;          // 或运算
Console.WriteLine(b);
b = !(3>2);                 // 非运算
Console.WriteLine(b);
b = 3 > 2 ^ 4 > 3           // 或异运算
Console.WriteLine(b);
```

注 意

逻辑运算符的运算优先级为：!，&，|，^。

结果：

```
true
false
false
false
```

5．if 选择语句

在程序中，语句一般都是从上往下，从左到右执行的，这称为顺序结构。然而，程序往往需要在某些地方进行选择执行，此时就需要使用选择结构，而本任务使用的 if 语句正是选择结构的常用语句之一。

if 语句用于根据一个布尔表达式的值（true/false）来选择语句执行，按其分支的结构将它分为三类。

1）单分支 if

格式：

```
if (布尔表达式)
{
    语句块;
}
```

说 明

如果布尔表达式的结果为 true，则执行大括号中的语句块。

例如：

```
int  a = -1;
if (a < 0)
{
    a = - a;
}
Console.WriteLine("a的绝对值：{0}",a);
```

结果：a 的绝对值：1

2）双分支结构

格式：

```
if (布尔表达式)
{
    语句块1;
}
else
{
    语句块2;
}
```

说 明

如果布尔表达式的结果为 true，则执行语句块 1，否则执行语句块 2。

例如：

```
int  a = 3, b = 2;
if (a > b)
{
    Console.WriteLine("a大于b");
}
else
{
    Console.WriteLine("a小于等于b");
}
```

结果：a 大于 b

3）多分支结构

格式：

```
if (布尔表达式1)
{
    语句块1;
}
else if (布尔表达式2)
{
    语句块2;
}
else if (布尔表达式3)
{
    语句块3;
}
…
else
{
    语句块n;
}
```

说 明

如果布尔表达式 1 的结果为 true，则执行语句块 1，否则如果布尔表达式 2 的结果为 true，则执行语句块 2，依此类推，如果全部布尔表达式的结果都不为 true，则执行 else 大括号中的语句 n。

例如：

```
int  a = 1, b = 2;
if (a > b)
{
    Console.WriteLine("a大于b");
}
else if (a == b)
{
    Console.WriteLine("a等于b");
}
else
{
    Console.WriteLine("a小于b");
}
```

结果：a 小于 b

拓展训练

1. 编程实现：用户输入一个数，求它的绝对值。
2. 编程实现：用户输入两个数，比较两个数的大小。
3. 编程实现：用户输入三个数，找到最大值。
4. 编程实现：用户输入两个数，实现两个数的四则运算。

任务三 游戏流程控制

任务目标

本任务完成游戏的整个流程控制，使玩家能一直输入猜数，直到猜到为止。

通过完成本任务，掌握 C# 标签的使用以及跳转语句 goto 的使用。学会结合标签与 goto 跳转语句控制程序的流程。

任务分析

任务一和任务二已经实现玩家猜一次数，根据玩家猜的数作出判断。那么如何控制玩家直到猜到结果才结束游戏呢？这是本任务的目的。总体思路是：当玩家输入猜数后，判断玩家是否猜中，猜中则提示信息，然后结束游戏；猜不中则继续让玩家输入猜数。根据思路得程序流程，如图 2-12 所示。

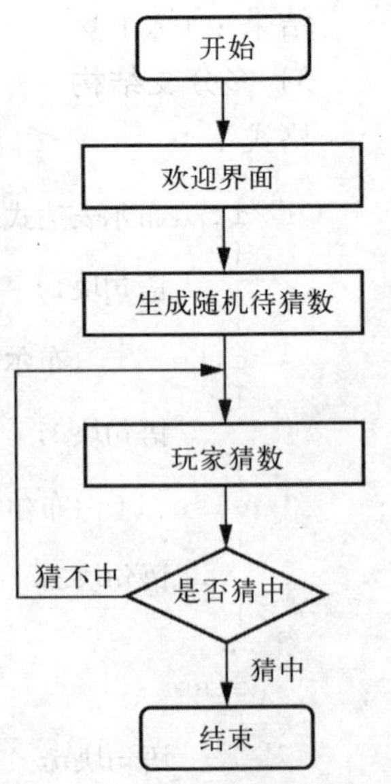

图 2-12 玩家连续猜数流程

实施步骤

01 为了使玩家猜不中时能跳转到猜数前继续输入猜数，打开 Program.cs 文件，添加标签和跳转语句，如下面的代码所示。

```
          ......  ◄------①
Start:                                        // 玩家开始猜数
          Console.Write("你猜，数是多少？"); // 游戏提示信息
          tmp = Console.ReadLine();           // 玩家输入猜数(字符串型)
          input = Convert.ToInt32(tmp);       // 猜数转换为整型

          if (input > guess)                  // 如果玩家猜数较大
          {
              max = input;                    // 改变范围最大值为玩家猜数
              Console.WriteLine("{0}...至...{1}\n", min, max);
              // 范围提示
          }
          else if (input < guess)             // 如果玩家猜较小
          {
              min = input;                    // 改变范围最小值为玩家猜数
              Console.WriteLine("{0}...至...{1}\n", min, max);
              // 范围提示
          }
          else
          {
              Console.Write("恭喜您，您猜中了！");
              // input = guess，游戏提示猜中
          }
      goto Start;  ◄------②                  // 玩家猜不到，跳到Start继续猜
          ......
```

代码解释

①本语句是一个标签，用于标记程序中的某一个位置，使其他地方的跳转语句能跳转到该位置。本语句的标签就是为了使玩家猜不中时能跳转到该位置继续猜数。

②本语句是一句跳转语句，直接跳转到语句①的位置，让玩家继续输入猜数。

小贴士

标签的名称最好有一定的含义，方便程序阅读。

02 上面已经完成一个循环，玩家无论猜中与否都将跳转到 Start 标签，因此，需要为游戏添加一个出口，让玩家猜中后能退出游戏。修改代码如下所示。

```
        ......
        else
        {
            Console.Write("恭喜您，您猜中了！");
            // input = guess，游戏提示猜中
            goto End;  ◄------②                // 玩家猜到了，游戏结束，跳到End
        }
        goto Start;                            // 玩家猜不到，跳到Start继续猜

End:  ◄------①                                // 玩家猜到了，游戏结束
        Console.ReadKey();                     // 等待玩家按键退出游戏
```

代码解释

① 本语句标记一个出口，使玩家猜中后能跳转到该位置。

② 本语句是一句跳转语句，当玩家猜中后跳转到 End 标记，避开 goto Start 语句的执行，从而达到结束游戏的目的。

03 运行程序，得到项目说明中的游戏效果。

相关知识

1．标签

标签用于标记程序中的某个位置，使程序能随时跳转到该位置，执行代码，常用于程序执行顺序的控制。

例如：

```
Start:              // Start为标签名
```

2．goto 语句

goto 语句用于控制转移到由标签指定的跳转语句。格式如下：

```
goto <标签>
```

例如：

```
int i = 0;
Start:                      // 开始标签
    i = i + 1;
    if (i == 10)            // 如果i已经加到10了
    {
        goto End;           // 跳到End，程序结束
    }
    goto Start;             // 跳转开始标签
End:
```

拓展训练

1．接收用户输入信息，并输出。当输入“bye bye”时，程序退出。

2．请用 goto 语句实现求 1+2+3+…+10 的和。

项目小结

本项目开发了一款娱乐性较强的猜数字游戏。游戏开发过程虽然简单，代码量不多，但是涉及到了 C# 中的许多知识点，其中包括：C# 控制台程序的基本输入 / 输出、类型、变量、类型的转换、运算符、if 选择语句、标签和跳转语句 goto。这些基础知识都需要牢牢掌握。

基本输入 / 输出使用的是 C# 中 Console 对象的 ReadLine 和 WriteLine 方法，当然也包括 ReadKey、Read、Write 等方法，它们的区别在于使用方法上的不同。WriteLine 方法可

输出内置类型的值，输出后自动换行，另外，它还可以以带占位符的方式输出。ReadLine方法用于输入，它接收用户输入的一行数据，并以字符串的形式返回。

C# 中针对现实不同种类的信息定义了几种内置类型，其中包括整型、单精度型、双精度型、字符型、字符串型、布尔型等。不同类型的值之间能进行互相转换，一般分为隐式转换和显式转换两种。

变量是指在程序的运行过程中随时可以发生变化的量，它是存放数据的临时场所。一个变量包括三个元素：类型、变量名、值。

运算符用于表示各种不同运算的符号，C# 中包括算术运算符、关系运算符、逻辑运算符等。

if 选择语句是一种分支结构语句，在程序需要分支运行时使用，一般包括单分支、双分支、多分支三种结构。

标签和跳转语句 goto 一般需结合使用，标签用于标记程序中的某一个位置，然后就可以随时利用 goto 语句跳转到标签指定的程序位置，实现程序跳转。

项 目 实 训

【实训名称】学生成绩考核器

【实训说明】

本项目实训完成一个学生成绩考核器，用于对用户所输入的学生各科成绩的平均分进行考核，考核的规则参照表 2-6。

表 2-6　学生成绩考核规则表

分数范围	等　级
85以上	优
75～85	良
65～75	中
60～65	及格
60以下	不及格

项目效果如图 2-13 所示。

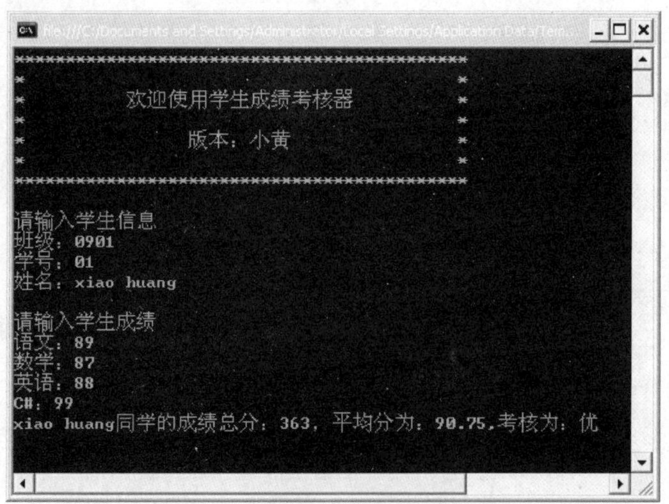

图 2-13　学生成绩考核器运行效果

【实训要求】

(1) 提供界面让用户输入学生的班级、学号、姓名基本信息，以及语文、数学、英语、C#4 科成绩。

(2) 计算学生 4 科成绩的总分和平均分，并输出。

(3) 根据表 2-9 考核规则对学生的平均分进行考核，并输出。

【实训提示】

(1) 本实训先提供输入界面给用户输入学生信息和成绩，注意接收 4 科成绩时需要进行类型转换。

(2) 程序中可定义 4 个变量来接收 4 科成绩，然后使用加法运算符进行运算，计算总分，最后将总分除以 4 得出平均分。

(3) 最后对平均分进行考核时需要使用 if 选择语句的多分支结构。

3

项目三　中英词汇一查通

项目说明

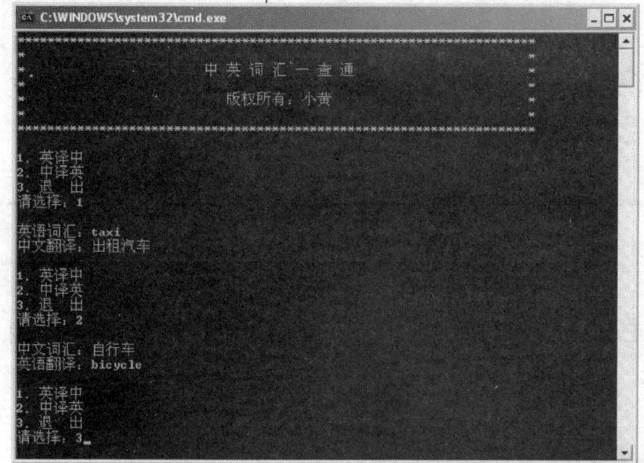

图 3-1　中英词汇一查通运行效果

一般的词汇翻译软件都是针对大众开发的，词汇繁多，基本上包括了全部英语词汇，这会使刚起步学习英语或者学习水平较差的学生对英语产生恐惧，从而失去学习的兴趣。本项目将引领读者自主开发一个属于自己的词汇翻译程序，在程序中，读者可以自定陌生的英语词汇，熟悉之后可以删除该词汇。另外，本程序提供了中英双译功能，可以根据英语词汇查中文翻译，也可以根据中文词汇查英语翻译。程序运行结果如图 3-1 所示。

能力目标

- 学会 C# 一维数组的声明与使用，了解二维数组。
- 学会 for 循环语句的使用。
- 学会 while 循环语句的使用。
- 学会 break、continue 关键字的使用。

任务一 编制词典与制作界面

任务目标

本项目涉及英语与中文词汇，这些词汇都由开发人员设定。本任务完成中英词典的编制工作。

一个友好、交互性强的界面是一款成功软件的重要组成部分，本任务将为项目制作一个简洁而又友好的界面，并且设计一个操作方便的主菜单。

任务分析

(1) 本任务需要制作一个词典，包括英语词汇与中文翻译两部分信息。本任务使用两个一维数组实现此功能，其中一个数组保存英语词汇，另一个数组保存中文意思，它们之间是一一对应的。即英语数组的第一个元素的中文翻译对应中文数组的第一个元素。

(2) 本项目与项目二一样是控制台应用程序，因此，制作主界面的方法与项目二一样，使用基本输入/输出命令实现。另外，本项目的主菜单设计简洁，操作方便，用户只需输入数字1、2、3就可使用相应功能。其中，1为英译中，2为中译英，3为退出。

实施步骤

01 启动 Microsoft Visual C# 2008 Express，新建一个项目，项目类型为“控制台应用程序”，项目名称为Ex03，如图3-2所示。

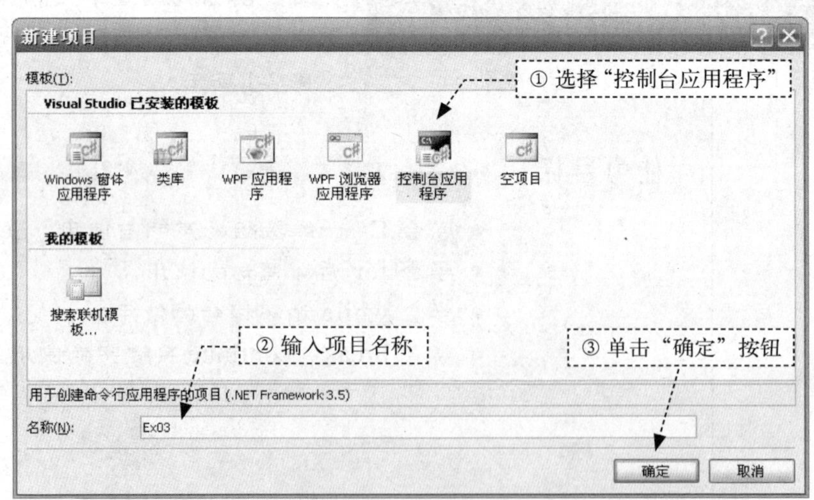

图3-2 新建项目

02 打开 Program.cs 文件，在 Main 函数中编写中英词典代码。Program.cs 文件的参考代码如下所示。

```
static void Main(string[] args)
{
    string[] english = new string[5];     // 英语词典
    string[] chinese = new string[5];     // 中文词典
                                                          ①

    // 初始化英语词典
    english[0] = "once";
    english[1] = "simply";
    english[2] = "bicycle";                ②
    english[3] = "workshop";
    english[4] = "taxi";

    // 初始化中文词典
    chinese[0] = "以前";
    chinese[1] = "仅仅";                    ③
    chinese[2] = "自行车";
    chinese[3] = "车间";
    chinese[4] = "出租汽车";
}
```

代码解释

① 声明了两个一维数组，分别为英语词典数组 english 和中文词典数组 chinese，它们均有 5 个元素，元素都为 string 字符串类型。

② 初始化英语词典数组 5 个元素的值，这些英语词汇可由开发人员自定。

③ 初始化中文词典数组 5 个元素的值，每个元素的值对应英语词典相应元素的英语单词，例如英语词典数组 english 中第一个元素的单词为“once”，那么 chinese 数组中第一个元素的值对应为“once”单词的中文意思“以前”。

小贴士

数组的元素下标是以 0 开始的，因此在代码中可以见到元素的下标是从 0 ~ 4。

03 绘制主界面，在步骤 02 的词典制作代码后面加入以下代码。

```
// 绘制主界面
Console.WriteLine("*******************************");
Console.WriteLine("*                             *");
Console.WriteLine("*        中 英 词 汇 一 查 通    *");
Console.WriteLine("*                             *");
Console.WriteLine("*            版权所有：小黄       *");
Console.WriteLine("*                             *");
Console.WriteLine("*******************************");
Console.WriteLine();
```

代码解释

利用 Console 控制类的 WriteLine 方法输出相应的字符，注意灵活使用空格与星号，使界面更加美观。关于标准输入 / 输出已在项目二中进行了详细介绍。

注 意

要在代码后面加 Console.ReadKey(); 语句，用于等待用户输入任意键，暂停 DOS 界面，不然程序运行后会立即关闭窗口，无法看到结果。

运行程序，结果如图 3-3 所示。

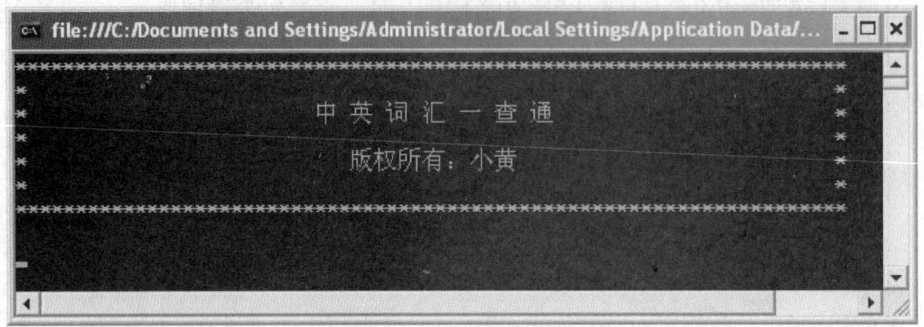

图 3-3　软件欢迎界面

04 制作本项目的主菜单，在步骤 03 的主界面代码后面加入以下代码。

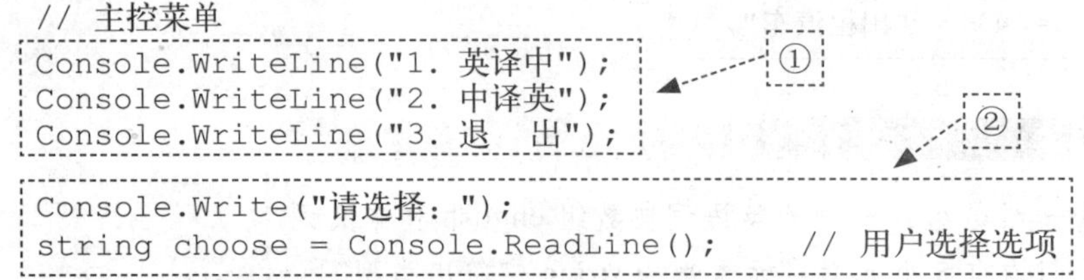

```
// 主控菜单
Console.WriteLine("1. 英译中");
Console.WriteLine("2. 中译英");
Console.WriteLine("3. 退  出");

Console.Write("请选择：");
string choose = Console.ReadLine();    // 用户选择选项
```

代码解释

① 利用 WriteLine 输出主菜单的 3 项，分别提示用户输入 1、2、3 所对应的功能，这是控制台应用程序菜单常用的制作方法。

② 本程序块先用 WriteLine 输出提示用户选择的信息，然后使用 ReadLine 方法等待用户输入选择，并将用户所输入的内容赋值给 choose 字符串变量。

运行程序，结果如图 3-4 所示。

05 单击“文件”/“全部保存”命令，对项目进行保存。

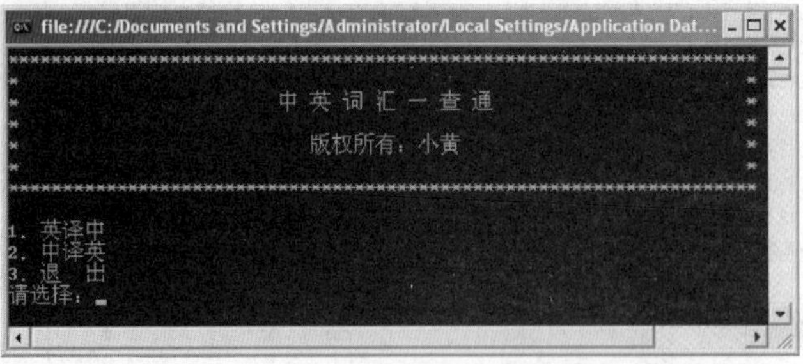

图 3-4　软件主菜单

相关知识

本任务完成了本项目的词典、主界面以及主菜单的制作。其中，词典的制作使用了 C# 中非常重要的一个知识：数组。下面即对 C# 的数组进行详细介绍。

1. 数组概述

以本项目为例，当需要建立拥有 100 个英语单词的词典时，如果使用普通变量的编程方法，需要使用 100 个不同的变量，这给开发人员带来许多不便。此时，就可以使用数组来解决这一问题。

数组是编程语言中非常重要的一种数据类型，大部分编程语言都包含数组。它是包含若干相同类型的变量，这些变量可以通过索引进行访问。数组中每个元素都是一个变量，每个元素都可以保存一个对应类型的值，可以使用唯一索引下标进行快速使用。

数组的定义需要指定以下 4 个方面的信息。

(1) 数组名。数组在声明时就必须先指定数组名，它与变量名的命名规则一样，也必须是唯一的，使用数组加索引的方式访问数组内的元素。

(2) 数组的类型。与变量一样，数组在声明时必须指定类型。该类型指定了数组中全部元素变量的类型。

(3) 数组的维数。数组分为一维数组、二维数组和多维数组，在声明时必须指定。后面将分别对这 3 种类型进行介绍。

(4) 每个维数的上下限。数组的每一维的元素都具有上下限，指定了上下限，该维数的元素个数也就声明了。

注 意

数组的默认下限为 0，访问数组元素时，索引不能超出上下限的范围。

2. 一维数组

一维数组即数组的维数为 1，它是最常用的数组。

1）声明一维数组

一维数组的声明语法如下。

```
类型[]  数组名称;
```

例如：

```
string[]  english;  // 声明一个string类型的一维数组english。
```

2）初始化一维数组

数组的初始化一般有 3 种方式。

(1) 通过 new 运算符创建数组并将数组元素初始化为它们的默认值。例如：

```
int[]  Arr = new int[3];     // Arr数组中的每个元素初始化为0
```

(2) 可以在声明时将其初始化，并指定每个元素的值。例如：

```
int[] Arr = new int[3]{1,2,3};
// Arr数组中的元素的值对应为1、2、3
```

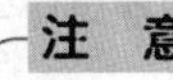

大括号中值的个数必须与元素个数 3 一致。

(3) 在第二种方法的基础上可以省略 new 关键字，并且可以省略数组的元素个数，由大括号中值的个数来指定。例如：

```
int[]  Arr = {1,2,3,4,5,6};
// Arr数组中的元素的值对应为1、2、3、4、5、6，元素个数为6
```

3）使用一维数组

使用一维数组实际上就是赋值或者访问一维数组中的元素。对此，C# 提供了利用索引定位的操作方式。设置如下一维数组定义：

```
string[] arrStr = new string[5] {"a", "b", "c", "d", "e"};
// 定义5个元素的一维字符串数组
```

arrStr 一维数组的结构如图 3-5 所示。

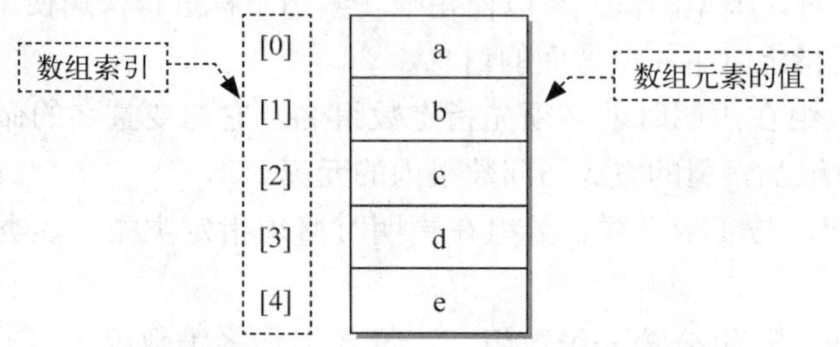

图 3-5　一维数组的结构

如图 3-5 所示，可以使用数组索引对数组的元素进行操作，例如需要将 arrStr 数组的第三个元素改变为 C# 时，可使用如下代码。

```
arrStr[2] = “C#”;          // 注意：第3个元素是索引为2的元素
```

如需要访问并输出第 1 个元素的值时，可使用如下代码。

```
Console.WriteLine(arrStr[0]);
```

3．二维数组

二维数即维数为 2 的数组，虽然它的结构与一维数组差别很大，但是声明与初始化的方式与一维数组相似。

1）声明二维数组

例如声明一个 4 行 5 列的二维数组，代码如下。

```
int  arrInt[,] =new int[4,5];
```

2）初始化二维数组

详细的初始化方式与一维数组相似，只是在维数上有所区别。例如声明一个两行三列的二维数组，并将其进行初始化，代码如下。

```
int  arrInt[,] =new int[2,3]{{1,2,3},
                              {4,5,6}};      // 注意层次结构
```

3）使用二维数组

对于数组的结构，如果将一维数组比作是一列，那么二维数组就是有行又有列。一个 4 行 4 列的二维数组 arrStr 的存储结构如图 3-6 所示。

[0,0]	[0,1]	[0,2]	[0,3]
[1,0]	[1,1]	[1,2]	[1,3]
[2,0]	[2,1]	[2,2]	[2,3]
[3,0]	[3,1]	[3,2]	[3,3]

图 3-6　二维数组存储结构

使用时需要使用图 3-6 所示的索引方式，例如如下代码。

```
arrStr[1,3] = "Hello";                    // 为二维数组第2行第4列的元素赋值
Console.WriteLine(arrStr[1,3]);           // 读取二维数组第2行第4列的元素值并显示
```

4．多维数组

三维数组以上的数组称为多维数组，它是二维数组的扩展，使用方法与二维数组相似。由于使用较少，这里不作详细介绍，请有兴趣的读者查阅相关资料。

拓展训练

编程实现以下要求。

1．定义一个包含 10 个元素的整型一维数组，元素初始值自定。

2．将第 1 题中一维数组元素的值修改为：10, 11, 12, 13, 14, 15, 16, 17, 18, 19。

3．使用标准输出方法输出第 2 题中一维数组的全部元素。

4．定义一个包含 4 行 5 列的字符串二维数组，元素初始值自定。

5．使用标准输出方法输出第 4 题中二维数组的全部元素。

任务二 实现英译中功能

任务目标

本任务完成本项目主要功能之一——英译中。顾名思义，就是用户输入要翻译的英语词汇，程序根据中英词典翻译并显示中文意思。

通过完成本任务，学会 for 循环语句的使用，并掌握如何利用 for 语句循环访问数组的全部元素。

任务分析

本项目设置有中英两个词典数组，英译中功能就是从英语数组中寻找词汇并返回索引，然后根据索引显示中文翻译。具体程序思路如下。当用户输入要翻译的英语词汇后，用该词汇在英语词典中从第 1 个元素开始，一直到最后一个元素进行比较。当发现相符时，获取并返回该元素的索引。由于中英词汇数组元素的意思是一一对应的，所以只需访问中文词汇数组中对应索引的元素值即可。具体遍历流程如图 3-7 所示。

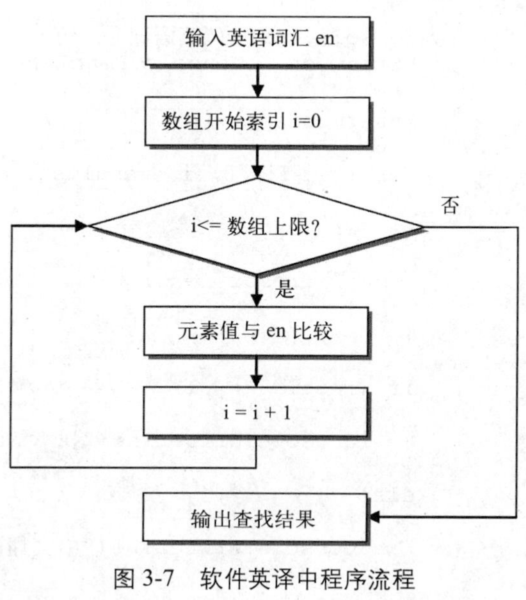

图 3-7 软件英译中程序流程

实施步骤

01 任务一结束后，向用户提供了一个主菜单，包括三个选项：英译中、中译英以及退出。当用户输入 1 时表示选择英译中，输入 2 时表示选择中译英，输入 3 时则表示退出。因此，必须使用 if 语句来对用户的输入 choose 进行判断，在任务一的代码后面加上如下代码。

```
If (choose == “1”)              // 如果是英译中
{

}
else if (choose == "2")         // 如果是中译英
{

}
else if (choose == "3")  // 如果是退出
{

}
else                            // 如果是输入其他
{
Console.WriteLine("输入选项错误!");
}
```

代码解释

代码中使用一套多分支 if 语句，分别根据 choose 判断了四种情况，其中 choose 等于 1、2、3 表示三种功能，而最后一个 else 表示用户输入错误选项。

在后面的任务中，只需在相应的位置编写对应功能的代码，而本任务的代码是编写在 if (choose == "1") 分支中。

02 在步骤 01 代码中的英译中分支中加入以下代码，实现英译中功能。

```
Console.Write("英语词汇：");
string en = Console.ReadLine();        // 输入英语词汇          ①

int result = -1;           // 保存英语词汇所在数组索引，初始为-1表示找不到

for (int i = 0; i < english.Length; i++) // 循环查找该英语词汇是否存在
{
    if (english[i] == en)          // 如果存在
    {
        result = i;                // 保存英语词汇所在数组索引
    }
}                                                                      ②

if (result == -1)              // 如果找不到
{
    Console.WriteLine("找不到该英文词汇。");
}
else                           // 否则显示中文翻译
{
    Console.WriteLine("中文翻译：" + chinese[result]);
}                                                                      ③
```

代码解释

① 这两句代码实现提示用户输入英语词汇，并将其保存在字符串变量 en。

② 使用 for 循环语句遍历英语数组 english 的全部元素，以 i 作为索引，从 0 开始，每次累加 1，每次都执行大括号中的循环体代码块，直到 i 累加等于数组的下限。在循环体中，判断 i 索引所对应的数组元素是否与要查找的英语词汇 en 相等，如果相等则用 result 保存索引 i 的值，否则继续循环查找。

③ 经过 for 循环语句在数组中查找后，如果找到则会将索引保存在 result 变量中，如果找不到则 result 保持初始化的值 -1，所以只需针对 result 的值做出判断即可得到查询的结果。在代码中用 if 语句的双分支结构，如果 result 的值等于 -1，表示没找到，提示"找不到该英文词汇，否则就需要根据 result 索引将其中文翻译从中文词汇数组读取，并显示出来。

小贴士

在 for 循环语句的条件中，使用了 english 的 Length 属性，它能返回 english 数组的元素个数。由于数组的元素索引是从 0 开始的，所以这里的判断是用小于（<），而非小于等于(<=)。

当输入的英语词汇在字典中存在时，运行结果如图 3-8 所示。

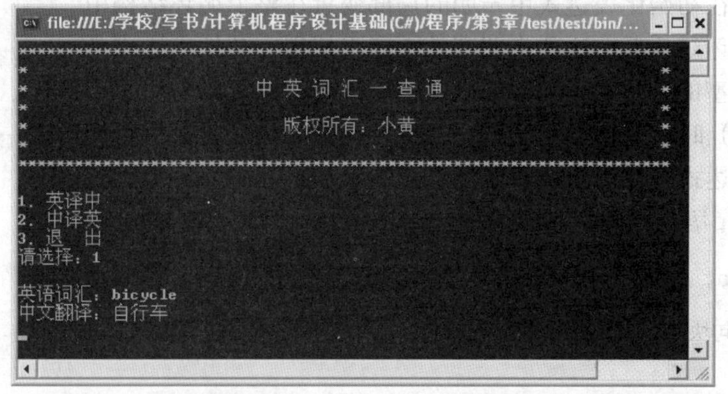

图 3-8　软件英译中运行效果

当输入的英语词汇在字典中不存在时，则运行结果如图 3-9 所示。

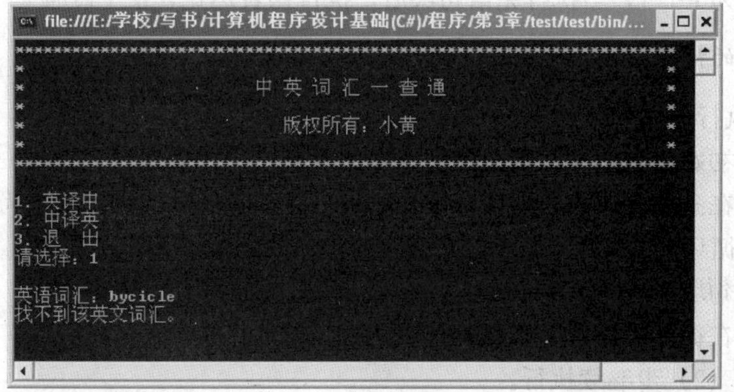

图 3-9　找不到词汇

相关知识

在本任务中使用了循环结构对英语词汇的元素进行遍历，循环结构是程序的三种控制结构之一，它主要用于重复执行嵌入语句，直到条件不成立。关于另两种控制结构——顺序与选择结构已经在项目二中详细介绍了。

循环结构包括几种常见的语句格式，下面对本任务所使用的 for 循环语句进行详细介绍。

1. for 语句的基本概念

for 语句是循环结构的一种形式，它用于计算一个初始化序列，然后当某个条件为真时，重复执行嵌套语句并计算一个循环表达式序列。如果为假，则终止循环，退出 for 循环。

2. for 语句的基本形式

for 语句的基本形式如下。

```
for (初始化表达式; 条件表达式; 循环表达式)
{
    语句块
}
```

初始化表达式一般由一个局部变量声明或者由一个逗号分隔的表达式列表组成。在初始化表达式中声明的局部变量在整个循环结构中有效，当退出循环结构后，这些声明变量不能再使用。条件表达式是一个结果为布尔型的表达式，当结果为真 (true) 时，执行语句块；当结果为假（false）时，退出循环结构。当执行完语句块后，会执行循环表达式，该表达式一般用于执行循环变量的累加。

> **小贴士**
> 初始化表达式、条件表达式和循环表达式可有可无。

例如以下 for 语句代码：

```
for (int i = 1; i < 100; i=i+1)
{
    语句块
}
```

初始化表达式为 int i = 1，定义了整型变量 i，初始值为 1。

条件表达式为 i < 100，如果 i 小于 100 则执行语句块。

循环表达式为 i=i+1，当执行完语句块后，执行该表达式，使 i 累加 1。

3. for 语句的执行顺序

for 语句的执行顺序如下。

（1）如果有初始化表达式，则先执行该表达式，初始化表达式只执行一次。

（2）如果存在条件表达式，则计算该表达式，并判断计算结果，如果为真就跳到第（3）步，否则就退出循环。

（3）执行语句块。

（4）如果存在循环表达式，则执行该表达式。

（5）跳到第（2）步继续执行。

例如：编程实现输出 1 ～ 100 的整数，代码如下。

```
for (int i = 1; i <= 100; i=i+1)
{
    Console.WriteLine(i);
}
```

（1）执行 int i=1 语句，定义一个整型变量 i，初始值为 1。

（2）判断条件 i<=100，由于 i 为 1，条件结果为真，跳到第（3）步。

（3）执行 Console.WriteLine(i)，输出变量 i 的值 1。

（4）执行 i=i+1，变量 i 的值累加 1，变为 2。

（5）跳到第（2）步继续执行。

4．foreach 语句

foreach 语句用于自动循环遍历一个集合的元素，例如数组，并对该集合中的每个元素执行一次嵌入语句。然而，foreach 语句不应用于更改集合内容，以防产生不可预知的错误。foreach 的基本形式如下。

```
foreach(类型  变量名  in  集合类型表达式)
{
    语句块
}
```

其中，类型必须与集合类型表达式的类型一致。执行时，会循环遍历集合中的全部元素，而在每一趟遍历时，变量名所指定的变量都会代表该元素。

例如：设有字符吕数组 arrStr，用 foreach 语句对其进行遍历输出，代码如下。

```
string[] arrStr= new arrStr[5]{"a","b","c","d","e"};
foreach(string s in arrStr)
{
    Console.WriteLine(s);
}
```

如以上代码所示，foreach 在一定场合下会使代码更加简洁、易懂。

拓展训练

请编程实现以下要求。

1．计算 1+2+3+…+100 的和。

2．计算 1 ～ 100 奇数与偶数分别的和。

3．输出九九乘法表。

4．随机生成 10 个范围在 1 ～ 100 的整数，保存在数组中。输出这 10 个随机数并计算它们的和。

任务三 实现中译英功能

任务目标 本任务完成本项目的另一个重要功能，词汇中译英，即将用户输入的中文词汇，翻译成英语词汇。

通过完成本任务，学会 while 循环语句的使用，并理解 while 循环语句与 for 循环语句的区别。

任务分析 本任务的实现思路与任务二词典英译中功能的实现思路大体上相同。具体遍历流程如图 3-10 所示。

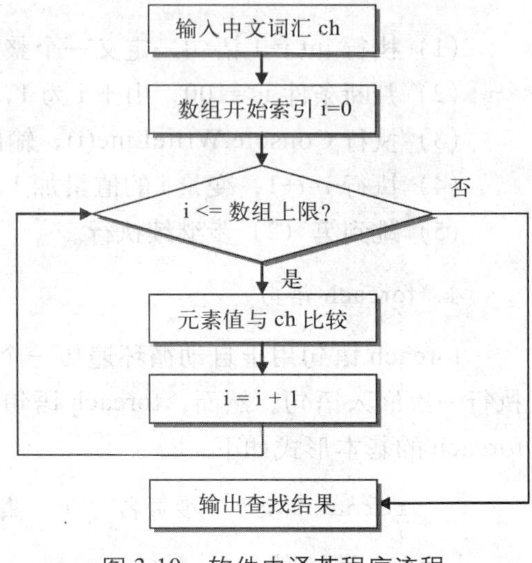

图 3-10 软件中译英程序流程

实施步骤

在任务二的代码中加入中译英分支中的如下代码。

```
……
else if (choose == "2")                    // 如果是中译英
{
    Console.Write("中文词汇：");
    string ch = Console.ReadLine();  // 输入中文词汇          ①

    int result = -1;                       // 保存查找结果，初始为-1表示找不到

    int i = 0;
    while (i < chinese.Length)             // 循环查找该中文词汇是否存在
    {
        if (chinese[i] == ch)              // 如果存在
        {                                                          ②
            result = i;                    // 保存
        }
        i++;
    }

    if (result == -1)                      // 如果找不到
    {
        Console.WriteLine("找不到该中文词汇。");
    }
    else          // 否则显示英语翻译
    {
        Console.WriteLine("英语翻译：" + english[result]);
    }
}
```

代码解释

① 这两句代码实现提示用户输入中文词汇，并将其保存在字符串变量 ch。

② 本语句块使用 while 循环语句实现在中文词汇数组中查找对应词汇的功能。while 关键字后面括号中的是条件表达式，当该条件结果为真时，执行大括号中的语句。与 for 循环语句不同，while 循环语句的括号只能有条件表达式，所以初始声明必须放在循环的前面，而累加 i 的代码也必须放在大括号里面。

相关知识

在本任务中使用了另一种循环语句——while 循环语句对中文词汇的元素进行遍历，该语句也是非常常用的循环语句之一。下面对该语句进行详细介绍。

1. while 语句的基本概念

while 语句用于根据条件值执行语句块零次或者多次，当每次 while 语句中的代码执行完毕时，将重新查看是否符合条件值，若符合则再次执行相同的程序代码，否则跳出 while 语句，继续往下执行。

2. while 语句的基本形式

while 语句的基本形式如下。

```
while (条件表达式)
{
    语句块
}
```

与 for 语句一样，条件表达式是一个结果为布尔型的表达式，当结果为真 (true) 时，执行语句块；当结果为假（false）时，退出循环结构。与 for 语句不同，while 语句没有把初始化表达式和循环表达式包括在内，所以需要在其他地方实现。

例如以下 while 语句代码：

```
int i = 1                    // 初始化i，不放在循环结构中
while (i < 100)              // 当i < 100时，执行语句块
{
    语句块
}
```

如以上代码所示，初始化 i 放在了 while 语句的前面，而语句块中往往会包括 i=i+1 这种语句，使 i 能从 1 变到 100。

3. while 语句的执行顺序

while 语句的执行顺序如下。

(1) 计算条件表达式，如果结果为真就跳到第（2）步，否则就退出循环。

(2) 执行语句块。

(3) 跳到第（1）步继续执行。

例如：编程实现输出 1 ～ 100 的整数。

```
int i = 1;
while (i <= 100)
{
    Console.WriteLine(i);
    i = i + 1
}
```

（1）执行 int i=1 语句，定义一个整型变量 i，初始值为 1。

（2）判断条件 i<=100，由于 i 为 1，条件结果为真，跳到第（3）步。

（3）执行 Console.WriteLine(i)，输出变量 i 的值 1。

（4）执行 i=i+1，变量 i 的值累加 1，变为 2。

（5）跳到第（2）步继续执行。

4. do…while 语句

do…while 语句与 while 语句相似，它的判断条件在循环后。即 while 语句先判断后执行，而 do…while 语句则是先执行后判断，因此 do…while 至少会执行一次循环体语句。其基本形式如下。

```
Do
{
    语句块
}while (条件表达式)
```

从基本形式明显看出，程序首先执行语句块，然后计算条件表达式的值，如果为真则跳转到 do 继续执行，如果为假则结束循环。

例如：将编程实现输出 1 ～ 100 的整数改写成 do…while 形式，代码如下。

```
int i = 1;
do
{
    Console.WriteLine(i);
    i = i + 1
} while (i <= 100)
```

（1）执行 int i=1 语句，定义一个整型变量 i，初始值为 1。

（2）执行 Console.WriteLine(i)，输出变量 i 的值 1。

（3）执行 i=i+1，变量 i 的值累加 1，变为 2。

（4）判断条件 i<=100，由于 i 为 1，条件结果为真，跳到第（2）步继续执行。

拓展训练

请用 while 语句编程实现如下要求。

1. 计算 1+2+3+…+100 的和。
2. 计算 1 ～ 100 奇数与偶数分别的和。
3. 输出九九乘法表。

任务四 程序退出控制

任务目标 至此，本项目已经完成了两大主要功能，但项目运行一次就自动退出了。为了加强项目的可操作性与交互性，需要给项目加上程序退出控制，使项目一直运行直到用户选择退出。

通过完成本任务，学会如何利用循环语句实现程序的运行控制，学会break与continue关键字的作用。

任务分析 本任务的主要目的是使项目一直运行直到用户选择退出，在此使用while循环语句实现此功能。当把while语句的条件表达式写成true时，条件将永远成立，那么程序将一直运行。而当用户选择了主菜单的退出选项时，使用break命令，该命令能立刻退出循环。利用以上技术就能实现本任务所要求的效果。程序退出控制的流程如图3-11所示。

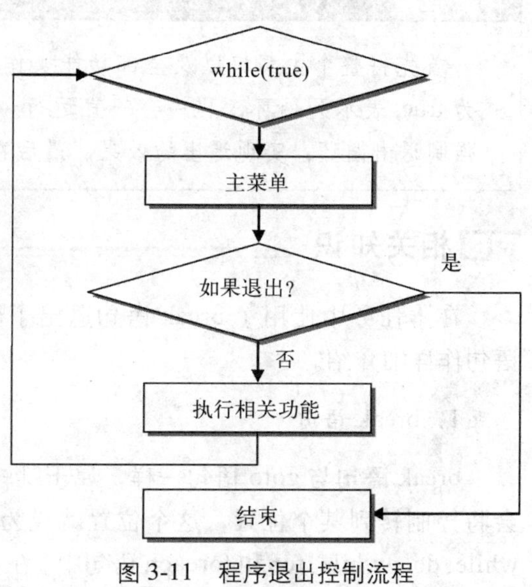

图3-11 程序退出控制流程

实施步骤

在任务三的代码中加入如下代码。

```
……
while (true)            // 流程控制          ← 新添加的代码
{
    // 主控菜单
    Console.WriteLine("1. 英译中");
    Console.WriteLine("2. 中译英");
    Console.WriteLine("3. 退  出");
    Console.Write("请选择: ");
    string choose = Console.ReadLine();     // 用户选择选项
    if (choose == "1")          // 如果是英译中
    {
        ……
    }
    else if (choose == "2")         // 如果是中译英
    {
        ……
    }
    else if (choose =="3")         // 如果是退出
    {
        break;          ← 新添加的代码
    }
```

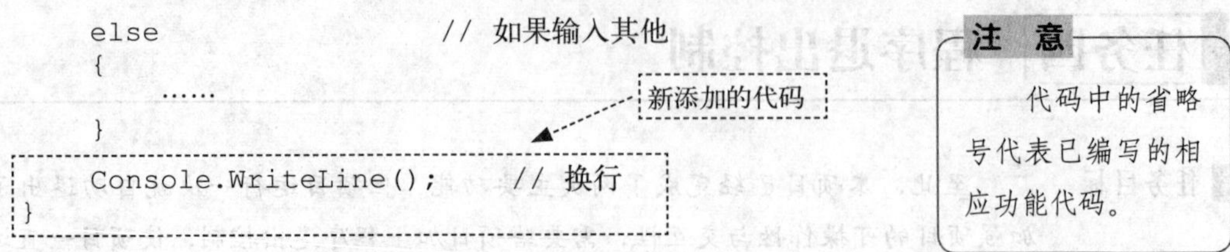

```
else                          // 如果输入其他
{
    ......
}
Console.WriteLine();          // 换行
}
```


注 意

代码中的省略号代表已编写的相应功能代码。

代码解释

首先将整个主菜单以及全部功能操作的代码放在一个 while 循环中，while 的条件表达式为 true, 表示死循环，程序会一直运行。然后，在处理退出选项的 if 中，使用 break 语句来强制退出循环，实现退出的效果。最后在适当的地方加上换行，使界面更加美观。

相关知识

在本任务中使用了 break 语句退出了循环，下面对 break 以及与 break 相关的 continue 语句作详细介绍。

1．break 语句

break 语句与 goto 语句一样，属于跳转语句，它主要用于无条件地转移控制，跳转语句会将控制转到某个位置，这个位置就成为跳转语句的目标。break 语句只能应用在 switch、while、do…while、for 和 foreach 语句中。在循环过程中，当执行 break 语句时会立刻退出循环，下面举例说明在 for 语句中使用 break 语句退出。

```
for (int  I = 1; i < 100; i++)
{
    Console.WriteLine(i);
    break;
}
```

以上程序运行结果为 1，因为当输出 1 后，执行 break 语句退出了循环。

2．continue 语句

continue 语句也属于跳转语句，但与 break 语句不同，它是使直接包含它的循环语句开始一次新的循环，即立刻跳转到循环头，开始执行相关的循环判断操作。continue 语句只能应用于 while、do…while、for 和 foreach 语句中，在各种循环语句中，它的作用都是一样的。下面举例说明 continue 在 for 语句中的使用：

```
for (int  i = 1; i < 100; i++)
{
    continue;
    Console.WriteLine(i);
}
```

以上程序运行结果为空，因为每次执行 continue 都将立刻跳转回 for 语句，所以 continue 后面的输出语句得不到运行。

拓展训练

请编程实现如下要求：接收用户输入的内容，并将其中的小写字母转换成大写字母，然后输出。当用户输入“bye bye”时，程序退出。

项 目 小 结

本项目通过完成中英词汇一查通的应用程序，详细介绍了关于数组、循环语句的概念及用法。

数组包含若干相同类型的变量，这些变量可以通过索引进行访问。数组是非常常用的数据结构，它分成一维数组、二维数组和多维数组，在定义时需要指定名称、类型、维数以及各维的上下限。

循环结构是三种程序控制结构之一，它主要用于重复执行一块语句。常见的循环语句包括 for 语句、while 语句、do…while 语句和 foreach 语句。要重点理解这些语句的运行流程，充分掌握其使用的方法。

本项目还介绍两个跳转语句：break 和 continue。它们常用于循环结构中控制循环结构的运行。break 语句能立刻跳转出循环结构，而 continue 语句能立刻跳转到循环头，重新开始一次新的循环。

项 目 实 训

【实训名称】 简单输入法

【实训说明】

本项目实训完成一款简单的输入法软件，用于实现一些常用汉字的录入。程序中自定义的常用汉字编码如表 3-1 所示。

表 3-1　自定义常用汉字编码

汉字	编码
小黄	Xh
计算机	jsj
网络技术	wljs
一	y
班	b

项目效果如图 3-12 所示。在图 3-12（a）中，输入“计算机”的编码“jsj”，按空格键后，屏幕输出汉字“计算机”，如图 3-12（b）所示。紧接着输入编码“wljs”，如图 3-12（c）所示，按空格键后输出汉字“网络技术”，如图 3-12（d）所示。

(a) 输入汉字编码　　(b) 输出汉字“计算机”

图 3-12　项目效果

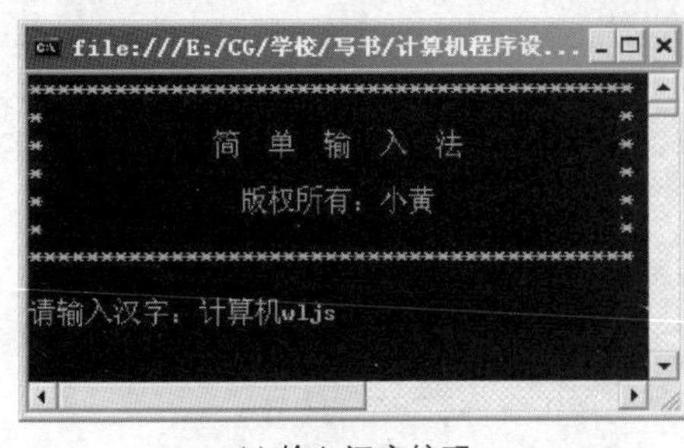

(c) 输入汉字编码

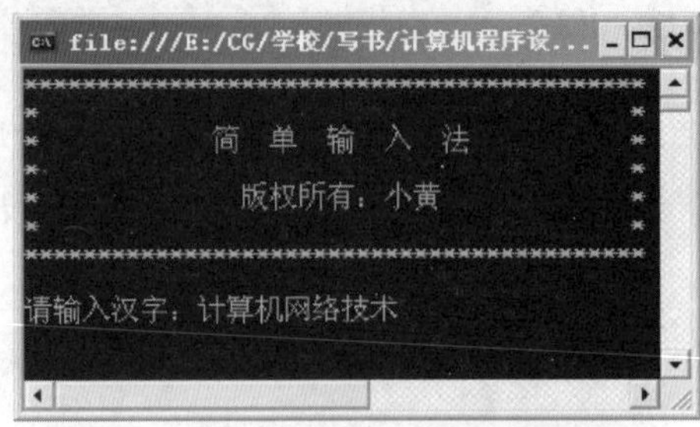

(d) 输出汉字“网络技术”

图 3-12 项目效果（续）

【实训要求】

（1）根据表 3-1 建立汉字与编码数组，两个数组中的汉字与编码元素呈现一一对应的关系。

（2）程序中提供用户界面输入汉字编码，待用户按空格键后，程序将相关编码擦除，并输出对应的汉字。

（3）如果输入编码不存在，则不输出任何汉字。

【实训提示】

（1）定义两个字符串数组，分别保存自定义的汉字与编码。

（2）使用 Console.ReadKey().KeyChar 方法读取用户输入的字符，并定义一个字符串变量累计保存字符。

（3）“\b” 是退格符号，使用 Console.Write("\b \b") 代码可以清除当前光标的前一个字符，并将光标定位在前一个字符位，可使用这种方法清除输入的编码。

4

项目四 学生成绩管理器

项目说明

```
**********************************************************
*                 学 生 成 绩 管 理 器                    *
*                  版权所有：小黄                         *
*                                                        *
**********************************************************
--------------------开始输入计算机1班的学生信息--------------------
输入第1位学生的信息：
学号：1
姓名：小黄
性别：男
语文：85
数学：82
英语：78

输入第2位学生的信息：
学号：2
姓名：小红
性别：女
语文：95
数学：56
英语：97

输入第3位学生的信息：
学号：3
姓名：小东
性别：男
语文：56
数学：86
英语：85
------------------------------输入结束------------------------------
--------------------输出计算机1班学生的信息--------------------
学号   姓名   性别   语文   数学   英语   总分     平均分
1      小黄   男     85     82     78     245.00   81.67
2      小红   女     95     56     97     248.00   82.67
3      小东   男     56     86     85     227.00   75.67

语文科成绩统计信息：
及格率：66.67%
优秀率：66.67%
平均分：78.67
最高分：95
最低分：56

数学科成绩统计信息：
及格率：66.67%
优秀率：66.67%
平均分：74.67
最高分：86
最低分：56

英语科成绩统计信息：
及格率：100.00%
优秀率：66.67%
平均分：86.67
最高分：97
最低分：78
```

图 4-1 学生成绩管理器运行结果

本项目完成一个学生成绩管理器，用于统计一个班各门学科的考试成绩。项目中先提示用户输入班里学生的各种信息，包括学号、姓名、性别三种基本信息和语文、数学、英语三门学科成绩。然后，计算每位学生的三科总分与平均分，以表格的形式显示全班的学生成绩信息。最后，分别计算三门学科的及格率、优秀率、平均分、最高分以及最低分。

本项目采用纯面向对象技术进行开发，将学生、成绩、班级以及成绩管理器抽象成类。

(1) 学生类包括学生的基本信息：学号、姓名、性别。

(2) 成绩类在继承学生类的基础上增加了语文、数学、英语成绩三种信息。

(3) 班级类包括班级名称和班级人数两种信息，并且根据班级人数定义了学生成绩对象。另外，还实现了输入班级学生成绩信息和输出班级学生成绩信息两个功能。

(4) 成绩管理类包括一个班级对象，并实现对该班级对象进行统计的功能。

项目效果如图 4-1 所示。

能力目标

- 理解命名空间的作用，学会命名空间的使用。
- 理解类的基本概念、基本特征以及类与对象的关系。学会如何声明类，如何实例化类，如何在类中声明数据成员以及编写成员方法等。
- 理解构造函数、析构函数的作用以及它们的运行机制，学会在类中使用构造函数和析构函数。
- 掌握类的继承，学会如何定义继承类。

任务一 创建学生实体类

任务目标 本项目管理的信息是学生的基本信息与成绩信息两部分，学生的基本信息一般包括学号、姓名、性别。本任务将这些信息定义成一个学生实体类。

任务分析 本任务的学生实体类包括学号、姓名、性别三个基本信息，三者都是字符串类型。其中性别的值只能是“男”或者“女”，所以可以考虑将其定义为属性，在属性的 set 中可以对其进行限制，当接收的值不为允许值时抛出异常。

本任务也为学生实体类设计了一个带参数的构造函数，该函数能使用户在实例化类时初始化三个基本信息。当然，在类中也必须人为地定义一个空的默认构造函数，使用户能在实例化类时不初始化三个基本信息。

在 C# 中，程序都是利用命名空间组织起来的，本项目将全部程序放在 CJGL 命名空间中。因此，本任务的学生实体类必须放在该空间中。

实施步骤

01 启动 Microsoft Visual C# 2008 Express，新建一个项目，项目类型为控制台应用程序，项目名称为 Ex04。

02 右击“解决方案资源管理器”面板的 Ex04 项目，在快捷菜单中选择“添加”项中“新建项”命令，如图 4-2 所示。

03 在“添加新项”对话框中，在“模板”中选择“类”模板，输入类名，单击“添加”按钮，添加一个 Student 类，如图 4-3 所示。

> **小贴士**
>
> 可以选择“项目”菜单的“添加类”命令，或者直接使用快捷键 Shift+Alt+C。

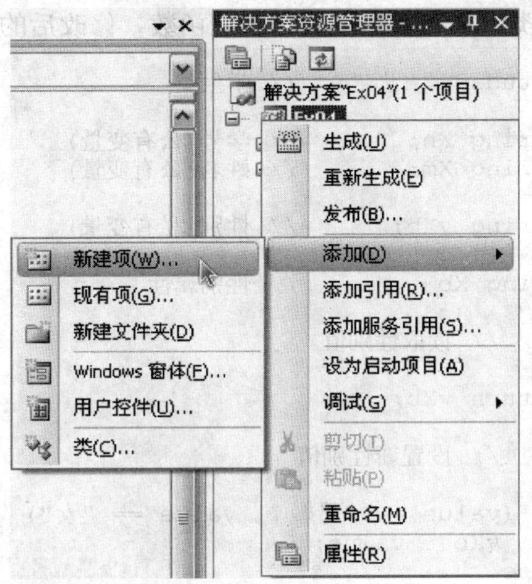

图 4-2　添加新项

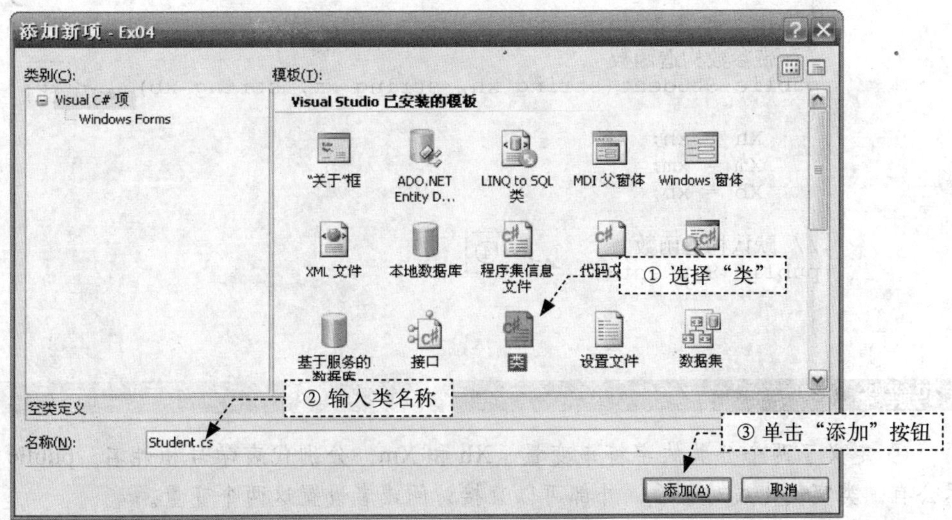

图 4-3　"添加新项"对话框

04 双击打开"解决方案资源管理器"面板中 Student.cs 文件，将命名空间修改为 CJGL，代码如下所示。

```
using System;
using System.Collections.Generic;
using System.Linq;
using System.Text;
                          修改命名空间
namespace CJGL            // CJGL命名空间
{
    class Student         // 学生类
    {
    }
}
```

05 在 Student 学生类中加入数据成员与构造函数，修改后的 Student 类代码如下。

```
public class Student              // 学生类
{
    public  string Xh;            // 学号(公有变量)      ①
    public  string Xm;            // 姓名(公有变量)

    private string vXb;           // 性别(私有变量)      ②

    public string Xb              // 性别属性
    {
        get     // 读取性别值
        {
            return vXb;
        }
        set     // 设置新性别值
        {
            if (value == "男" || value == "女")
                vXb = value;
            else
                throw(new Exception("性别只能是男，女。"));
        }
    }

    // 带参数构造函数
    public Student(string xh, string xm, string xb)   ③
    {
        Xh = xh;
        Xm = xm;
        Xb = xb;
    }
    // 默认构造函数
    public Student()    ④
    {
    }
}
```

代码解释

① 定义了两个公共的字符串变量：Xh 和 Xm，分别代表学号和姓名。public 修饰符表示公有，类实例化成对象后，外部可以直接访问或者设置这两个变量。

② 由于性别只有男和女两种值，所以最好将它定义成属性，使它在设置值时能进行限制。代码中首先使用 private 修饰符定义一个内部私有字符串变量 vXb，该变量只供内部使用，外部不能访问或设置。然后定义一个公共的性别属性，该属性提供两种操作：get 和 set，对应访问和设置。当外部访问性别属性时，对应进行 get 操作，在 get 操作中返回内部私有变量 vXb 的值；当外部设置性别属性时，对应进行 set 操作，在 set 操作中判断新值 value，如果为“男”或者“女”，将内部私有变量 vXb 设置为新值 value，否则抛出一个异常，提示信息为“性别只能是男，女。”，从而保证性别值的合法性，这也是属性的重要功能之一。

③ 为了使开发人员在利用学生类定义学生对象时能够直接初始化学号、姓名、性别这三个信息，这里定义一个包括三个参数的构造函数。在函数中，将这三个参数的值对应赋给三个变量即可。

④ 有时在创建学生对象时还没确定该学生的信息，所以需要定义一个默认的构造函数。

小贴士

C# 包括以下几个常用的修饰符。

public：允许外部访问，不限制访问。

protected：只能从类内部和所在类的子类（派生类）进行访问。

private：只有其所在类才能访问。

sealed：不允许被继承。

abstract：抽象类，不允许建立类的实例。

06 双击打开 Program.cs 文件，在 Main 函数中编写测试程序，代码如下。

```
using System;
using System.Collections.Generic;
using System.Linq;
using System.Text;
using CJGL;      // 引用CJGL命名空间（为了使用空间里面的类）

namespace Ex04
{
    class Program
    {
        static void Main(string[] args)
        {
            Student s1 = new Student("1", "小黄", "男");
          // 实例化一个学生，在定义时初始化信息

            Student s2 = new Student();    // 实例化一个学生，信息未初始化
            s2.Xh = "2";
            s2.Xm = "小红";
            s2.Xb = "女";

            // 输出学生信息
            Console.WriteLine("学号\t姓名\t性别");
            Console.WriteLine("{0}\t{1}\t{2}", s1.Xh, s1.Xm, s1.Xb);
            Console.WriteLine("{0}\t{1}\t{2}", s2.Xh, s2.Xm, s2.Xb);
            Console.ReadKey();
        }
    }
}
```

代码解释

由于学生类在 CJGL 命名空间中，所以测试代码中首先要引用该命名空间。然后用带参数的形式实例化一位学生，此时学生类执行的是带参数的构造函数。接着实例化第二位学生，该学生信息的定义后进行独立赋值。最后输出学生信息。

注 意

以上为测试代码，只是为了测试学生类的代码是否正确，最后项目的 Main 函数代码并非如此，注意修改。在后面的任务中，均以此方式进行测试。

相关知识

本任务主要创建了学生类，并实例化了两个学生对象进行测试。下面针对类与对象的相关知识进行详细介绍。

1. 对象

对象是程序运行时的基本实体，如变量 i、数组 arr、窗体、按钮等。它既包括一些属性（数据），也包括一些操作（方法），即对象 = 数据 + 方法。

2. 类

类是面向对象编程语言中的一种数据类型，它可以理解为一组相同对象的模板。类描述了一系列在概念上有相同含义的对象，并为这些对象统一定义了具有哪些数据和方法。例如，学生是一个类，它包括姓名、学号、性别和出生年月数据，而小明、小红、小东就是一个个活生生的对象，他们包括各自不同的信息。学生类与学生对象的关系可表示如下。

类：姓名、学号、性别、出生年月

对象：小明、1 号、男、2000 年 1 月 1 日；

　　小红、2 号、女、2001 年 3 月 3 日；

　　小东、3 号、男、2002 年 4 月 5 日

3. 类的声明和实例化

在 C# 中，使用 class 关键字来声明类，语法如下。

```
类的修饰符  class  类名
{
}
```

其中类的修饰符一般包括 public、protected、private、abstract 和 sealed，关于它们的解释已在任务中详细介绍。

例如声明一个能被公共访问的汽车类的代码如下。

```
public  class  Car
{
}
```

对象是类的实例化，可使用 new 关键字对类进行实例化，如实例化汽车的代码如下。

```
Car  aCar  =  new  Car();
```

4. 类的成员

类的成员是指在类内可以包括哪些信息，它一般包括数据成员和方法成员。

(1) 数据成员是指存储在对象的数据，一般是以变量的形式进行表示，例如学生类中的学号、姓名，它能由修饰符决定是否能被外部所访问。数据成员也包括属性形式，属性是内部数据与外部访问的一个中间环节，可以在属性中限制内部数据的访问，或者在属性添加对数据设置的合法性验证，例如任务中学生类的性别，利用属性形式对性别新值合法性作出验证。在汽车类加入相关数据成员，代码如下。

```
public class Car                 // 汽车类
{
    public  string Number;    // 车牌
    public  string Color;     // 颜色
```

```
    public  string Brand;    // 厂家
    public  string Mode;     // 型号
}
```

(2) 方法成员是指对象所能实现的功能，表示为一个个的函数。例如汽车移动方法：

```
public class Car    // 汽车类
{
  public void Move()        // 汽车移动
  {
    Console.WriteLine(“汽车正在移动…”);
  }
}
```

(3) 对于对象中成员的访问可使用 < 对象名 >.< 成员名 > 的形式，例如访问汽车对象的成员的代码如下。

```
Car  aCar  =  new  Car(); // 创建一辆汽车
aCar.Number = “粤A001”;              // 设置车牌号码
Console.WriteLine(aCar.Number);     // 输出汽车车牌号码
aCar.Move();                        // 汽车移动
```

5. 构造函数与析构函数

构造函数与析构函数是类中比较特殊的两种成员函数。构造函数主要用于对对象进行初始化，它在对象实例化时执行；析构函数主要用于对对象进行资源回收，它在对象销毁时执行。

(1) 构造函数具有与类相同的名称，它通常完成初始化数据成员的任务。构造函数没有返回值，一般使用 public 修饰符，例如汽车类的构造函数如下。

```
public  class  Car
{
    public Car(string n, string c,  string b, string m)
    // 带参数的构造函数
    {
        Number = n;    // 车牌
        Color = c;     // 颜色
        Brand = b;     // 厂家
        Mode = m;      // 型号
    }
    public Car()       // 默认构造函数
    {
    }
}
```

在汽车类中重载了两个构造函数，在实例化时，根据 new 后面不同的形式执行不同的构造函数，例如：

```
Car aCar1 = new Car();      // 创建一辆汽车，执行默认构造函数
Car aCar2 = new Car(“粤A001”,“红色”,“丰田”,“carmy”);
// 执行带参数构造函数
```

(2) 一个类只能有一个析构函数，并且无法人工调用析构函数，它是被自动调用的。析构函数名称与类名相同，在函数名称前面加上 ~ 符号。析构函数没有修饰符，没有返回值。

例如定义汽车类的析构函数如下。

```
public  class  Car
{
 ~Car()
  {
    Console.WriteLine("汽车报废了。");
  }
}
```

拓展训练

请创建一个控制台应用程序，定义一个加法器类，类中包括加数、被加数、运算和三个数据成员，其中运算和只能读取，不能设置。类包括一个带参数的构造函数和一个默认构造函数，带参数的构造函数可以直接初始化加数和被加数。另外，类还包括了一个加法运算方法，可以实现加数与被加数的加法运算，并将结果保存在运算和数据成员中。最后，请编写 Main 函数，测试加法器类。

任务二　创建成绩类

任务目标　本任务创建一个成绩类。成绩类是学生类的扩展，它继承了学生类的基本信息，加入了语文、数学和英语三科成绩。

通过完成本任务，学会如何继承父类和如何执行父类的构造函数。

任务分析　本项目统计的是学生成绩，所以需要一个成绩类，它继承学生类，是学生类的扩展。它不仅包含学生类的基本信息，还加入了表示语文、数学和英语三科成绩的三个数据成员和两个用于计算学生成绩的总分和平均分的方法成员。由于是继承学生类，所以成绩类的构造函数必须具备初始化学生类的功能。学生类与成绩类的关系如图 4-4 所示。

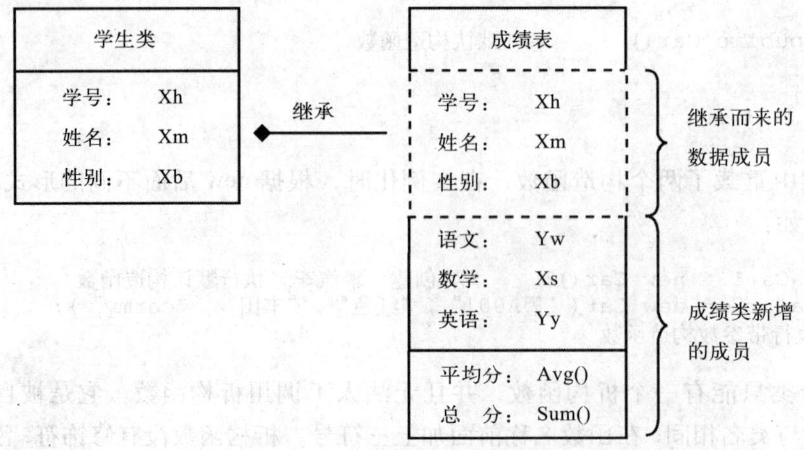

图 4-4　学生类与成绩类的关系

实施步骤

01 右击“解决方案资源管理器”面板的 Ex04 项目，在快捷菜单中选择“添加”项中的“新建项”命令，在添加新项的对话框中，添加一个成绩类，类名为 StudentCj。

02 双击打开 StudentCj.cs 文件，修改命名空间，并且使 StudentCj 类继承于 Student 类，代码如下。

```
using System;
using System.Collections.Generic;
using System.Linq;
using System.Text;                     ①

namespace CJGL        // 命名空间
{
    class StudentCj: Student   // 成绩类,继承学生类
    {
    }                              ②
}
```

代码解释

① 本项目将全部程序都放在 CJGL 命名空间，因此，要先修改成绩类所在的命名空间。

② 成绩类继承学生类，将继承学生类中所有 public 或者 protected 修饰的成员。继承的表示方法为：冒号后面加上要继承的类名。

03 在 StudentCj 类中定义代表语文、数学、英语三门学科的三个公共变量，类型都为 double 双精度型。另外，在类中定义两个方法，用于计算平均分和总分，代码如下。

```
class StudentCj : Student   // 成绩类,继承学生类
{
    public double Yw;        // 语文          ①
    public double Xs;        // 数学
    public double Yy;        // 英语
                                              ②
    public double Avg()       // 计算平均分
    {
        return (Yw + Xs + Yy)/3;
    }
                                              ③
    public double Sum()       // 计算总分
    {
        return (Yw + Xs + Yy);
    }
}
```

代码解释

① 定义代表三门学科的三个变量：Yw、Xs、Yy，都是 double 型，都允许公共访问。

② 定义用于计算平均分的方法，计算公式是三科总分除以 3。

③ 定义用于计算总分的方法。

04 在 StudentCj 类中编写两个构造函数，一个带参数构造函数，一个默认构造函数，代码如下。

```
class StudentCj : Student  // 成绩类,继承学生类
{
    ......

    // 带参数构造函数
    public StudentCj(string xh,string xm,string xb,double yw,double
xs,double yy)
        : base(xh, xm, xb)          // 执行父类构造函数
    {
        Yw = yw;
        Xs = xs;
        Yy = yy;
    }

    // 默认构造函数
    public StudentCj()
    {
    }

}
```

见代码解释

代码解释

由于 StudentCj 类继承 Student 类，所以可以在 StudentCj 类的构造函数执行 Student 类的构造函数，对 Student 类进行初始化。执行父类的构造函数的语法是在子类构造函数声明后面加上“：base（参数列表）”。这样，当执行子类的构造函数时，它会先执行父类的构造函数。

05 修改 Program.cs 文件的 Main 函数，编写测试 StudentCj 类的程序，代码如下。

```
static void Main(string[] args)
{
    // 实例化一个学生成绩，在定义时初始化信息
    StudentCj s1 = new StudentCj("1", "小黄", "男",90,87,78);

    StudentCj s2 = new StudentCj();      // 实例化一个学生成绩，信息未初始化
    s2.Xh = "2";
    s2.Xm = "小红";
    s2.Xb = "女";
    s2.Yw = 86;
    s2.Xs = 88;
    s2.Yy = 99;

    // 输出学生成绩信息
    Console.WriteLine("学号\t姓名\t性别\t语文\t数学\t英语\t总分\t平均分");
    Console.WriteLine("{0}\t{1}\t{2}\t{3}\t{4}\t{5}\t{6}\t{7}",
       s1.Xh, s1.Xm, s1.Xb, s1.Yw, s1.Xs, s1.Yy, s1.Sum(), s1.Avg());
    Console.WriteLine("{0}\t{1}\t{2}\t{3}\t{4}\t{5}\t{6}\t{7}",
       s2.Xh, s2.Xm, s2.Xb, s2.Yw, s2.Xs, s2.Yy, s2.Sum(), s2.Avg());
    Console.ReadKey();
}
```

程序运行结果如图 4-5 所示。

图 4-5　成绩类测试程序运行结果

相关知识

本任务创建了成绩类，它继承学生类。下面对类的继承作详细介绍。

1．继承的基本概念

在日常生活中，很多东西都具有继承关系。例如，车是一个类，有轮子，可以进行运输。自行车、摩托车、汽车、火车是车的子类，它们继承于车，拥有车的特征，并且具有各自的特征。人是一个类，他有姓名、性别、出生年月等信息，他可以进行行走、说话等动作。学生、教师、警察、医生都是人的子类，他们继承于人，拥有人的特征，并且具有各自的特征，例如学生有学号、成绩，教师有职称、教龄，医生属于不同的科室，等等。面向对象编程中的继承就是从日常生活中的这种现象总结而来，符合现实，使开发变得更直观、更合理。

继承是面向对象编程最重要的特性之一。任何类都可以从另外一个类继承，这个类拥有它继承的类的所有成员。一般来说，被继承的类称为父类或者基类，继承的类称为子类。在 C# 中，只支持单继承，不支持多重继承，即只允许拥有一个父类。

在 C# 中，并不是所有父类信息子类都能访问。子类只能访问父类使用 public 或者 protected 声明的类成员，而 protected 只允许被子类访问，不允许被外部访问。这些对成员访问的保护机制使得程序变得更安全。

2．继承的实现

在子类继承父类时，需要使用冒号加类名的方式，如以下代码。

```
class Person                // 人类
{
    public string Name;     // 姓名
    public string Sex;      // 性别
}
class Student: Person       // 学生类，继承于人类
{
    public string Num;      // 学号
}
```

3．父类的初始化

如果父类的对象在声明时必须初始化，那么需要在子类的构造函数中人为地对父类进行初始化，格式使用冒号加 base 再加参数列表的形式，如以下代码。

```
class Person                                  // 人类
{
  public string Name;                         // 姓名
  public string Sex;                          // 性别
  public Person(string n,string s)            // 构造函数
  {
    Name = n;
    Sex = s;
  }
}
class Student : Person                        // 学生类，继承于人类
{
  public string Num;                          // 学号
  public Student(string n,string s,string num):base(n,s)
  {
    Num = num;
  }
}
```

拓展训练

创建一个控制台应用程序，定义一个加法器类 TwoAdd，它包括加数 X 与被加数 Y 两个公有数据成员和 Add2 公有方法成员，Add2 能实现两个数的加法运算。再定义一个加法器类 ThreeAdd，它继承于 TwoAdd 类，拥有 TwoAdd 类的所有公有成员，并且扩展其功能，包含公有数据成员 Z 和公有方法成员 Add3，Add3 能实现三个数的加法运算。最后在 Main 函数编写测试代码，测试 TwoAdd 和 ThreeAdd 类。

任务三 创建班级类

任务目标 本任务创建班级类，在班级类中根据班级人数创建若干个成绩类，并且提供录入学生成绩信息和输出全班学生成绩信息的功能。

任务分析 一个班级一般包括班级名称、班级人数、学生名单等信息，所以在班级类中，定义三个数据成员：班级名、班级人数、学生成绩列表。其中学生成绩列表是一个以成绩类 StudentCj 创建的对象数组，它在类构造函数中根据用户所设定的班级人数进行初始化。另外，在类中定义了一个给用户输入学生成绩信息的方法成员，使用该方法可以按提示逐个输入学生成绩信息。最后，类中还定义了一个用于输出全班学生成绩信息的方法成员，能够以表格的形式整齐地输出全班成绩信息。

实施步骤

01 右击“解决方案资源管理器”面板的 Ex04 项目，在快捷菜单中选择“添加”项中“新建项”命令，在添加新项的对话框中，添加一个班级类，类名为 Bj。

02 双击打开 Bj.cs 文件，修改 Bj 类的命名空间为 CJGL，声明 Bj 类的数据成员和构造函数，代码如下。

```
using System;
using System.Collections.Generic;
using System.Linq;
using System.Text;

namespace CJGL    // CJGL命名空间
{
    class Bj       // 班级类
    {
        public string bjName;                          // 班级名称
        public int bjAmount;              ①           // 学生人数
        public StudentCj[] arrStudentCj;               // 学生成绩

        // 带参数构造函数
        public Bj(string bjname, int bjamount)
        {
            bjName = bjname;
            bjAmount = bjamount;                  ②

            arrStudentCj = new StudentCj[bjamount];
   ③        // 初始化班级学生成绩数组
            for (int i = 0; i < bjamount; i++)
            // 初始化学生成绩信息
            {
                arrStudentCj[i] = new StudentCj();
            }
        }
    }
}
```

代码解释

① 一个班的学生成绩列表的个数是由班级人数决定的，所以在此处先声明一个 StudentCj 数组，数组元素的个数未定，待用户设置班级人数后再初始化。

② 在构造函数中，待班级人数 bjAmount 决定后，根据 bjAmount 初始化班级学生成绩数组，数组元素个数由 bjAmount 指定。

③ 在学生成绩数组中，每个元素都是一个 StudentCj 对象，需要对每个对象进行初始化。在程序中，使用了一个 for 循环，遍历数组的全部元素，对每个元素使用 new 关键字进行初始化，初始化时没有带初始化参数，关于每位学生的成绩信息将在后面进行设定。

03 在 Bj 类中添加 InputStudentCj 方法成员，用于输入学生成绩信息，代码如下。

```
// 输入班级学生成绩信息
public void InputStudentCj()
{
     Console.WriteLine("---------------------开始输入" + bjName + "的
学生信息 ------------------");
    for (int i = 0; i < arrStudentCj.Length; i++)  // 循环学生数组
    {
        Console.WriteLine("输入第"+(i+1).ToString() + "位学生的信息：");
        Console.Write("学号：");
```

```
        arrStudentCj[i].Xh = Console.ReadLine();        // 输入学号
        Console.Write("姓名: ");
        arrStudentCj[i].Xm = Console.ReadLine();        // 输入姓名

    again: Console.Write("性别: ");
        try          // 保证性别输入男或女
        {
            arrStudentCj[i].Xb = Console.ReadLine();   // 输入性别
        }
        catch (Exception ex)      // 输入非男或女
        {
            Console.WriteLine(ex.ToString());
            goto again;           // 跳转到again, 重新输入性别
        }

        Console.Write("语文: ");
        arrStudentCj[i].Yw = Convert.ToDouble(Console.ReadLine());
                  // 输入语文
        Console.Write("数学: ");
        arrStudentCj[i].Xs = Convert.ToDouble(Console.ReadLine());
                  // 输入数学
        Console.Write("英语: ");
        arrStudentCj[i].Yy = Convert.ToDouble(Console.ReadLine());
                  // 输入英语

        if (i != arrStudentCj.Length - 1)
                  // 不是最后一行要输出换行, 只是为了美观
            Console.WriteLine();
    }
    Console.WriteLine("------------------------------输入结束---------
-----------------------\n");
}
```

代码解释

程序中循环了整个学生成绩数组，提供界面，让用户输入每位学生的成绩信息。其中，输入性别时，由于在 Student 类中，性别定义成属性，在接收性别新值时，如果新值不为“男”或者“女”，会抛出一个异常。所以，此处使用了 try 关键字捕捉异常，并在 catch 中跳转到 again 标记，要求用户重新输入性别。

04 在 Bj 类中添加 PrintStudent 方法成员，用于显示全班学生的成绩信息，代码如下。

```
// 显示班级学生成绩信息
public void PrintStudent()
{
    Console.WriteLine("-----------------------输出" + bjName + "学生的
信息 ------------------------");
    // 用\t分隔符对齐隔开
    Console.WriteLine("学号\t姓名\t性别\t语文\t数学\t英语\t总分\t平均分");

    for (int i = 0; i < arrStudentCj.Length; i++)     // 循环学生成绩数组
    {
        Console.Write(arrStudentCj[i].Xh + "\t");
        Console.Write(arrStudentCj[i].Xm + "\t");
        Console.Write(arrStudentCj[i].Xb + "\t");
        Console.Write(arrStudentCj[i].Yw.ToString() + "\t");
        Console.Write(arrStudentCj[i].Xs.ToString() + "\t");
```

```
            Console.Write(arrStudentCj[i].Yy.ToString() + "\t");
            Console.Write(arrStudentCj[i].Sum().ToString("###.00") + "\t");
            Console.Write(arrStudentCj[i].Avg().ToString("###.00") + "\t");
            Console.WriteLine();
        }
        Console.WriteLine();            // 与后面的信息隔开
    }
```

代码解释

程序中，使用 for 循环遍历整个学生成绩数组，利用 \t 分隔符整齐地输出全班学生的成绩信息，其中也包括了总分和平均分。

05 修改 Program.cs 文件的 Main 函数，编写测试 Bj 类的程序，代码如下。

```
static void Main(string[] args)
{
    Bj aBj = new Bj("计算机1班", 3);    // 创建包括3位学生的班级
    aBj.InputStudentCj();               // 输入学生成绩信息
    aBj.PrintStudent();                 // 输出学生成绩信息
    Console.ReadKey();
}
```

程序运行结果如图 4-6 所示。

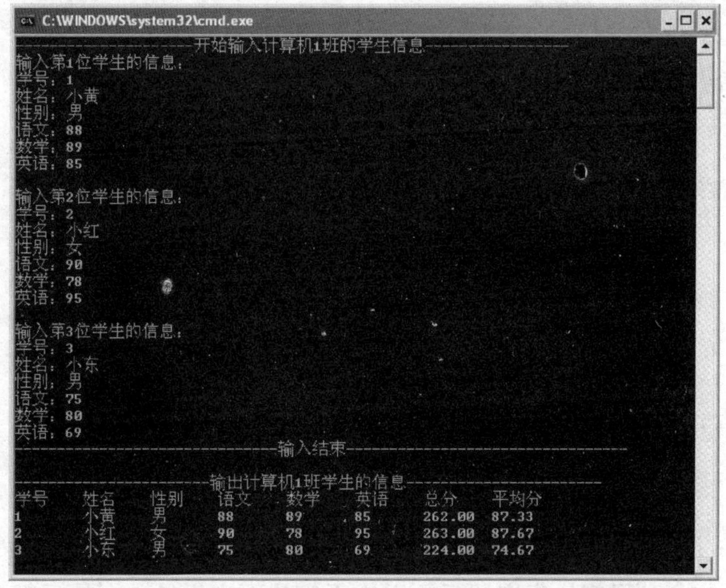

图 4-6 班级类测试程序运行结果

相关知识

1. 异常处理概述

在编写程序时，除了需要关心程序的正常操作，还应该检查代码错误以及各种可能发生的不可预料的事件。例如求两个数的商，程序除了需要计算正常的结果，还应处理当除数为 0 的情况。

在 C# 中，将这些错误以及非法的事件称为异常。针对这些异常，C# 设计了异常类，都是 System.Exception 的直接或间接子类，如表 4-1 所示。

表 4-1 部分异常类及说明

异 常 类	说 明
System.ArithmeticException	在算术运算时发生的异常
System.DivideByZeroException	在除法运算时，除数为0时引发
System.IndexOutOfRangeExcpetion	在访问数组元素时，下标索引使用小于0或者超出数组界限时引发
System.NullReferenceExcpetion	引用对象时，使用null引用时引发
System.OverflowExcpetion	在算术运算、类型转换或转换操作导致溢出时引发

2．异常处理语句

在 C# 程序中，可以使用异常处理语句捕捉并处理异常。主要的异常处理语句包括 try…catch 语句、try…catch…finally 语句和 throw 语句。

（1）try…catch 语句。try…catch 语句主要分为两部分程序，在 try 后面的 {} 中编写可以发生异常的程序代码，在 catch 后面的 {} 中编写处理异常的程序代码。当执行 try 中的代码发生异常时，catch 将捕捉该异常并与 catch 后面的异常类型进行比较，如果相符则执行大括号中的代码。try…catch 语句的语法格式如下。

```
try
{
    可能发生异常的代码
}
catch(异常类型    异常变量名)
{
    异常处理
}
```

注 意

当发生异常时，只有异常类型与 catch 括号中的异常类型相符时才会执行相应的异常处理。

示例：

```
try
{
    int a = 1 / 0;
}
catch(DivideByZeroException  ex)
{
    Console.WriteLine("除数不能为0");
}
```

(2）try…catch…finally 语句。在 try…catch 语句后面加入 finally 语句，形成 try…catch…finally 语句。当程序执行完毕后，无论程序是否产生异常，最后都会跳到 finally 语句块，执行其中的代码。语句的语法格式如下。

```
try
{
    可能发生异常的代码
}
catch(异常类型    异常变量名)
{
    异常处理
}
```

```
finally
{
    程序代码
}
```

(3) throw 语句。throw 语句用于主动引发一个异常，可以在特定的情形下，自行抛出异常。语句的基本语法格式如下。

```
Throw 异常对象
```

示例：

```
throw new DivideByZeroException(); // 主动抛出DivideByZeroException异常
```

拓展训练

创建一个控制台应用程序，提供界面要求用户输入分子 a 与分母 b。如果分母为 0，则使用 throw 语句抛出 DivideByZeroException 异常。在 catch 子句中捕捉该异常，并输出“分母不能为 0”的提示信息。分子分母输入正确后，计算它们的商并输出结果。

任务四 创建成绩管理器类

任务目标 本任务创建成绩管理器类，实现对一个班级的学生成绩进行管理。其中包括统计班级学科的及格率、优秀率、平均分、最高分和最低分。

任务分析 成绩管理器类主要对一个班级的学生成绩进行管理，所以在类实例化时需要指定一个班级，以该班级的学生成绩作为统计的数据源。另外，在成绩管理器类中需要设计一个方法，用于计算该班级各科的三分两率(平均分、最高分、最低分、及格率、优秀率)。

实施步骤

01 右击“解决方案资源管理器”面板的 Ex04 项目，在快捷菜单中选择“添加”项中“新建项”命令，在添加新项的对话框中，添加一个成绩管理类，类名为 Cjglq。

02 双击打开 Cjglq.cs 文件，修改 Cjglq 类的命名空间为 CJGL，声明 Cjglq 类的数据成员和构造函数，代码如下。

```
using System;
using System.Collections.Generic;
using System.Linq;
using System.Text;
```

```
namespace CJGL                    // CJGL命名空间
{
    class Cjglq                   // 成绩管理器类
    {
        private Bj vBj;           // 要处理的班级，私有变量
        // 构造函数                                          ①
        public Cjglq(Bj bj)
        {
            vBj = bj;
        }                                    ②
    }
}
```

代码解释

① 定义一个私有变量为班级类型，统计时应针对该班级。

② 在构造函数中，定义了一个班级参数。所以成绩管理器类在实例化时必须指定一个要进行统计的班级对象。

03 在 Cjglq 类中添加 PrintInfo 方法成员，用于统计班级三分两率，代码如下。

```
// 输出某一科的三分两率
public void PrintInfo(int type)  ◄------ type 为学科，1 为语文，2 为数学，3 为英语
{
    int count = vBj.arrStudentCj.Length;       // 总人数
    double pass = 0;          // 及格人数
    double ys = 0;            // 优秀人数
    double sum = 0;           // 总分
    double high = 0;          // 最高分,初始为0
    double lower = 100;       // 最低分,初始为100
    double tmp = 0;           // 临时变量

    for (int i = 0; i < vBj.arrStudentCj.Length; i++)
    {
        switch (type)         // 判断type的值，取不同的值
        {
            case 1:
                tmp = vBj.arrStudentCj[i].Yw;
                break;
            case 2:
                tmp = vBj.arrStudentCj[i].Xs;
                break;
            case 3:
                tmp = vBj.arrStudentCj[i].Yy;
                break;
        }
        if (tmp >= 60)        // 及格人数
            pass++;

        if (tmp >= 80)        // 优秀人数
            ys++;

        sum += tmp;           // 总分

        if (tmp > high)       // 最高分
            high = tmp;
```

```
            if (tmp < lower)      // 最低分
                lower = tmp;
        }

        // 输出三分两率
        Console.WriteLine("及格率：{0}%", ((pass/count)*100).ToString("###.00"));
        Console.WriteLine("优秀率：{0}%", ((ys/count)*100).ToString("###.00"));
        Console.WriteLine("平均分：{0}", (sum/count).ToString("###.00"));
        Console.WriteLine("最高分：{0}", high);
        Console.WriteLine("最低分：{0}", lower);
    }
```

代码解释

该方法实现指定班级的三分两率计算。函数以 Type 参数来指定要统计的学科，其中 1 为语文，2 为数学，3 为英语。在函数中，循环遍历班级类的学生成绩数组，根据每个学生的成绩进行统计，最后输出统计结果。

04 修改 Program.cs 文件的 Main 函数，编写本项目的主程序，代码如下。

```
static void Main(string[] args)
{
    // 绘制主界面
    Console.WriteLine("********************************************");
    Console.WriteLine("*                                          *");
    Console.WriteLine("*          学 生 成 绩 管 理 器            *");
    Console.WriteLine("*                                          *");
    Console.WriteLine("*            版权所有：小黄                *");
    Console.WriteLine("*                                          *");
    Console.WriteLine("********************************************");
    Console.WriteLine();

    Bj aBj = new Bj("计算机1班", 3);          // 创建三位学生的班级
    aBj.InputStudentCj();                     // 输入学生成绩信息
    aBj.PrintStudent();                       // 输出学生成绩信息
    Console.ReadKey();

    Cjglq aCjglq = new Cjglq(aBj);            // 创建学生管理器类

    // 显示各科的统计信息
    Console.WriteLine("语文科成绩统计信息：");
    aCjglq.PrintInfo(1);
    Console.WriteLine();

    Console.WriteLine("数学科成绩统计信息：");
    aCjglq.PrintInfo(2);
    Console.WriteLine();

    Console.WriteLine("英语科成绩统计信息：");
    aCjglq.PrintInfo(3);

    Console.ReadKey();
}
```

05 运行程序，结果如图 4-1 所示。

项目小结

本项目主要通过开发一个学生成绩管理器，介绍了面向对象的相关知识以及穿插了异常处理语句的使用。其中，面向对象主要介绍了命名空间的使用、类的定义与实例化以及类之间的继承与包含关系。

C#程序是利用命名空间组织起来的，当需要使用某命名空间中的内容时，需要使用using指令引入该命名空间。

类是面向对象编程语言中的一种数据类型，它可以理解为一组相同对象的模板。类描述了一系列在概念上有相同含义的对象，并为这些对象统一定义了具有哪些数据和方法。继承的类称为子类，被继承的类称为父类，子类能访问父类中使用public与protected修饰符声明的成员。在C#中，只支持单继承，不支持多重继承。

异常处理能够捕捉并处理程序代码中的错误以及各种可能发生的不可预料的事件。异常处理语句包括try…catch语句、try…catch…finally语句和throw语句。

项目实训

【实训名称】扑克牌游戏

【实训说明】

本项目使用面向对象技术开发一款扑克牌小游戏，游戏创建一副扑克牌，然后进行电脑洗牌，最后允许两名玩家分别抽取一张扑克并进行大小比较，牌大者为胜方，相反为负方。项目效果如图4-7所示。

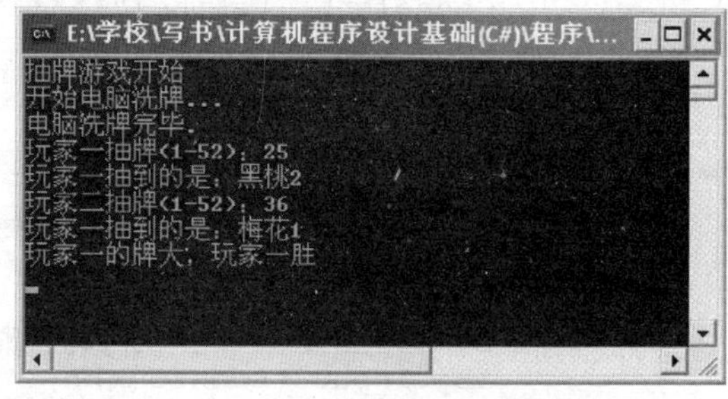

图4-7 扑克牌游戏运行结果

【实训要求】

（1）游戏能模拟一副扑克牌，要求52张扑克牌，能直观输出扑克牌。

（2）要求能对扑克牌进行电脑随机洗牌，能充分洗乱扑克牌。

（3）能提供两名玩家抽牌界面，并对两名玩家所抽的牌进行大小比较。

【实训提示】

（1）将一张扑克抽象成一个扑克类，数据成员包括点数与花色；方法成员能直观显示扑克花色与点数，例如：黑桃J。其中点数与花色建议采用数值型，容易进行大小比较与转换。

（2）将一副扑克牌抽象成一个类，在类中创建一个包含52个元素的扑克数组，模拟52张扑克牌。另外，该类能实现随机洗牌以及两张扑克的大小比较。

（3）最后在项目的Main方法中编写游戏控制程序，实现人机交互界面。

5

项目五 幸运大抽奖

项目说明

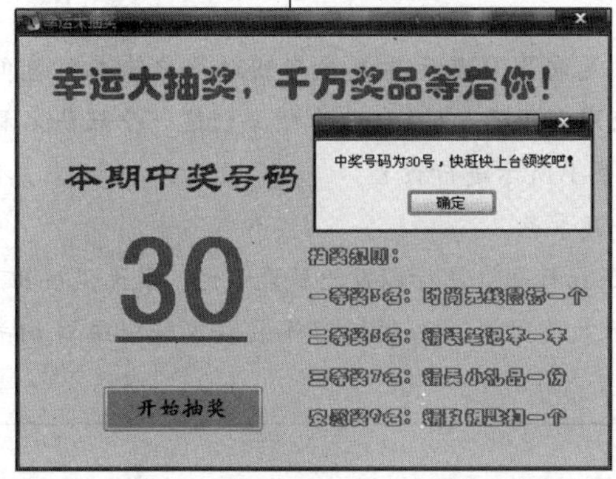

图 5-1 幸运大抽奖运行结果

传统的抽奖活动都是采用纸质型的模式，不但没有新意，而且每次都必须重新准备材料，资源浪费高。本项目开发的幸运大抽奖，是一款基于电脑平台的模拟现实抽奖活动的程序，它不但界面美观，操作方便，而且适用于任何抽奖性的活动，如图 5-1 所示。本项目布局精美，以不同的颜色显示不同的信息，包括标题、中奖号码以及抽奖规则。另外，还安排一个按钮用于控制抽奖的流程。当开始抽奖时，窗口中的中奖号码会不断地无规则变化，直到用户单击停止按钮才以对话框的形式显示中奖号码。

能力目标

- 学会在 Microsoft Visual C# 2008 Express 速成版开发工具中创建 Windows 窗体应用程序。
- 学会使用标签，能通过设置标签不同的属性制作出不同风格的标签。
- 学会使用时钟，能根据需要设置时钟的响应时间，并能编写相应的时钟代码。
- 学会使用按钮，能设置按钮显示的文本与格式，并且能再编写按钮的单击事件。
- 学会利用代码形式设置控件的各种属性。

任务一　创建 Windows 窗体应用程序

任务目标

本任务将设计一个 Windows 窗体应用程序，基于可视化的特点，使开发出来的项目界面美观，操作方便，能更好地与用户进行交互。

通过完成本任务，掌握在 Microsoft Visual C# 2008 Express 环境中创建一个 Windows 窗体应用程序的过程。另外，掌握通过设置窗体的各种属性来实现理想中的窗体效果，并且掌握在窗体的启动事件中编写代码，使项目运行时弹出欢迎信息。

任务分析

(1) 本程序是 Windows 窗体应用程序，运行在 Windows 操作系统上。Microsoft Visual C# 2008 Express 工具为开发该类程序提供了极好的支持，通过可视化编程模式，用户能便捷地绘制程序界面。

(2) 窗体是应用程序的基本单元，是向用户显示信息或者获取用户输入信息的可视图面。在创建一个 Windows 窗体应用程序后，C# 自动为程序创建一个默认名称为 Form1 的窗体，本任务将对窗体按图 5-1 所示进行设置。

① 为了美观，需要为窗体设置一个背景色。

② 需要对窗体的标题栏进行设置，包括标题、图标以及隐藏最小化、最大化按钮。

③ 最后，为了能在程序启动时显示欢迎信息，必须在窗体装载事件中编写相关代码。

实施步骤

01 启动 Microsoft Visual C# 2008 Express 速成版，选择菜单栏上的“文件”/“新建项目”命令，新建一个项目。

02 打开“新建项目”对话框，在模板中选择“Windows 窗体应用程序”，输入项目名称 Ex05，最后单击“确定”按钮即可完成新建项目，操作过程如图 5-2 所示。

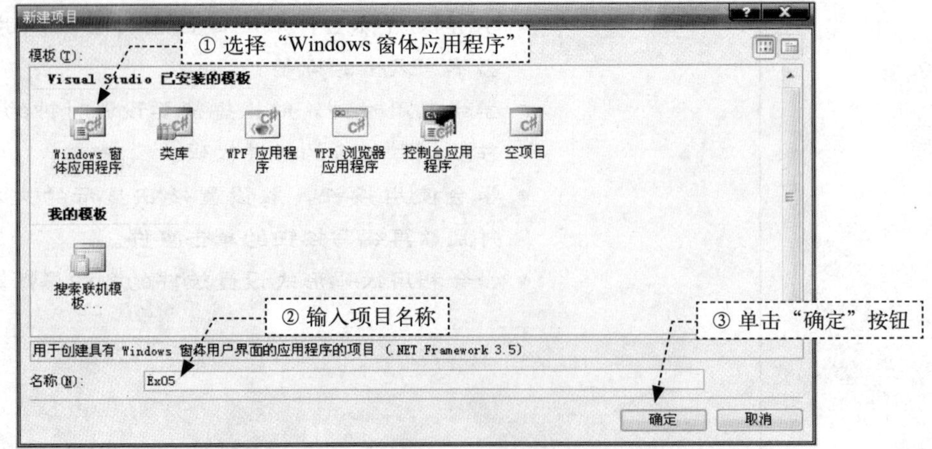

图 5-2　新建 Windows 窗体应用程序

03 选中窗体 Form1，在属性对话框中找到 (Name) 名称属性，将它修改为 FrmCj，操作过程如图 5-3 所示。

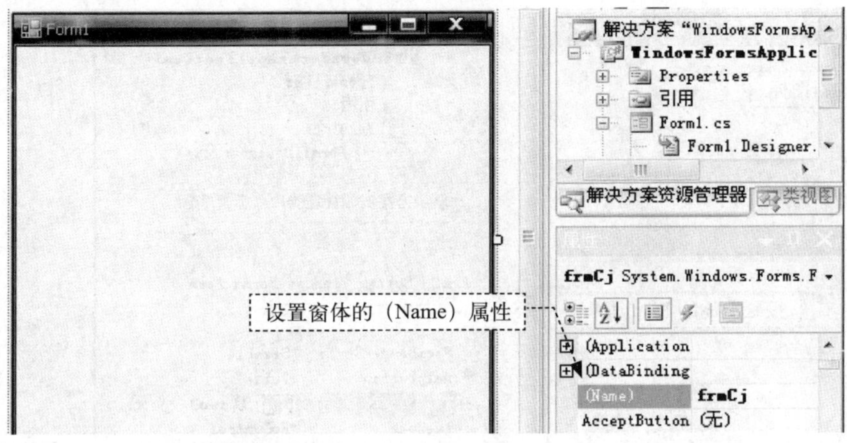

图 5-3　设置窗体 Form1 的 Name 属性

04 选中窗体 Form1，在属性对话框中找到 Text 属性，将它修改为幸运大抽奖，操作过程如图 5-4 所示。

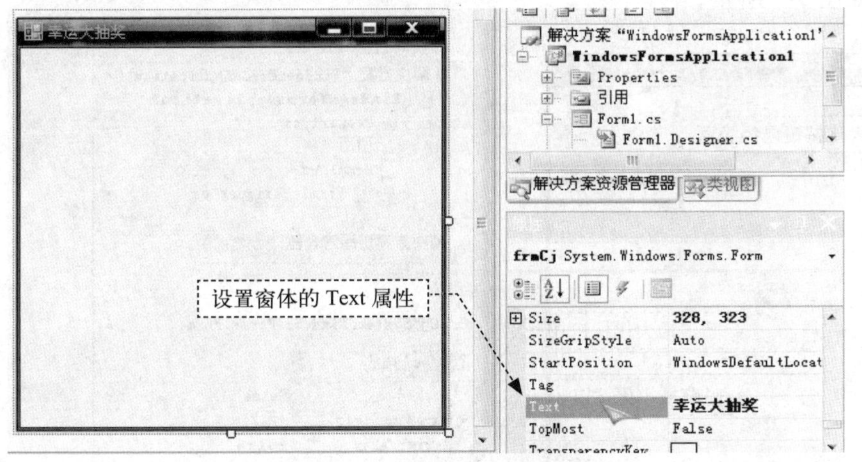

图 5-4　设备窗体的 Text 属性

05 设置窗体的 BackColor 属性，将窗体的背景颜色设置为“192,255,192”，结果如图 5-5 所示。

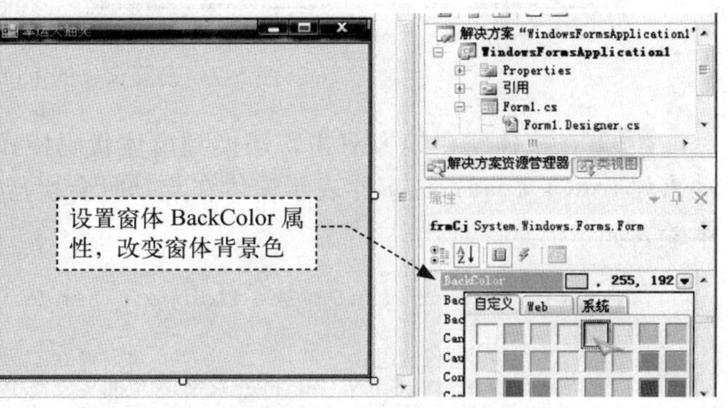

图 5-5　设置窗体的 BackColor 属性

小贴士

通过在 BackColor 属性中直接输入 RGB 的三元素值来设置背景颜色，这样设置更灵活。

注　意

在 Windows 窗体应用程序中，每一个对象都有名称。在创建时，程序会为其分配一个默认名称，例如以上窗体默认名称为 Form1。但为了更好地标识控件的含义，往往为它定义一个新的名称，此时只需设置控件的(Name)属性即可。另外，对于名称的命名，在程序开发中往往有一些规则，例如窗体一般要求以 frm 为名称前缀，后面紧跟窗体的实际含义，含义的第一字母为大写字母，例如以上抽奖窗体，则命名为 frmCj。有关其他控件的名称前缀将在后面的项目中进行介绍。

小贴士

除了用鼠标单击来选中窗体对象外，还可通过属性的下拉列表框来选中。

06 单击窗体 Icon 属性右边的 ... 按钮，弹出对话框，选择素材 Bt.ico，设置窗体的图标（即左上角的小图标），结果如图 5-6 所示。

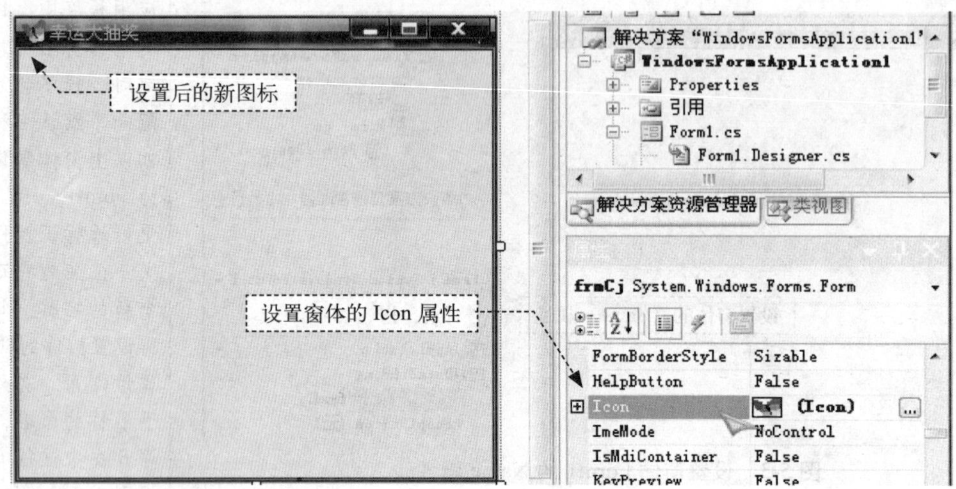

图 5-6 设置窗体的 Icon 属性

07 设置窗体的 MaximumBox 和 MinimizeBox 属性为 False，隐藏窗体的最小化和最大化按钮，操作结果如图 5-7 所示。

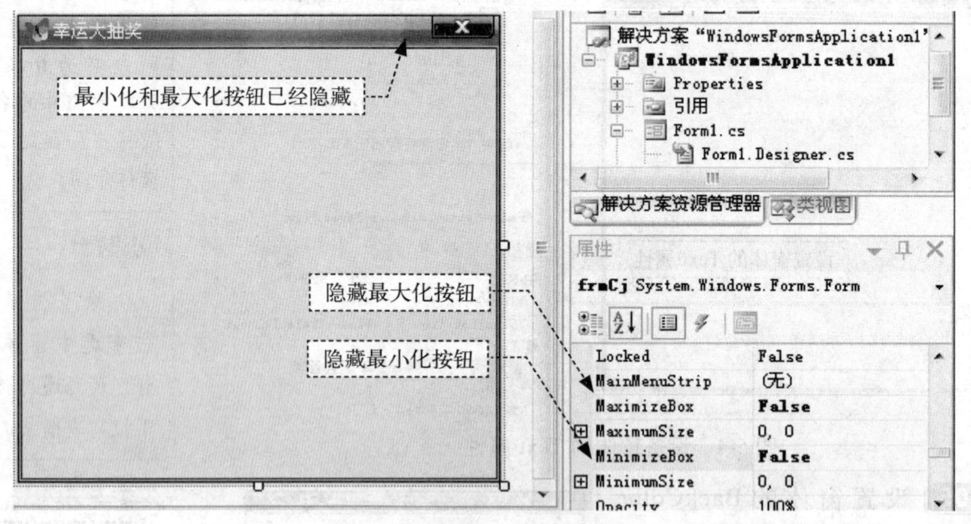

图 5-7 设置窗体的 Icon 属性

08 在窗体空白地方双击，切换到窗体代码模式，开发环境会自动为窗体生成窗体启动事件 frmCj_Load，该事件表示窗体在启动时会执行其中的全部代码。在 frmCj_Load 事件中输入如下信息提示代码。

```
private void frmCj_Load(object sender, EventArgs e)    ①
{
  // 显示欢迎信息                                        ②
  MessageBox.Show("即将进入幸运大抽奖,千万奖品等着您,祝您好运!!");
}
```

代码解释

① 窗体的 Load 事件，在窗体启动时执行。在 C# 中，所有控件的事件都是以如下格式命名的：控件名 _ 事件名。

② 该语句用于输出提示信息，MessageBox 是信息框类，调用它的 Show 方法就能将括号中的信息以对话框的形式弹出。

小贴士

在窗体代码模式可直接按 Shift+F7 组合键切换到窗体视图设计模式。

09 单击标准工具栏的 ▶ 按钮，或者按 F5 键，或者单击“调试”/“启动调试”命令即可运行程序，运行结果如图 5-8 所示。

图 5-8 窗体运行结果

10 保存工程，相关操作请参考项目二的任务一，这里不作详细介绍。

相关知识

本任务开始进行项目五幸运大抽奖的制作，创建了一个 Windows 窗体应用程序，并且完成了对 Form 窗体的设置。下面对 Form 窗体进行详细介绍。

1. Form 窗体的基本概念

在 Windows 中，窗体是应用程序的基本单元，是向用户显示信息或者获取用户输入信息的可视图面。窗体也是对象，它由 C# 内部定义的窗体类实例化而生成，该窗体类是在 .NET 框架类库的 System.Windows.Forms 命名空间中的 Forms 类。对于实例化窗体类这些程序代码，开发平台在创建窗体时已自动生成，存放在“窗体名 .Designer.cs”文件中，有兴趣的读者可自行浏览，这里不作详细介绍。

2. Form 窗体的基本属性

（1）Name：表示窗体的名称，所有的控件对象都有自己的名称，必须保证唯一。

（2）Icon：设置窗体标题栏的小图标。

（3）MaximumBox：设置窗体标题栏的最大化按钮是否可见，True 表示可见，False 表示不可见。

（4）MinimizeBox：设置窗体标题栏的最小化按钮是否可见，True 表示可见，False 表示不可见。

（5）Text：设置窗体标题。

（6）FormBorderStyle：设置窗体的边框和标题栏的外观和行为，它包括 7 种属性值，各种属性值的功能如表 5-1 所示。

表 5-1 FormBorderStyle 的属性值及说明

属性值	说明
None	无边框（能够隐藏标题栏）
FixedSingle	固定的单行边框（运行后无法拖动改变窗体大小）
Fixed3D	固定的三维边框（运行后无法拖动改变窗体大小）
FixedDialog	固定的对话框样式的粗边框（运行后无法拖动改变窗体大小）
Sizable	可调整大小的边框（默认值）
FixedToolWindow	不可调整大小的工具窗口边框
SizableToolWindow	可调整大小的工具窗口边框

（7）StartPosition：窗体启动时在显示器中的位置，它包括 5 种属性值，各种属性值及其功能如表 5-2 所示。

表 5-2 StartPosition 的属性值及说明

属性值	说明
Manual	窗体的位置由Location属性确定（Location属性用于指定窗体的位置）
CenterScreen	窗体位于屏幕中心
WindowDefaultLocation	窗体位于Windows默认位置，边界也由Windows默认决定
WindowDefaultBounds	窗体位于Windows默认位置，其尺寸在窗体大小中指定
CenterParent	窗体位于其父窗体的中心

（8）BackColor：设置窗体的背景颜色。

（9）BackgroundImage：设置窗体的背景图像，单击属性右边的[...]按钮选择图像。

（10）Size：设置窗体的大小，该属性的下拉菜单中有 Width 和 Height 两个属性，分别用于设置窗体的宽和高。

3. Form 窗体的方法

（1）Show：用于显示窗体。

（2）Hide：用于隐藏窗体。

例如，先隐藏窗体 frm1，然后再打开窗体 frm2 的代码如下。

```
frm1.Hide();                // 调用Hide方法隐藏frm1窗体
frm2 f = new frm2();        // 将窗体frm2实例化，对象名为f
f.Show();                   // 调用Show方法打窗体frm2
```

4. Form 窗体的事件

窗体的事件有许多，在此只介绍最常用的事件 Load。该事件在窗体加载时触发，一般用于处理一些初始化工作。在 C# 中，所有控件的事件全名都是以“控件名_事件名”的方式命名，例如任务中步骤 08 的 frmCj_Load，其中 frmCj 是窗体名，Load 是事件名，它们之间用下划线连接起来。

5. MessageBox 类

MessageBox 是 C# 中的一个类，其功能用于显示一个消息对话框。它使用 Show 方法显示对话框，该方法有 21 种重载。

(1) 任务中使用了它最简单的方式，只显示提示信息：

```
MessageBox.Show("即将进入幸运大抽奖，千万奖品等着您，祝您好运！！");
```

(2) 显示带标题的消息对话框：

```
MessageBox.Show("即将进入幸运大抽奖，千万奖品等着您，祝您好运！！", "欢迎标题");
```

(3) 显示带标题与是 / 否按钮的消息对话框：

```
if (MessageBox.Show("确定要退出吗？", "退出提示", MessageBoxButtons.Yes-
No) == DialogResult.Yes)  {
// 退出代码
}
```

运行结果如图 5-9 所示。

代码解释

MessageBox 的 Show 方法会返回一个 DialogResult 的值，如果单击“是”按钮，则返回 DialogResult.Yes；如果单击“否”按钮，则返回 DialogResult.No。

关于 MessageBox 的其他用户以及 DialogResult 的其他值，请读者自行查阅相关资料。

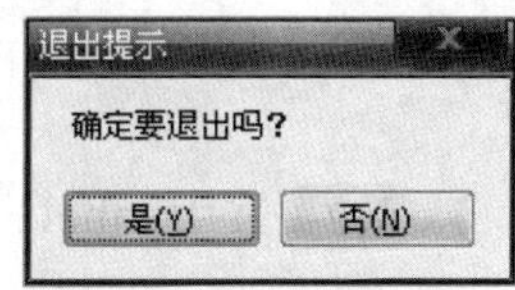

图 5-9　MessageBox 类程序运行结果

拓展训练

1. 新建一个 Windows 窗体应用程序，项目名称为 Test5_01，将窗体标题设置为“欢迎来到 C# 世界”，背景颜色为白色，屏蔽窗体最大化按钮，窗体边框使用固定的单行边框模式，窗体启动时位于屏幕中心。

2. 在第 1 题的窗体基础上添加功能，使窗体启动时显示如图 5-10 所示的对话框。

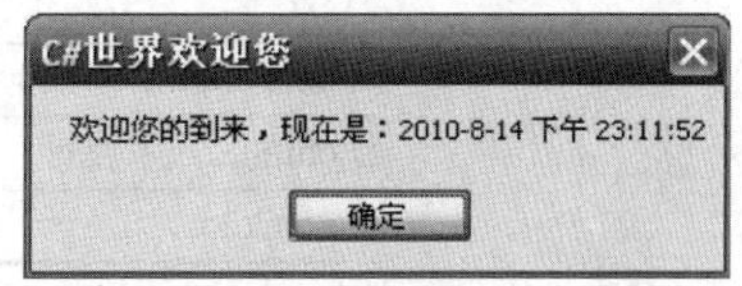

图 5-10　扩展提高运行结果

小贴士

可使用 DateTime.Now.ToString() 代码来获取当前的日期与时间。

任务二　制作抽奖界面

任务目标　本任务完成抽奖的界面设计，其中包括全部用于显示信息的标签。

通过完成本任务，掌握 C# 标签控件的使用，能根据实际的需求设计出精美的显示标签。

任务分析 本任务主要按图 5-1 所示项目效果对窗体上的 4 个标签进行设置，使它们以不同的风格显示不同的信息。其中涉及到标签控件如何设置文字字体、颜色、大小以及多行显示的知识点。

实施步骤

01 制作抽奖标题。单击工具箱中“公共控件”的 A Label 控件，在窗体单击或者拖动鼠标画一个 Label 控件，操作结果如图 5-11 所示。

> **小贴士**
>
> 直接双击工具箱中“公共控件”的 A Label 控件，可快速添加一个 Label 控件。

图 5-11 添加一个 Label 控件

02 选中 label1 控件，按表 5-3 对各个属性进行设置。

表 5-3 标题 label1 控件的属性设置

属　性	值	说　明
Name	lbBt	控件名称
AutoSize	True	自动调整大小
Text	幸运大抽奖，千万奖品等着你！	显示文本
Font的Name子属性	华文琥珀	字体
Font的Size子属性	23	字体大小
ForeColor	192, 64, 0	字体颜色

将 label1 控件拖到窗体适当的位置，设置后效果如图 5-12 所示。

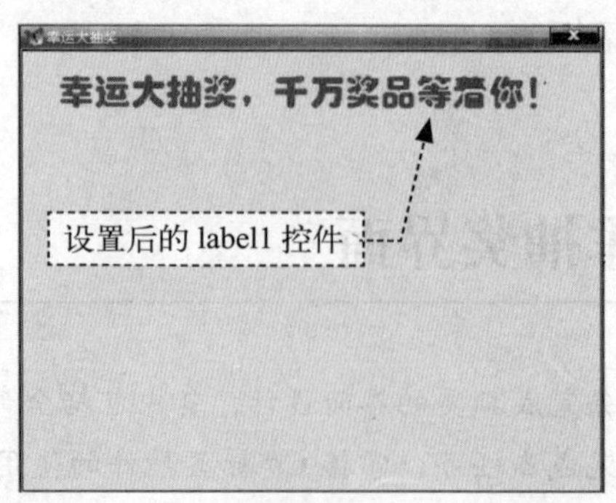

图 5-12 标题 label1 控件属性设置后的效果

03 添加一个 Label 控件，按表 5-4 对各个属性进行设置。

表 5-4　提示信息 Label 控件的属性设置

属　性	值	说　明
Name	lbTip	控件名称
AutoSize	True	自动调整大小
Text	本期中奖号码	显示文本
Font的Name子属性	华文隶书	字体
Font的Size子属性	24	字体大小
ForeColor	Blue	字体颜色

将控件拖到窗体适当的位置，设置后效果如图 5-13 所示。

04 添加一个 Label 控件，按表 5-5 对各个属性进行设置。

表 5-5　中奖号码 Label 控件的属性设置

属　性	值	说　明
Name	lbHm	控件名称
AutoSize	False	自动调整大小
Text	0	显示文本
Font的Name子属性	黑体	字体
Font的Size子属性	80	字体大小
ForeColor	Red	字体颜色

将控件拖到窗体适当的位置，设置后效果如图 5-14 所示。

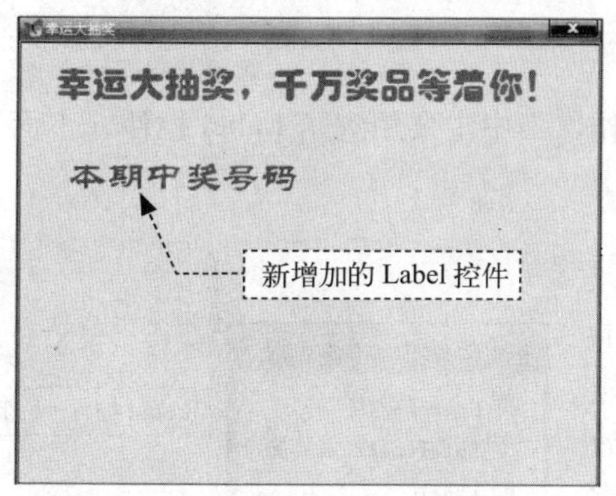

图 5-13　提示信息 Label 控件的设置效果

图 5-14　中奖号码 Label 控件设置的效果

05 添加一个 Label 控件，按表 5-6 对各个属性进行设置。

表 5-6　抽奖规则 Label 控件的属性设置

属　性	值	说　明
Name	lbJp	控件名称
AutoSize	False	自动调整大小
Text	抽奖规则： 一等奖3名：时尚无线鼠标一个 二等奖5名：精装笔记本一本	显示文本

续表

属　性	值	说　明
Text	三等奖7名：精美小礼品一份 安慰奖9名：精致钥匙扣一个	显示文本
Font的Name子属性	华文彩云	字体
Font的Size子属性	12	字体大小
ForeColor	Fuchsia	字体颜色

将控件拖到窗体适当的位置，设置后效果如图 5-15 所示。

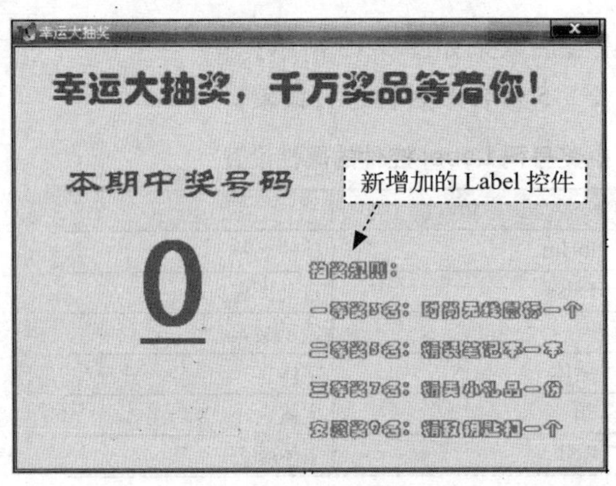

图 5-15　抽奖规则 Label 控件设置的效果

> **小贴士**
>
> 当 Label 控件的 Text 设置为多行时，按回车键起到换行的作用，按 Ctrl+ 回车键确定输入内容。

相关知识

本任务完成了对本项目抽奖显示界面的制作，当中主要用到了 Label 控件，下面对该控件进行详细介绍。

1．Label 控件的基本概念

Label 控件（标签控件）主要用于在窗体上显示信息，用户不能对该信息进行编辑，只能在设计时或者通过代码进行编辑。Label 控件如图 5-16 所示。

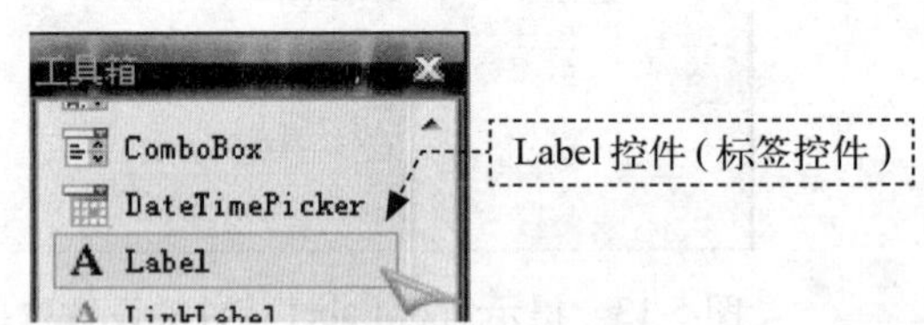

图 5-16　Label 控件

2．Label 控件的基本属性

（1）Name：表示 Label 控件的名称，必须保证唯一。

（2）Text：设置 Label 控件显示的文本（可通过属性或者代码形式设置）。

（3）AutoSize：启动 Label 控件根据字号和信息内容多少自动调整大小，请注意，这只对不换行的标签控件有效。它的值包括两种：True 和 False。

（4）TextAlign：设置 Label 控件显示内容的对齐方式，按上、中、下和左、中、右分成九种对齐方式。

(5) Visible：设置 Label 控件是否可见，即显示或隐藏，如果 Visible 属性的值为 True，则显示控件；如果为 False，则隐藏控件。具有此属性的控件都是这种使用规则，以后不再详细介绍。

(6) 对部分属性，例如 BackColor（背景色）、Font（字体）等已经在任务一的“相关知识”部分详细介绍过，这里不再赘述。

3. 用代码方式设置控件的属性

控件的属性除了能在设计模式通过属性窗口设置外，还能在运行时通过代码来对它进行设置。代码设置的格式如下所示。

```
控件名.属性名 = 新值;
```

例 5-1 在窗体上有 label1 控件，希望在运行时使它显示“欢迎您的光临！”，则需执行以下代码：

```
Label1.Text = “欢迎您的光临!”;
```

例 5-2 在窗体上有 label2 控件，希望在运行时隐藏它，则需执行以下代码：

```
Label1.Visible = False;
```

拓展训练

1. 新建一个 Windows 窗体应用程序，在窗体上添加一个标签，设置该标签的名称为 lbStudent，显示文本为学号 + 姓名，非自动大小，宽度为 450，高度为 32，字体为隶书，字号为 14，斜体，加粗，下划线，颜色为蓝色，标签中的文字水平与垂直居中，窗体启动时不可见。

2. 编写相关代码，当用户单击窗体时，显示该标签。

任务三 显示随机抽奖号码

任务目标

本任务完成抽奖程序中中奖号码的随机生成功能，并在中奖标签上显示出来。要求每隔 50 毫秒生成一个中奖号码并显示，达到中奖号码不断变化的效果。

通过完成本任务，掌握 C# 时钟控件 Timer 的使用。其中包括如何设置时钟的响应间隔时间、如何编写相关响应事件代码以及如何启动停止时钟控件。

任务分析

任务一和任务二已经设计好抽奖界面，在本任务中将实现中奖号码的随机生成与显示。项目中要求当抽奖开始时，在界面快速闪烁显示中奖号码，形成一种正在抽奖的效果，这需要使用时钟控件 Timer。利用该控件可每隔一段时间响应事件，在事件完成相关工作。

在项目二中已经详细介绍了在 C# 中如何生成一定范围内的随机整数，本任务继续采用此项技术。另外，对于利用代码形式显示标签文本，在任务二的相关知识已作相关介绍，这里不再详细讲述。

实施步骤

01 双击“工具箱”中“组件”选项卡的 Timer 控件，给窗体添加一个时钟控件，用于定时产生一个随机数，如图 5-17 所示。

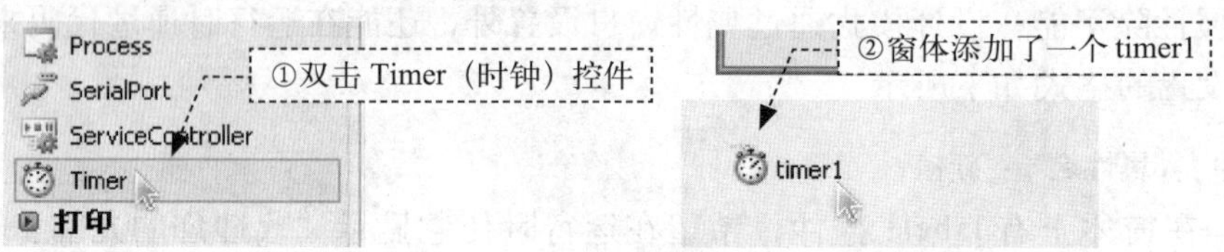

图 5-17　添加一个 Timer 控件

02 选中 timer1 控件，设置 Interval 属性为 50，使 timer1 每隔 50 毫秒触发一次 Tick 事件，如图 5-18 所示。

小贴士

1 秒 =1000 毫秒，50 毫秒是非常短的时间。

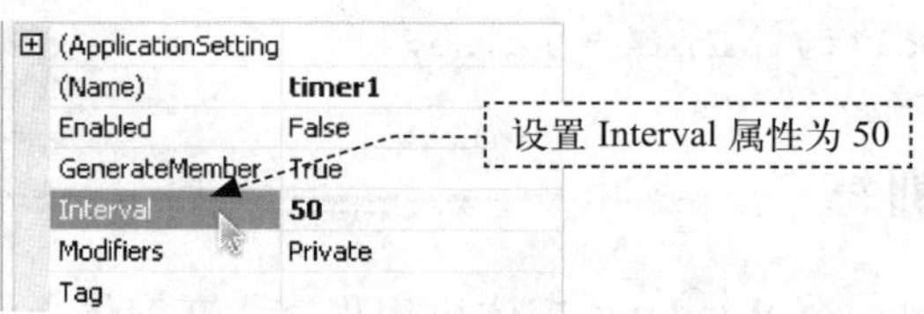

图 5-18　设置 timer1 控件的 Interval 属性

03 双击 timer1 控件，进入 Tick 事件代码，编写以下代码。

```
private void timer1_Tick(object sender, EventArgs e)
{
    Random r = new Random();     // 创建一个随机对象r          ①
    int Result;                  // 定义一个整数Result
                                                              ②
    Result = r.Next(1, 56);      // 生成随机数，范围为1～56      ③
    lbHm.Text = Result.ToString();  // 设置显示标签的Text属性，显示随机数
}
```

代码解释

① timer1 的 Tick 事件主要完成产生一个在一定范围内的随机整数，将它显示出来。因此，在本任务中使用了随机对象 Random，对于该类的详细资料请参考项目二的任务一。

② 调用随机对象 r 的 Next 方法生成一个范围在 1 ～ 56 的随机整数，将它赋值给 Result 整型变量。

③ 生成随机整数后，必须在“中奖号码”的标签显示出来。在此，使用代码的形式设置“中奖号码”标签 lbHm 的 Text 为随机整数 Result。由于 Result 变量的类型是整型，而 Text 属性的类型为字符串型 string，所以在赋值前必须通过 Result 变量的 ToString() 方法将 Result 转换成字符串型。

04 为了测试 timer1 控件生成并显示随机整数的效果，将 timer1 控件的 Enabled 属性设置为 True，使它在窗体启动时就启用。运行程序，每隔 50 毫秒改变中奖号码，效果如图 5-19 所示。

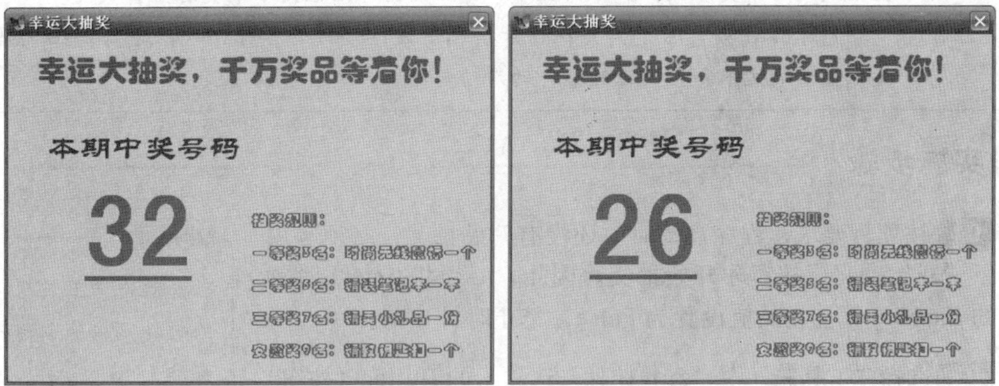

图 5-19 随机显示中奖号码的运行效果

相关知识

本任务主要利用 Timer 控件完成了随机中奖号码的显示，下面对该控件进行详细介绍。

Timer 控件是一个能按照用户所定义的时间间隔引发事件的控件，是为 Windows 窗体环境设计的。时间间隔的长度由 Interval 属性设置，其值以毫秒为单位（1000 毫秒为 1 秒）。

当 Interval 属性所设置的时间间隔到时，Timer 控件会触发 Tick 事件，执行用户事先在该事件所编写的代码。

Timer 控件的 Enabled 属性能启动或者停止 Timer 控件的计时功能。当 Enabled 属性的值为 True 时，时钟启动；当值为 False 时，时钟停止。

拓展训练

1．利用时钟控件制作一个时钟器，能实时显示当前时间。

2．利用时钟控件制作一个动画。在窗体上添加一个标签，显示文本为“从左到右移动”，程序启动时，该标签从窗体的最左边开始从左到右快速移动，当到达最右边时，又从最左边重新开始移动。

任务四 控制抽奖

任务目标 本任务完成对抽奖程序的流程控制，通过按钮来开始和结束抽奖，确定中奖号码并显示。

通过完成本任务，掌握 C# 按钮控件的使用。其中包括按钮显示文本的设置、按钮各种形式的设置以及按钮单击事件的编写。

任务分析 本任务主要使用按钮完成对抽奖程序的流程控制。当程序启动时，抽奖未开始，用户按下“开始抽奖”按钮，抽奖开始，中奖号码快速更新，呈现抽奖的效果。此时，“开始抽奖”按钮变成“停”按钮，当用户按下“停”按钮，抽奖结束，随机生成的整数确定为中奖号码，在界面显示，并且弹出对话框提示中奖者上台领奖。

对于本任务，除了需要在设计模式下设计按钮的各种样式，还需要在代码设置按钮显示的文本和控制时钟控件的启动与停止。

实施步骤

01 按项目要求，程序启动时，还没有开始抽奖，必须等用户按下“开始抽奖”按钮才开始抽奖。因此，必须将 timer1 时钟控件的 Enabled 属性初始值设置为 False，禁止时钟启动。

02 选择“工具箱”中“公共控件”选项卡的 Button（按钮）控件，在窗体上画出大小适当的 Button 控件，如图 5-20 所示。

> **小贴士**
>
> 双击“工具箱”中的控件可快速创建一个标准大小的控件。

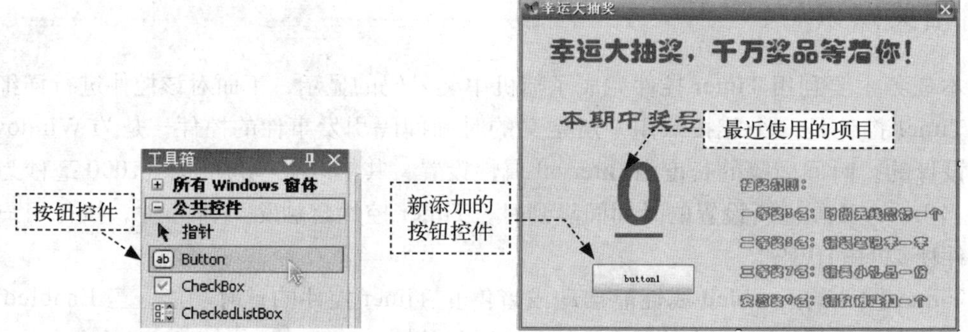

图 5-20 添加一个 Button 控件

03 对新添加的按钮按表 5-7 设置属性。

表 5-7 Button 控件的属性设置

属　性	值	说　明
Name	btnCj	控件名称
BackColor	255, 128, 128	背景色
Text	开始抽奖	显示文本
Font的Name子属性	楷体_GB2312	字体
Font的Size子属性	13	字体大小

设置后按钮效果如图 5-21 所示。

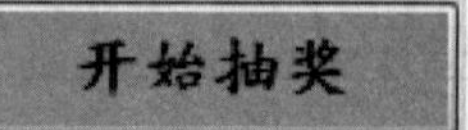

图 5-21 Button 控件设置效果

04 双击“开始抽奖”按钮控件，进入 Click 鼠标单击事件代码，编写以下代码。

```
private void btnCj_Click(object sender, EventArgs e)    ①
{
    if (btnCj.Text == "开始抽奖")        // 如果是“开始抽奖”
```

```
        {
            timer1.Enabled = true;          // 时钟开始运行
            btnCj.Text = "停";              // 将按钮设为“停”          ②
        }
        else                   // 否则是“停”
        {
            timer1.Enabled = false;         // 时钟停止
            btnCj.Text = "开始抽奖";        // 将按钮设为“开始抽奖”    ③
                                                                      ④
            // 提示抽奖结果
            MessageBox.Show("中奖号码为" + lbHm.Text + "号，快赶快上台领奖吧!
");
        }
    }
```

代码解释

① 如果按钮显示文本是“开始抽奖”，表示用户抽奖程序开始。

② 此时需要执行两个操作：设置 timer1 时钟的 Enabled 为 True，开启时钟事件，间隔 50 毫秒生成一个随机整数并显示，达到不断更新抽奖号码的效果；将按钮的显示文本设置为“停”，使按钮具有结束抽奖的功能。

③ 与②相反，此时功能为“停”，需禁止 timer1 时钟并将按钮显示文本还原为“开始抽奖”，使用户能开始新一轮的抽奖。

④ 弹出对话框，提示用户中奖号码。标签 lbHm 用于显示中奖号码，因此，此时需要读取 Text 属性，与相关的提示信息连接成一条完整的提示信息。

相关知识

本任务主要利用 Button 按钮控件控制抽奖的整个流程，下面对该控件进行详细的介绍。

1．Button 控件的基本概念

Button 控件是 Windows 应用程序中最常用的控件之一，它允许用户通过单击来执行相关操作。当按钮被单击时，先被按下，然后被释放，因此它还可以在鼠标按下、鼠标释放时执行相关操作。Button 控件如图 5-22 所示。

图 5-22　Button 控件

2．Button 控件的基本属性

（1）Text：设置 Button 控件显示的文本，对按钮的功能起提示性作用。

（2）UseVisualStyleBackColor：确定按钮是否使用视觉样式绘制背景。当值为 True，控件 BackColor 属性不起作用。

（3）BackgroundImage：用于设置按钮的背景图像。

（4）ImageList、ImageIndex：用于设置按钮的显示的图像，需要与 ImageList 控件结合使用，将在后面的项目中进行详细介绍。

3．Button 控件的基本事件

Click：单击事件，当用户单击按钮时发生。

MouseDown：当鼠标指针按下按钮时发生。

MouseUp：当鼠标指针释放按钮时发生。

MouseMove：当鼠标移过按钮时发生。

4．将按钮设置为窗体的“接受”或“取消”按钮

“接受”按钮是指当用户在窗体上按下回车键时，相当于单击了该按钮，而“取消”按钮则是指当用户在窗体上按下 Esc 键时，相当于单击了该按钮。通过设置窗体的 AcceptButton 属性和 CancelButton 属性可实现这两种功能。假设在窗体 Form1 上有 button1 和 button2 两个按钮，当将 Form1 的 AcceptButton 设为 button1 时，则表示将 button1 设为该窗体的“接受”按钮，而将 Form1 的 CancelButton 设为 button2 时，表示将 button2 设为“取消”按钮，如图 5-23 所示。

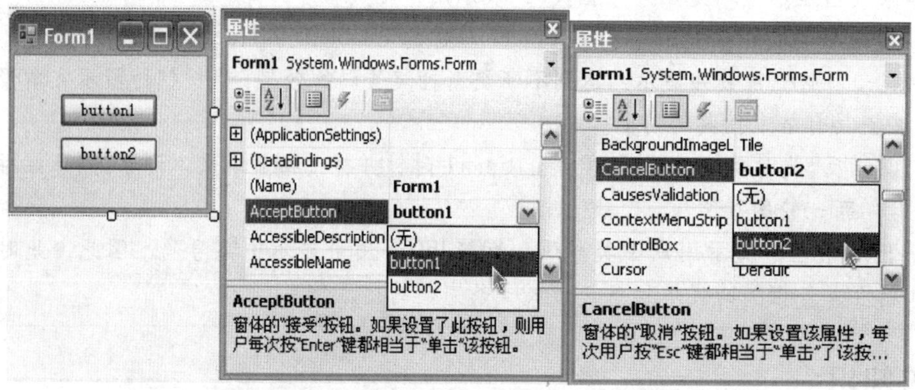

图 5-23　设置 Button 控件为窗体的“接受”或“取消”按钮

拓展训练

1．设计 7 个按钮，将按钮对齐排列在同一列上。设置按钮显示文本为红色、橙色、黄色、绿色、青色、蓝色、紫色，根据显示文本设置按钮的背景色。编写相关代码，使单击按钮时能将窗体背景色改成按钮显示文本的颜色。例如：单击“红色”按钮，能将窗体的背景色设置成红色。

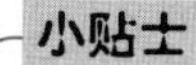

需要使用按钮 MouseMove 事件。

2．设计一个“调皮的按钮”，当用户的鼠标移动到按钮上，按钮立刻跳到窗体上一个随机的位置，用户永远都单击不到该“调皮的按钮”。

项目小结

本项目主要通过开发一款实用性较强的抽奖程序，向读者介绍了 Windows 窗体应用程序的创建方法以及对窗体、标签、时钟和按钮的使用方法。

开发 Windows 窗体应用程序与 Dos 控制台应用程序有很大的差别，Microsoft Visual C# 2008 Express 速成版开发工具为用户提供了可视化的编程模式，大大简化了程序开发的

难度，加快了开发的速度。

本项目详细地介绍了窗体、标签、时钟和按钮对象的使用方法。首先，介绍了如何通过设置属性设计出精美的外观；其次，介绍了通过编写相关事件代码在程序运行时实现相关的功能；最后，综合应用标签、时钟和按钮控件完成本项目的控制流程。

项 目 实 训

【实训名称】制作秒表

【实训说明】

本实训制作一个秒表，程序启动后，在窗体上显示“00:00:00”，单击“开始计时”按钮，开始计时，秒数达到 60 时，分钟加 1，分钟达到 60 时，小时加 1，最后单击“停”按钮结束计时，效果如图 5-24 所示。

当单击“开始”按钮后，开始计时，“开始”按钮改为“暂停”按钮，效果如图 5-25 所示。

当单击“暂停”按钮后，暂停计时，“暂停”按钮改为“继续”按钮，效果如图 5-26 所示。

当单击“重新开始”按钮后，计时重新开始，时钟初始化为“00 ：00 ：00”。

图 5-24　秒表运行结果

图 5-25　开始计时

图 5-26　暂停计时

【实训要求】

(1) 如图 5-24 所示，设置秒表界面。

(2) 秒表以“小时:分钟:秒数”的格式显示，要求秒数到达 60 后，分钟加 1，分钟到达 60 后，小时加 1。

(3) 秒表控制流程：单击“开始”按钮，秒表开始计时，“开始”改为“暂停”；单击“暂停”按钮，“暂停”改为“继续”，显示不同的文本对应不同的功能；单击“重新开始”，秒表还原“00:00:00”，重新开始计时。

【实训提示】

(1) 在程序中定义三个公共整型变量记录小时、分钟和秒数，初始化为 0。

(2) 在显示时间时，将三个整型变量转换为字符串时可使用 ToString 方法。当数值小于 10 时，程序中要求在前面补 0，这可以在转换为字符串时，在 ToString 方法括号中加上格式化字符，例如：XXXX.ToString("00")。

读书笔记

6

项目六　电子试卷

项目说明

越来越多的考试已经从传统考试模式转为无纸化的考试，即采用计算机完成答题和阅卷，由此，电子试卷的作用可见一斑。在本项目中，将用 C# 制作一份数学电子试卷。考生通过输入班级、学号、姓名完成信息的登记，电子试卷根据题目类型分为单项选择题、多项选择题和填空题三部分。在做单项选择题和多项选择题时，考生只需在正确选项前面单击即可完成答题；在做填空题时，考生将答案输入到对应问题后面的文本框中即可；在做完每种类型的题目后，可以通过单击“得分”按钮计算各类题目得分，通过单击“电子阅卷”按钮可以查看考生的最后总成绩。此电子试卷具有较强的实用性，在各种考试中都可使用，程序结果如图 6-1 所示。

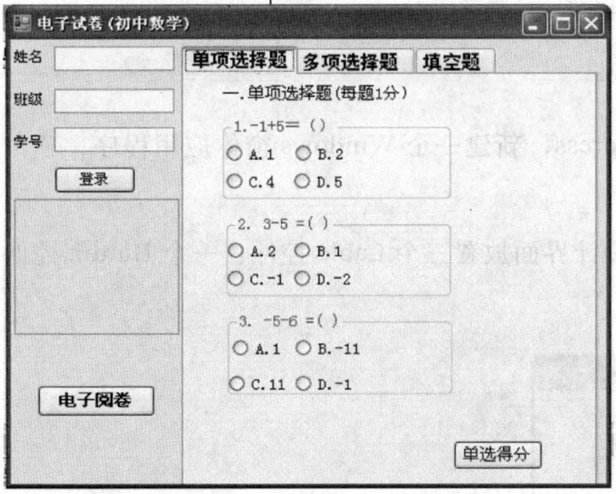

图 6-1　电子试卷运行结果

能力目标

- 学会在 TextBox 控件中输入和显示文本。
- 学会 TabControl 控件属性设置等基本用法。
- 理解 RadioButton 控件的功能及其与 GroupBox 控件的综合使用，并学会 Button 控件添加事件处理程序的编写。
- 学会 CheckButton 复选按钮的用法，并理解它与 RadioButton 的区别。

任务一 登记考生信息

任务目标 在传统纸质试卷的制作中，试卷的第一部分是考生基本信息栏，包括考生的姓名、考号等。本任务在电子试卷中实现这一功能，记录考生的基本信息。

通过完成本任务，学会 TextBox 控件的基本功能和用法，并学会用 TextBox 控件输入和显示文本。本任务中将用到项目五所学的 Label 控件和 Button 控件，通过与 TextBox 控件的结合使用，进一步加深对 Label 控件和 Button 控件的理解。

任务分析 (1) 本任务需要创建一个 Windows 窗体应用程序。

(2) 在此窗体的界面中要用到三个 Label 控件和四个 TextBox 控件，通过在 TextBox 控件中输入考生的姓名、班级和学号来记录考生信息。

(3) 还要用到一个 Button 控件，当考生信息输入完毕后单击 Button 控件，即可在 TextBox 控件中显示当前考生的信息，从而实现考生信息的保存。

(4) 本任务的难点是要对 Button 控件编写 Button1_Click 事件处理程序。

实施步骤

01 启动 Microsoft Visual C# 2008 Express，新建一个 Windows 窗体应用程序，项目名称为 Ex06。

02 打开 Windows 窗体设计器，并在设计界面放置三个 Lable 控件、一个 Button 控件和四个 TextBox 控件，效果如图 6-2 所示。

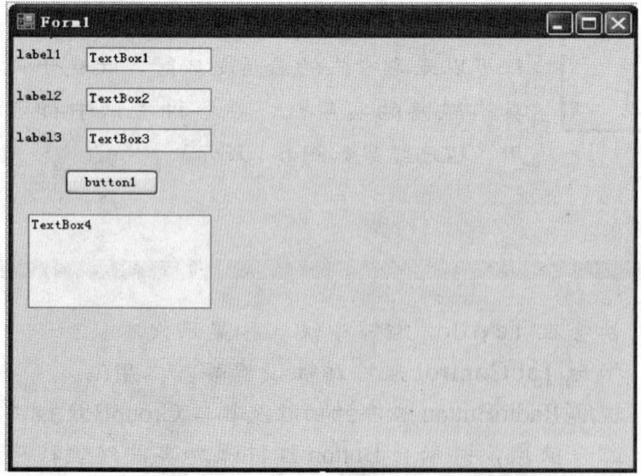

图 6-2 登记考生信息界面布局

小贴士

要想使多个 Label 控件或 TextBox 控件排列整齐，在拖放过程中要注意使用捕捉线来定位控件，使控件整齐地排列在界面上。

03 按表 6-1 设置窗体与各控件的属性。

表 6-1 窗体及控件属性设置

控件	属　性	值	说　明
Form1	Text	电子试卷（初中数学）	窗体标题
	Size	Width：500, Height：418	窗体大小
label1	Text	姓名	显示文本
label2	Text	班级	显示文本
label3	Text	学号	显示文本
TextBox1	Name	textBoxname	控件名称
	Text		显示文本为空
	MaxLength	8	最大长度
TextBox2	Name	textBoxclassgrade	控件名称
	Text		显示文本为空
TextBox3	Name	textBoxnumber	控件名称
	Text		显示文本为空
TextBox4	Name	textBoxoutput	控件名称
	MultiLine	True	多行
	ReadOnly	True	只读
button1	Text	登录	显示文本

小贴士

在电子试卷的制作中，textBoxname 是用来输入考生姓名的，可根据具体情况，对输入最大字数进行限制，在此任务中设置 MaxLength 值为 8。而 textBoxoutput 是用来显示考生信息的，根据实际问题的需要可知，需要多行显示，并且不能随意修改，因此 Multiline 属性值为 True，ReadOnly 属性值为 True。

设置窗体控件属性后，界面如图 6-3 所示。

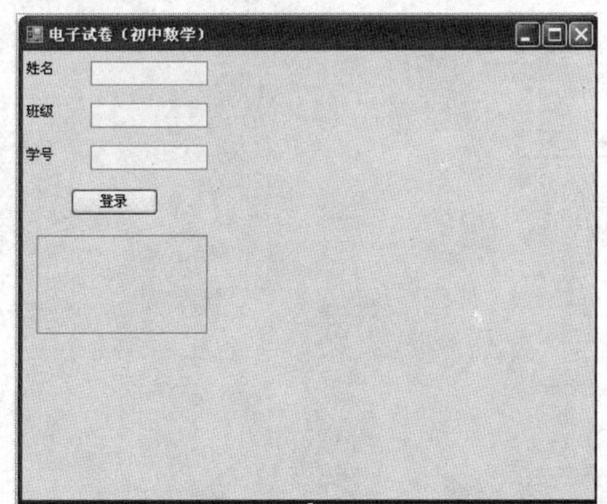

图 6-3　窗体控件设置属性后界面效果

04 双击“登录”按钮进入 button1_Click 事件处理程序，在此程序中加入如下代码。

```
private void button1_Click(object sender, EventArgs e)
        {
            string output;                                    ①
            textBoxoutput.Clear();          //清空文本框textBoxoutput
```

```
//姓名、班级与学号不能为空
if (textBoxclassgrade.Text.ToString() == "" ||
    textBoxname.Text.ToString() == ""||
    textBoxnumber.Text.ToString() == "")
    MessageBox.Show("请输入姓名、班级与学号！");          ②
else
{
    output = "班级:" + this.textBoxclassgrade.Text + "\n";
    output += "学号:" + this.textBoxnumber.Text + "\n";
    output += "姓名:" + this.textBoxname.Text + "\n";
    output += "正在考试中...";
    this.textBoxoutput.Text = output;          ③
  }
}
```

代码解释

① 本语句定义一个字符串变量 output，用于保存考生输入的信息。

② 这几条语句用来判断考生的姓名、班级和学号是否为空，若为空则弹出提示信息“请输入姓名、班级与学号！”，否则将考生输入的班级、学号、姓名加到变量 output。

③ 本语句实现在 textBoxoutput 文本框中显示 output 的值。

05 按 F5 键运行程序，在文本框中输入姓名、班级和学号，单击“登录”按钮，在 textBoxoutput 文本框中显示考生信息，如图 6-4 所示。

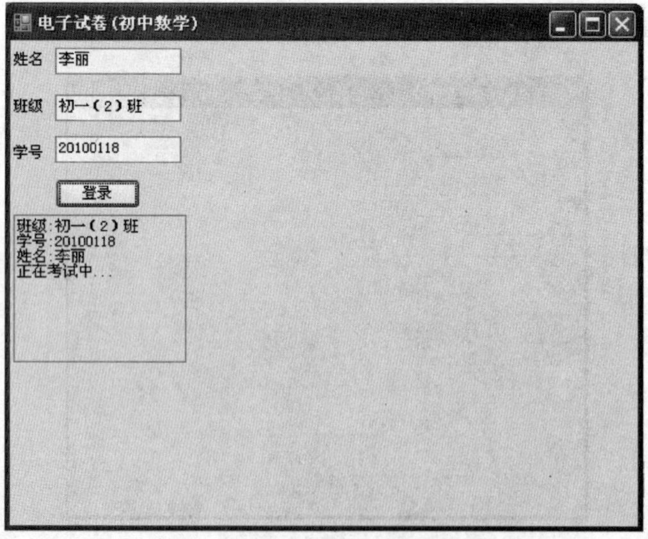

图 6-4 登记考生信息程序运行结果

06 单击标准工具栏的按钮，或者使用快捷键 Ctrl+Shift+S，或者单击“文件”/“全部保存”命令，对项目进行保存。

相关知识

本任务完成考生信息的录入功能。在制作过程中，用到了 Label 控件、Button 控件和 TextBox 控件。前两种控件在项目五已经讲解，这里重点介绍 TextBox 控件。

1. TextBox 控件基本概念

TextBox 控件主要用于输入与显示信息，是与用户进行交互的重要控件之一。

2. TextBox 控件的基本属性

（1）Name：表示文本框的名称，所有的控件对象都有自己的名称，必须保证唯一。

（2）Text：设置文本框显示的内容。

（3）MaxLength：指定输入到 TextBox 中的文本的最大字符长度，设置为 0，表示最大字符长度仅受限于可用的内存。

（4）Multiline：设置是否多行控件，True 表示可以显示多行文本，False 表示单行。

（5）CharacterCasing：设置文本框是否会改变输入的文本的大小写，该属性的值及说明如表 6-2 所示。

表 6-2 CharacterCasing 属性的值及说明

属 性 值	说 明
Lower	文本框中输入的所有文本都转换为小写
Normal	不对文本进行任何转换
Upper	文本框中输入的所有文本都转换为大写

（6）ReadOnly：设置文本是否为只读，True 为只读。

（7）ScrollBars：指定多行文本框是否显示滚动条。

（8）WordWrap：描述多行 TextBox 控件是否自动换行。

（9）CausesValidation：当控件的这个属性设置为 True，且该控件获得了焦点时，会引发两个事件——Validating 和 Validated。利用这两个事件可以在控件失去焦点时验证数据的有效性。

（10）PasswordChar：指定是否用密码字符替换在单行文本框中输入的字符。如果 Multiline 属性为 True，该属性将不起作用。

对于 TextBox 控件的不同属性，应根据具体问题进行具体的设置。设置方法有两种，一种是通过属性窗口对属性值进行设置，另一种是在程序中进行设置。第一种方法已经在本任务中详细介绍，下面以 textBoxname 控件为例介绍第二种方法。首先双击 textBoxname 控件进入 textBoxName_TextChanged 程序，然后在程序中添加如下命令。

```
private void textBoxName_TextChanged(object sender, EventArgs e)
{
    textBoxName.MaxLength = 4;    // 设置textBoxName文本框最长为4个字符
}
```

3．TextBox 控件的方法

clear: 清除文本框中的所有内容。示例：

```
textBoxoutput.Clear();  //清空文本框textBoxoutput
```

4．TextBox 控件的事件

(1) KeyDown、KeyPress 与 KeyUp 这 3 个事件称为“键事件”，可以监视和改变输入的内容。KeyDown 事件在键按下时触发，KeyUp 事件在键松开时触发，KeyPress 事件在输入键时触发，利用这些事件能控制文本框输入的内容。

(2) TextChange：只要文本框中的文本发生了改变，将触发该事件。

以 KeyPress 事件为例，此任务中的 textBoxnumber 控件用来输入考生的学号，根据分析可知，学号只能是数字，不能输入其他字符，因此可用 textBoxnumber 控件的 KeyPress 事件来实现这一限制。选中 textBoxnumber 并在属性窗口中找到 KeyPress 事件，双击进入代码窗口，添加如下代码。

```
private void textBoxnumber_KeyPress(object sender, KeyPressEventArgs
e)
{
    //若输入非数字非退格
    if ((e.KeyChar < 48 || e.KeyChar > 57) && e.KeyChar != 8)
        e.Handled = true;        //系统不处理该操作
}
```

代码解释

在本段句中，48 和 57 是数字 0 和 9 的 ASCII 码，8 对应退格的 ASCII 码。若用户输入的既非数字又非退格，则系统不处理该操作，即用户不能在文本框输入。

拓展训练

1．在文本框输入学生信息，包括姓名、性别、班级、年龄，当单击“提交”按钮后在另一文本框中显示学生输入的信息，并设置年龄文本框只能输入大于 0 的数字。

2．设计一个 Windows 应用程序，窗体上有一个 TextBox 控件、两个 Button 控件。要求每当用户单击“添加信息”按钮时，文本框都会增加一行文字来反映单击的次数，如“第 3 次单击按钮”，程序结果如图 6-5 所示。

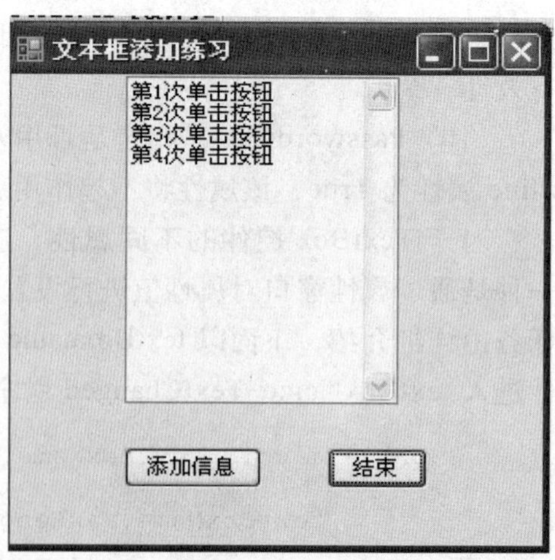

图 6-5　文本框添加练习程序运行结果

任务二 试卷布局

任务目标 本任务实现电子试卷的布局。通过完成本任务，掌握 TabControl 控件的属性，并学会 TabControl 控件的功能及使用。

任务分析 本任务将使用 TabControl 控件合理布置试卷的三种题目类型：单项选择题、多项选择题和填空题。通过 TabControl 控件将三种类型的题目分别设置在三个 tabPage 中，使电子试卷中试题的分布更加直观。

实施步骤

01 打开在任务一中建立的项目 Ex06，双击工具箱中容器组的 TabControl 控件，添加一个 TabControl 控件，如图 6-6 所示。

02 在 TabControl 控件的属性窗口，选择 TabPages 项，单击后面的 按钮，如图 6-7 所示。

> **小贴士**
>
> 从图 6-7 可见，默认的 TabControl 控件只有两个 tabPage，任务中要制作的电子试卷有三种类型的题目，因此需要增加一个 tabPage。

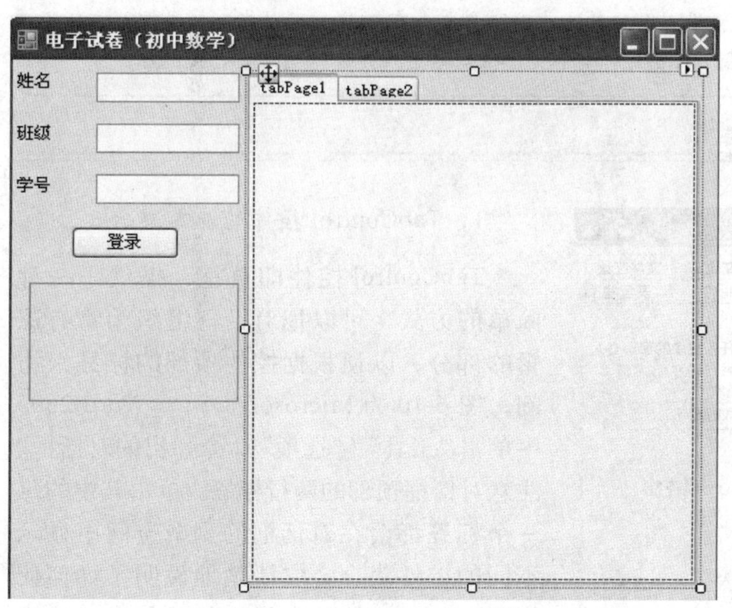

图 6-6 添加一个 TabControl 控件

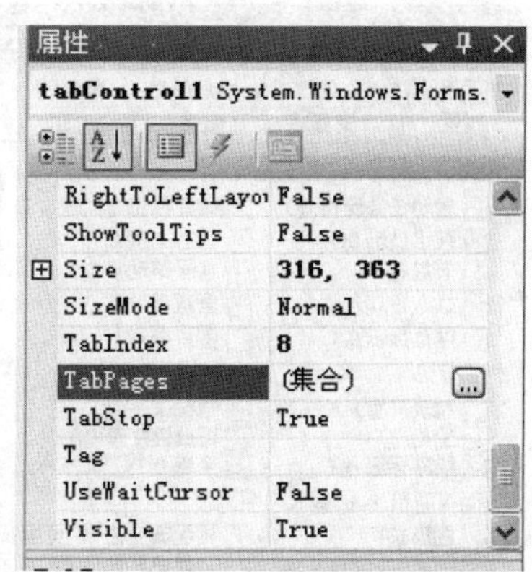

图 6-7 选择 TabPages 属性

03 如图 6-8 所示，在 tabPage 集合编辑器中，单击“添加”按钮增加 tabPage3，并在右边的属性中对 tabPage1、tabPage2 和 tabPage3 的 Text 值分别设为“单项选择题”、“多项选择题”和“填空题”，单击“确定”按钮，完成设置。

04 选择 tabControl 控件，对其属性进行设置。设置 Font 属性为黑体，小四；Anchor 设置为 Top, Bottom, Right, Left。

05 按 F5 键运行程序，结果如图 6-9 所示。

06 单击标准工具栏的“全部保存”命令，保存项目。

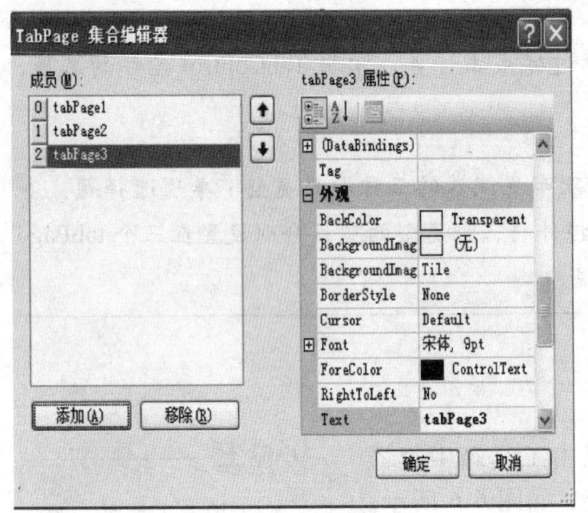

图 6-8　设置 tabPages 属性

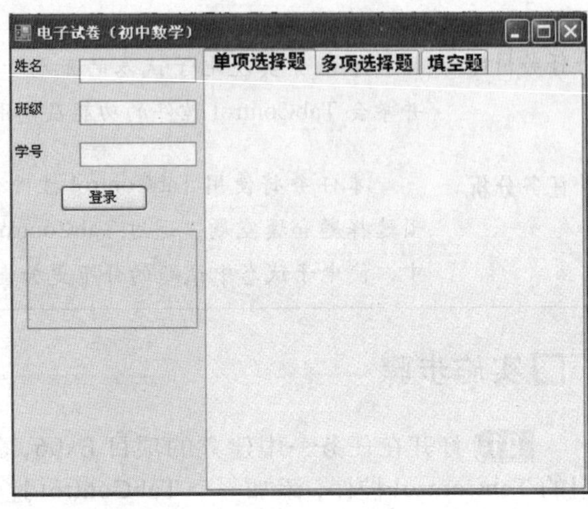

图 6-9　电子试卷的布局效果

小贴士

Anchor 属性用于指定在用户重新设置窗口的大小时控件该如何响应。可以指定如果控件重新设置了大小，就根据控件的边界锁定它，或者其大小不变，但根据窗口的边界来锚定它的位置。

相关知识

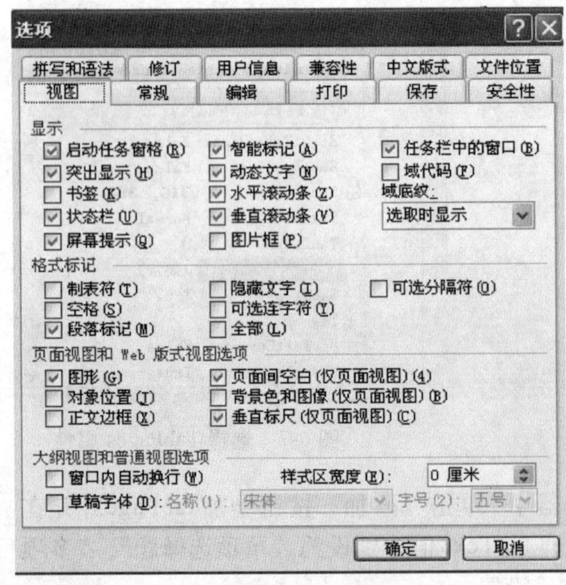

图 6-10　Word 2003 中的“选项”对话框

1．TabControl 控件的基本概念

TabControl 控件即页框，提供了一种简单的方式，可以把对话框组织为富有逻辑的部分，以便根据控件顶部的标签来访问。图 6-10 为 Microsoft Office Word 2003 中单击“工具”/“选项”命令弹出的对话框。注意对话框顶部的两行标签，单击其中的每一个标签都会在对话框的剩余空间中显示不同的控件集合，它清楚地说明了如何使用 TabControl 控件来组合相关信息，使用户易于查找需要的信息。C# 的 TabControl 控件简单易用，可以在控件的 TabPage 对象集合中添加任意数量的标签，再把要显示的控件拖放到各个页面上。

2．TabControl 控件的基本属性

（1）Alignment：控制标签在标签控件的什么位置显示。默认的位置为控件的顶部。

（2）Appearance：控制标签的显示方式，标签可以显示为一般的按钮或带有平面样式。

（3）HotTrack：如果这个属性设置为 True，则当鼠标指针滑过控件上的标签时，其外观就会改变。

（4）Multiline：设置为多行标签。

（5）RowCount：返回当前显示的标签行数。

（6）SelectedIndex：返回或设置选中标签的索引。

（7）SelectedTab：返回或设置选中的标签。

（8）TabCount：返回标签的总数。

（9）TabPages：TabPage 对象集合，可以添加和删除 TabPage 对象。

拓展训练

1．在设计窗口中添加 3 个标签页，分别是：功能一、功能二和功能三，并设置字体全为黑体。

2．在功能一标签页添加一个按钮，当单击时弹出信息框显示“这是功能一标签页！”。

任务三 制作单选题

任务目标

本任务完成试卷中单项选择题的制作，实现考生作答单项选择题的功能，并可通过单击“得分”按钮查看单项选择题的得分。

通过完成本任务，掌握 RadioButton 控件的属性，学会 RadioButton 控件的用法和功能。在与 GroupBox 控件的组合使用中，理解 GroupBox 控件的功能，并且通过计算得分加深对 Button 按钮的单击事件的认识。

任务分析

（1）本任务设置单项选择题的题库如下所示，一题一分。

```
1. -1+5=(    )
A. 1         B. 2      C. 4       D. 5
2. 3-5=(    )
A. 2         B. 1      C. -1      D. -2
3. -5-6=(    )
A. 1         B. -11    C. 11      D. -1
```

（2）根据单项选择的题目特点可知，在每个问题的四个选项中只能选择一项，不能多选，因此本任务中将用到 RadioButton 控件来表示选项，此外还需要三个 Label 控件和三个 GroupBox 控件，最后在右下角加一个 Button 控件。

（3）通过设置三个 Label 控件的 Text 属性值来分别显示选择题的问题，而通过改变 GroupBox 中的 RadioButton 控件的 Text 值来显示选择题的四个选项。

（4）对 Button 控件加一个单击事件处理程序，用来完成单项选择题得分的计算功能。

实施步骤

01 打开项目 Ex06，选中 TabControl 控件的“单项选择题”标签页。

02 先在“单项选择题”标签页中添加一个 Label 控件，然后在 Label 控件的下面放置三个 GroupBox 控件垂直对齐，并在 GroupBox 控件中各放四个 RadioButton 控件排列整齐，最后在右下角放置一个 Button 控件，如图 6-11 所示。

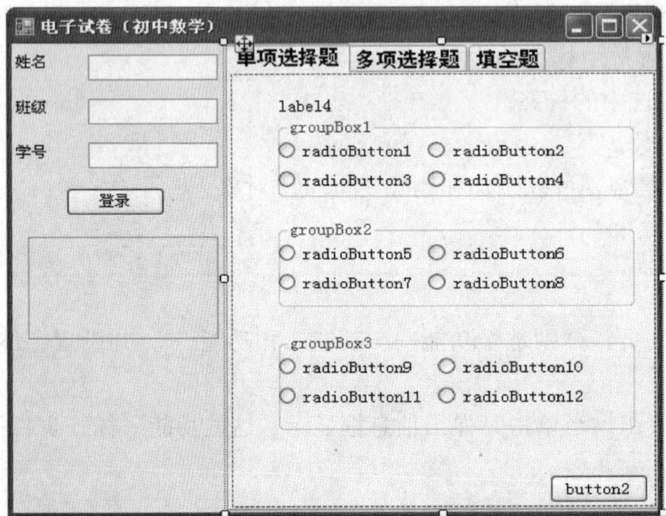

图 6-11 单项选择题布局效果

> **小贴士**
>
> 在步骤 02 中，GroupBox 控件与 RadioButton 控件的放置顺序不能颠倒，必须先添加 GroupBox 控件，然后在 GroupBox 控件上添加 RadioButton 控件。

03 按表 6-3 设置控件属性。

表 6-3 控件属性设置及说明

控件（如图6-11所示）	属性	值	说明
label4	Text	一.单项选择题(每题1分)	显示文本
groupBox1	Text	1. −1+5=(　　)	显示文本
groupBox2	Text	2. 3−5 =(　　)	显示文本
groupBox3	Text	3. −5−6 =(　　)	显示文本
radioButton1	Text	A.1	显示文本
	Name	radioButton1a	控件名称
radioButton2	Text	B.2	显示文本
	Name	radioButton1b	控件名称
radioButton3	Text	C.4	显示文本
	Name	radioButton1c	控件名称
radioButton4	Text	D.5	显示文本
	Name	radioButton1d	控件名称
radioButton5	Text	A.2	显示文本
	Name	radioButton2a	控件名称
radioButton6	Text	B.1	显示文本
	Name	radioButton2b	控件名称

续表

控件（如图6-11所示）	属性	值	说明
radioButton7	Text	C.-1	显示文本
	Name	radioButton2c	控件名称
radioButton8	Text	D.-2	显示文本
	Name	radioButton2d	控件名称
radioButton9	Text	A.1	显示文本
	Name	radioButton3a	控件名称
radioButton10	Text	B.-11	显示文本
	Name	radioButton3b	控件名称
radioButton11	Text	C.11	显示文本
	Name	radioButton3c	控件名称
radioButton12	Text	D.1	显示文本
	Name	radioButton3d	控件名称
button2	Text	单选得分	显示文本

设置属性后，窗体效果如图 6-12 所示。

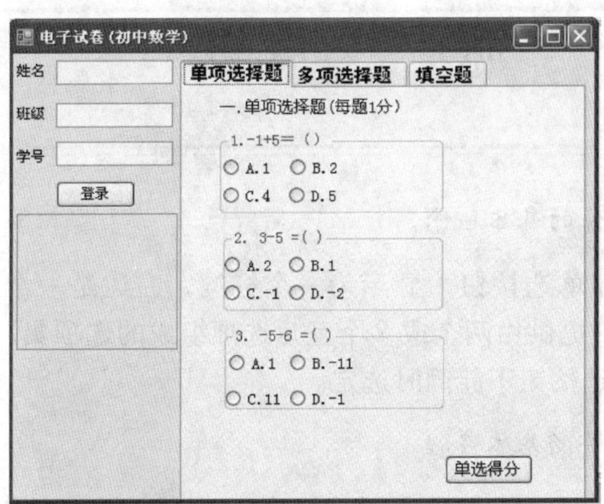

图 6-12　设置属性后窗体效果

04 双击“单选得分”按钮进入 button2_Click 事件，编写如下代码。

```
private void button2_Click (object sender, EventArgs e)
{
    float score1 = 0;       // 累计分数，初始化为0

    if (radioButton1c.Checked = = true) score1++;
    // 如果选择了正确答案，加1分
    if (radioButton2d.Checked = = true) score1++;
    // 如果选择了正确答案，加1分
    if (radioButton3b.Checked = = true) score1++;
    // 如果选择了正确答案，加1分
    MessageBox.Show("单项选择题得分:" + score1);
    // 显示得分
}
```

> **小贴士**
>
> 在 button2_Click 事件中，可根据单选按钮的 Checked 值来判断考生是否选中了正确答案。以第 1 题为例，若 radioButton1c 的值为 true，则说明选项 C 被选中，回答正确。

05 按 F5 键运行程序，输入考生信息，并在单项选择题的选项中进行勾选，单击“单选得分”按钮即可计算出考生单项选择题的得分，结果如图 6-13 所示。

06 保存项目 Ex06。

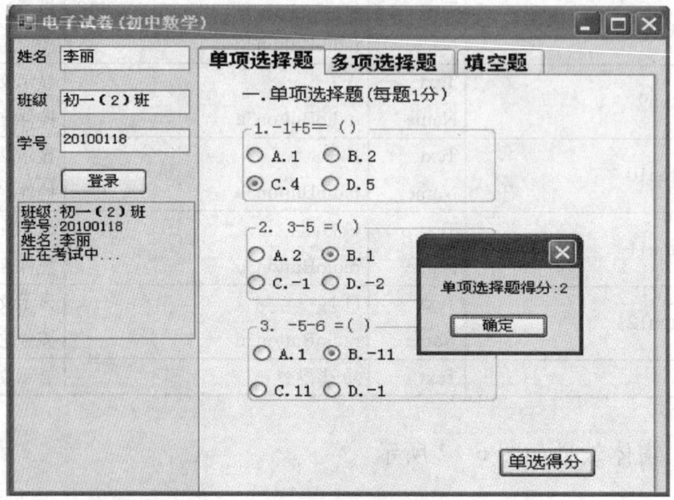

图 6-13 单项选择题程序运行结果

相关知识

1．RadioButton 控件的基本概念

RadioButton 控件即单选按钮，显示为一个标签，左边是一个圆点，Windows 窗体的 RadioButton 控件为用户提供由两个或多个互斥选项组成的选项集。当用户选择某单选按钮时，同一组中的其他单选按钮不能同时选定。

2．RadioButton 控件的基本属性

RadioButton 控件与 Button 控件同样是派生于 ButtonBase，前面已经介绍了 Button 控件基本属性，这里描述 RadioButton 控件不同于 Button 控件的属性。

（1）Appearance：RadioButton 可以显示为一个圆形选中标签，放在左边、中间或右边，或者显示为标准按钮。当它显示为按钮时，控件被选中时显示为按下状态，否则显示为弹起状态。

（2）AutoCheck：如果这个属性为 True，用户单击单选按钮时，会显示一个选中标记。如果该属性为 False，就必须在 Click 事件处理程序的代码中手工检查单选按钮。

（3）CheckAlign：使用这个属性，可以改变单选按钮的选框的对齐形式，默认是 ContentAlignment. MiddleLeft。

（4）Checked：表示控件的状态。如果控件被选中，则为 True，否则为 False。

3．RadioButton 控件的基本事件

（1）CheckChanged：当 RadioButton 的选中选项发生改变时，引发此事件。

（2）Click：每次单击 RadioButton 时，都会引发该事件。这与 CheckChanged 事件是不同的，因为连续单击 RadioButton 两次或多次只改变 Checked 属性一次，且只改变以前未选中的控件的 Checked 属性。而且，如果被单击按钮的 AutoCheck 属性是 False，则该按钮根本不会被选中，只引发 Click 事件。

4．GroupBox 控件

GroupBox 控件即组框，常常用于逻辑地组合一组控件，如 RadioButton 和 CheckBox 控件，显示一个框架，其左上角有一个标题。使用组框只需把它拖放到窗体上，再把所需的控件拖放到组框中即可（但其顺序不能颠倒——不能把组框放在已有的控件上面）。其结果是父控件是组框，而不是窗体，所以在任意时刻，可以选择多个 RadioButton，但在组框中，一次只能选择一个 RadioButton。

这里需要解释一下父控件和子控件的关系，把一个控件放在窗体上时，窗体就是该控件的父控件，该控件是窗体的一个子控件。而把一个 GroupBox 控件放在窗体上时，它就成为窗体的一个子控件，由于组框本身可以包含其他控件，所以它就是这些控件的父控件，其结果是移动 GroupBox 时，其中的所有控件也会移动。把控件放在组框上的另一个结果是可以改变其中所有控件的某些属性，方法是在组框上设置这些属性。例如，如果要禁用组框中的所有控件，只需把组框的 Enabled 属性设置为 False 即可。

拓展训练

请添加“男”和“女”两个单选按钮，以供用户选择性别。添加一个按钮，用于显示用户选择。

任务四 制作多选题

任务目标 本任务完成电子试卷中多项选择题的制作，考生只需在正确的答案前面勾选即可完成答题，并可通过单击“多选得分”按钮查看多项选择题的得分情况。

通过完成本任务，掌握 CheckBox 控件的属性和事件，学会 CheckBox 控件的基本用法，并与任务三中所学的 RadioButton 控件进行比较，从而领会 CheckBox 控件与 RadioButton 控件的区别。

任务分析 （1）本任务设计了三道多项选择题，题目如下。

1．请选出下面的负数（　　）。

A. -1　　B. 5　　C. -4　　D. -3

2．请选出下面小于-1的数（　　）。

A. -1　　B. 5　　C. -4　　D. -3

3．请选择大于-2的数（　　）。

A. -1　　B. 5　　C. 0　　D. 3

（2）每一道多选题需要用四个 CheckBox 控件来显示四个选项。

（3）通过设置三个 Label 控件的 Text 属性值来显示选择题的三个问题，通过 GroupBox 组合每个问题的四个选项。

（4）在 Button 控件的单击事件中实现多项选择题得分的计算。

实施步骤

01 打开项目 Ex06，选中 TabControl 的“多项选择题”标签页。

02 在多项选择题的标签页上，拖放 1 个 Label 控件和 3 个 GroupBox 控件，每个 GroupBox 中各安放 4 个 CheckBox 控件，最后加 1 个 Button 控件在右下角，如图 6-14 所示。

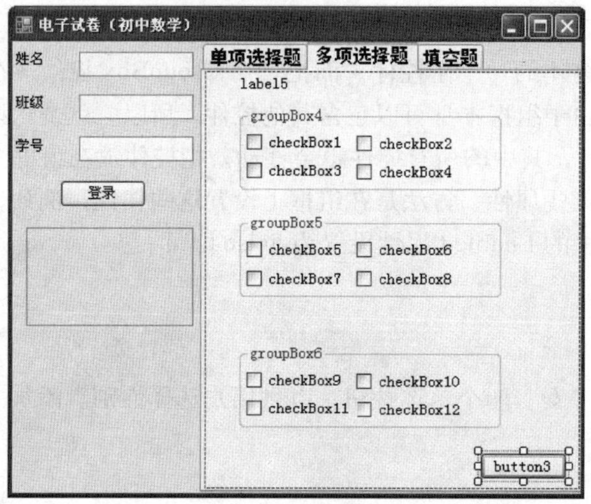

图 6-14　多项选择题界面布局

03 根据电子试卷所要设置的多项选择题的题目内容，对各控件的属性按表 6-4 进行设置。

表 6-4　各控件属性设置值

控件显示名称	属性	值	说明
label5	Text	二.多项选择题（每题2分）	显示文本
groupBox1	Text	1. 选出下面的负数( )	显示文本
groupBox2	Text	2.请选出下面小于–1的数( )	显示文本
groupBox3	Text	3.请选择大于–2的数( )	显示文本
checkBox1	Text	A.–1	显示文本
	Name	checkBox1a	控件名称
checkBox2	Text	B.5	显示文本
	Name	checkBox1b	控件名称
checkBox3	Text	C.–4；	显示文本
	Name	checkBox1c	控件名称

续表

控件显示名称	属性	值	说明
checkBox4	Text Name	D.–3 checkBox1d	显示文本 控件名称
checkBox5	Text Name	A.–1 checkBox2a	显示文本 控件名称
checkBox6	Text Name	B.5 checkBox2b	显示文本 控件名称
checkBox7	Text Name	C.–4 checkBox2c	显示文本 控件名称
checkBox8	Text Name	D.– checkBox2d	显示文本 控件名称
checkBox9	Text Name	A.–1 checkBox3a	显示文本 控件名称
checkBox10	Text Name	B.5 checkBox3b	显示文本 控件名称
checkBox11	Text Name	C.0 checkBox3c	显示文本 控件名称
checkBox12	Text Name	D.3 checkBox3d	显示文本 控件名称
button3	Text	多选得分	显示文本

设置控件属性后结果如图 6-15 所示。

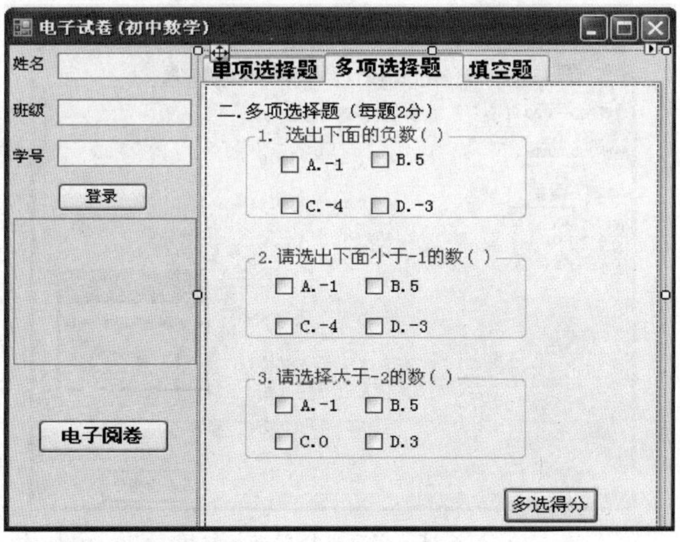

图 6-15 设置控件属性结果

04 双击“多选得分”按钮进入按钮单击事件，输入如下代码。

```
private void button3_Click(object sender, EventArgs e)
{
    float score2 = 0;//定义浮点型变量score2并赋初始值        ①
    //若第1道题选择了正确的答案选项，score2增加2分
```

```
        if(checkBox1a.Checked == true && checkBox1c.Checked == true    ②
        && checkBox1d.Checked == true && checkBox1b.Checked == false)
            score2 +=2;
        //若第2道题选择了正确的答案选项，score2增加2分                     ③
        if (checkBox2a.Checked == false && checkBox2b.Checked == false
        && checkBox2c.Checked == true  && checkBox2d.Checked == true)
           score2 +=2;                                                 ④
        //若第3道题选择了正确的答案选项，score2增加2分
        if (checkBox3a.Checked == true && checkBox3b.Checked == true
        && checkBox3c.Checked == true && checkBox3d.Checked == true)
           score2 +=2;
       //弹出信息框显示多选题得分
       MessageBox.Show("多项选择题得分:"+score2);        ⑤
    }
```

代码解释

① 定义浮点型变量 score2 用来保存多选题的得分，赋初始值为 0。

② 判断考生在第 1 题是否选中正确答案 ACD，若选择正确，score2 增加 2。

③ 判断考生在第 2 题是否选中正确答案 CD，若选择正确，score2 增加 2。

④ 判断考生在第 3 题是否选中正确答案 ABCD，若选择正确，score2 增加 2。

⑤ MessageBox.Show（）输出多选题的得分。

05 运行程序，对三个多项选择题的选项进行勾选，单击“多选得分”按钮显示得分，如图 6-16 所示。

06 保存项目。

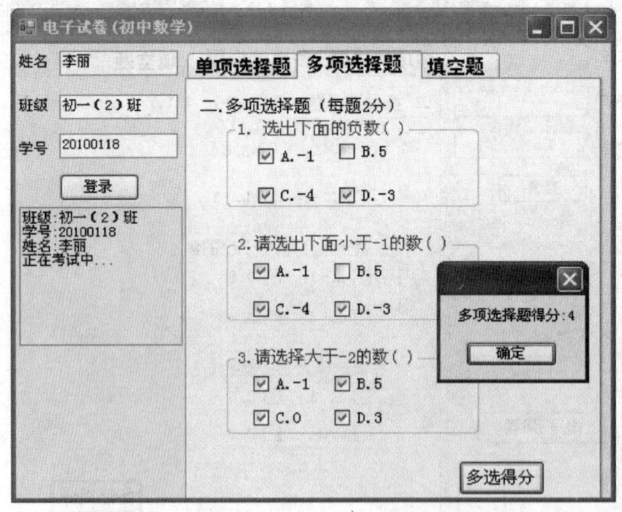

图 6-16　多项选择题运行结果

相关知识

1．CheckBox 控件的基本概念

CheckBox 控件即复选框，显示为一个标签，左边是一个带有标记的小方框，主要用于

实现选择一个或多个选项。

2．CheckBox 控件的基本属性

这个控件的属性和事件与 RadioButton 控件相似，但有两个新属性。

（1）CheckState：有三种状态，如表 6-5 所示。

表 6-5　CheckState 属性值及说明

属　性　值	说　　明
Checked	控件被选中
Indeterminate	控件的复选框通常是灰色的，表示复选框的当前值是无效的，或者无法确定
Unchecked	控件未被选中

小贴士

对 Indeterminate 属性值举例，如果选中标记表示文件的只读状态，且选中了两个文件，则其中一个文件是只读的，另一个文件不是，或者在当前环境下没有意义。

（2）ThreeState：属性值为 False 时，不能把 CheckState 属性改为 Indeterminate，但可以在代码中把 CheckState 属性设置为 Indeterminate。

3．CheckBox 控件的基本事件

（1）CheckedChanged：当复选框的 Checked 属性发生改变时，触发该事件。注意在复选框中，当 ThreeState 属性为 True 时，单击复选框不会改变 Checked 属性，在复选框从 Checked 变为 Indeterminate 状态时，就会出现这种情况。

（2）CheckedStateChanged：当 CheckedState 属性改变时，触发该事件。CheckedState 属性的值可以是 Checked 和 Unchecked。只要 Checked 属性改变了，就引发该事件。另外，当状态从 Checked 变为 Indeterminate 时，也会引发该事件。

小贴士

一般只使用这个控件的两个事件，注意，RadioButton 和 CheckBox 控件都有 CheckChanged 事件，但其结果是不同的。

拓展训练

请编写一个业余爱好调查程序，题目为“你业余时间喜欢做的事情？（多选）”，设置选项如下。A：看电视 B；听音乐 C；看电影 D；逛街 E；上网 F；看小说 。当单击“提交”按钮后显示用户所选爱好。

任务五 制作填空题

任务目标　本任务完成填空题的制作，考生将问题的答案填写到文本框中，并可通过单击“填空得分”按钮查看填空题的得分，单击“电子阅卷”按钮查看本次考试的总得分。

通过完成本任务，加深对 Label 控件、TextBox 控件属性的理解，并灵活掌握这些控件的使用。通过对 Button 控件单击事件的编写，进一步提高编程能力。

任务分析

(1) 本任务针对填空题设计了三道题目。

填空题（每空3分）

① 大于0的数叫（　　）

② -2+10=（　　）

③ 既不是正数又不负数的数是（　　）

(2) 本任务需要使用三个TextBox控件，此外还需要四个Label控件和两个Button控件。其中三个TextBox控件用于实现考生对每个问题答案的输入，四个Label控件用于显示填空题的问题，两个Button控件中一个用于计算填空题的得分，另一个用于显示考生的考试总成绩。

实施步骤

01 打开项目Ex06，选中TabControl控件的“填空题”标签页。

02 在填空题的标签页上，拖放四个Label控件和三个TextBox控件，在右下角和左下角分别放置1个Button控件，如图6-17所示。

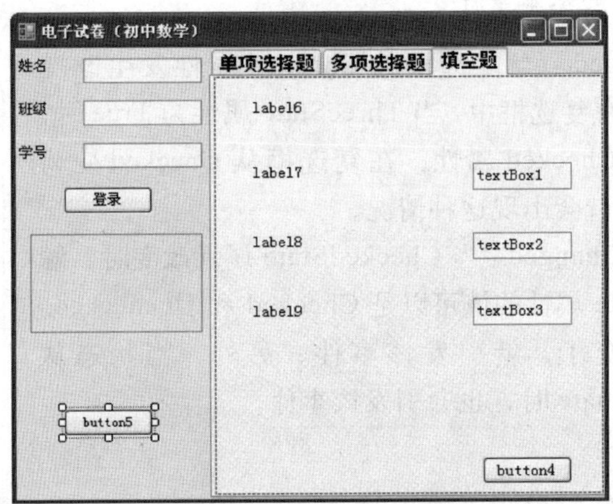

图6-17　填空题界面布局

03 按表6-6设置各个控件的属性。设置后结果如图6-18所示。

表6-6　控件属性设置值

控件（如图6-17所示）	属性	值	说明
label6	Text	三.填空题（每空3分）	显示文本
label7	Text	1.大于0的数叫	显示文本
label8	Text	2. -2+10=	显示文本
label9	Text	3. 既不是正数又不是负数的数是	显示文本
textBox1 textBox2 textBox3	Text	空	显示文本
button4	Text	填空得分	显示文本
button5	Text Font	电子阅卷 宋体, 10.5pt	显示文本 显示字体

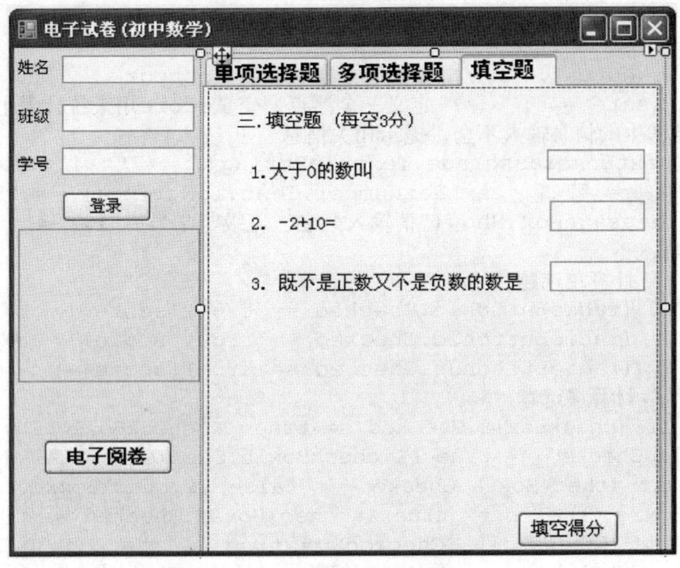

图 6-18　设置属性后填空题结果

04 双击“填空得分”按钮，在单击事件中添加如下代码，实现填空题得分的计算。

```
private void button4_Click(object sender, EventArgs e)
{
    float score3 = 0;//定义浮点型变量score3并赋初始值。  ①
    //若第1题输入的答案是“正数”，变量score3的值增加3

    if (this.textBox1.Text == "正数") score3 += 3;  ②
    // 若第2题输入的答案是"8"，变量score3的值增加3
    if (this.textBox2.Text == "8") score3+= 3;  ③
    // 若第3题输入的答案是"0"或"零"，变量score3的值增加3
    if (this.textBox3.Text == "0"||this.textBox3.Text=="零") score3 += 3;  ④
    MessageBox.Show("填空题得分：" + score3);  ⑤
}
```

代码解释

① 定义一个浮点型变量 score3 用来保存填空题的得分，赋初始值为 0。

② 用 if 语句判断考生第 1 题输入的值是否正确，若考生在第 1 题输入“正数”，则考生作答是正确的，score3 值增加 3。

③ 用 if 语句判断考生第 2 题输入的值是否正确，若考生在第 2 题输入“8”，则考生作答是正确的，score3 值增加 3。

④ 用 if 语句判断考生第 3 题输入的值是否正确，若考生在第 3 题输入“0”或“零”，则考生作答是正确的，score3 值增加 3。此时，变量 score3 保存的是考生填空题的得分。

⑤ 最后通过 MessageBox.Show ( ) 方法输出填空题的得分。

05 双击“电子阅卷”按钮，在单击事件中添加如下代码，实现总分的计算。

```
private void button5_Click(object sender, EventArgs e)
{                                                                    ①
    string output;   // 定义一个字符型变量output
    float score = 0;   // 定义一个浮点型变量score用来统计考生的总得分
    // 若考生的信息输入不全，提示相关信息
     if (textBoxclassgrade.Text.ToString() == "" || textBoxname.Text.
ToString() == "" || textBoxnumber.Text.ToString() == "")
          MessageBox.Show("请输入姓名、班级与学号！");                    ②
    else{
        // 计算单选题
        if (radioButton1c.Checked == true) score++;
        if (radioButton2d.Checked == true) score++;                  ③
        if (radioButton3b.Checked == true) score++;
        // 计算多选题
         if (checkBox1a.Checked == true && checkBox1c.Checked == true &&
checkBox1d.Checked == true && checkBox1b.Checked == false) score += 2;
          if (checkBox2a.Checked == false && checkBox2b.Checked == false
&& checkBox2c.Checked == true && checkBox2d.Checked == true) score += 2;
           if (checkBox3a.Checked == true && checkBox3b.Checked == true
&& checkBox3c.Checked == true && checkBox3d.Checked == true) score += 2;
        // 计算填空题                                                    ④
        if (this.textBox4.Text == "正数") score += 3;
        if (this.textBox5.Text == "8") score += 3;                   ⑤
        if (this.textBox6.Text == "0") score += 3;
        // 显示考生信息与得分
        output = "班级:" + this.textBoxclass.Text + "\r\n";
        output += "学号:" + this.textBoxNo.Text + "\r\n";
        output += "姓名:" + this.textBoxName.Text + "\r\n";
        output += "考试成绩:" + score;
        // 在textBoxshow文本框中输出考生的考试成绩。
        this.textBoxoutput.Text = output;
    }                                                                ⑥
}
```

代码解释

① 定义一个字符型变量 output，并定义一个浮点型变量 score 用来统计考生的总得分。

② 用 if…else 语句来判断若考生的信息输入不全，弹出提示信息框“请输入姓名、班级与学号！”，否则对考生的答案与正确答案进行比较。

③ 此三个 if 语句用来检查考生单选题做的情况，做对一题 score 加 1。

④ 此三个 if 语句用来检查考生多选题的作答情况，做对一题 score 加 2。

⑤ 此三个 if 语句用来检查考生填空题的作答情况，做对一题 score 加 3。

⑥ 将考生输入的信息及考生的总成绩赋值给变量 output，并赋值给 textBoxoutput 文本框。

06 运行程序，在填空题的三个文本框中输入答案，单击“填空得分”按钮即可求得填空题的得分，如图 6-19 所示。单击“电子阅卷”按钮，文本框中输出考生的最后总得分，如图 6-20 所示。

07 保存项目。

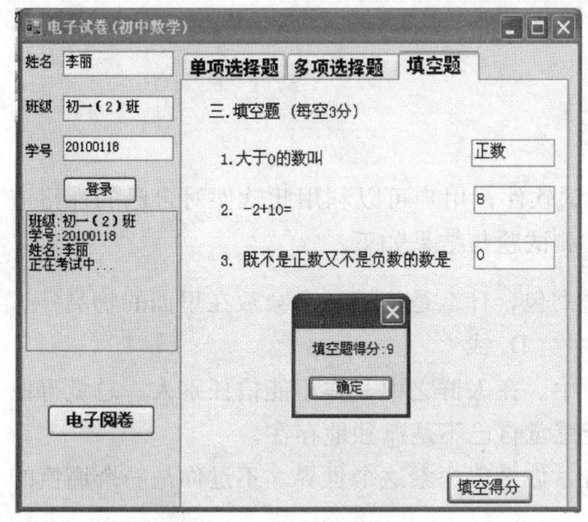

图 6-19　填空题运行结果

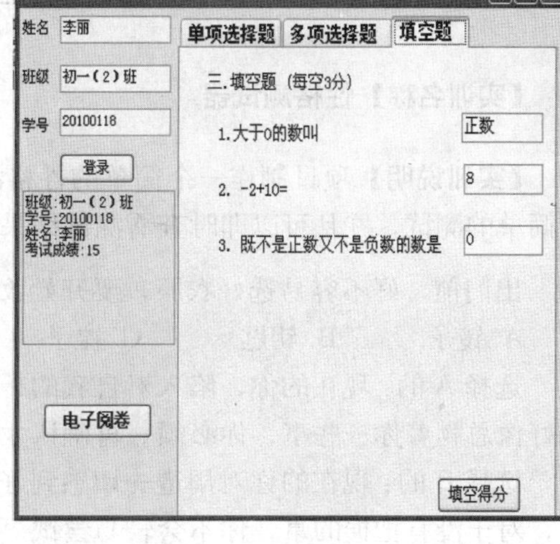

图 6-20　电子阅卷运行结果

相关知识

本任务中涉及的相关知识在前面任务中已经介绍，在此不再赘述。

拓展训练

在本任务中加入一道填空题，题目为“请问是谁发明了电灯？”，并在“填空得分”与“电子阅卷”按钮中加入该题目得分的计算。

项目小结

本项目开发了一款非常实用的数学电子试卷软件。为了使制作过程变得简单易懂，制作过程分为 5 个任务，每个任务分别完成一部分功能，最终实现整个电子试卷的综合功能。

在整个项目中用到了多种控件，包括 TextBox 控件、Label 控件、Button 控件、TabControl 控件、GroupBox 控件、RadioButton 控件和 CheckBox 控件。通过各种控件在电子试卷项目中的应用，不仅可以理解各控件的基本用法与功能，对控件的某些常用属性和事件也有一定的了解。

项目中的事件处理程序全部是通过 Button 控件的单击事件来完成的，由此可见 Button 控件的普遍性及重要性，因此熟练掌握 Button 控件的应用是非常必要的。

在单项选择题和多项选择题的制作过程中分别用到了 RadioButton 控件和 CheckBox 控件，虽然这两个控件都是用来选择的，但是它们之间是有区别的。当要给用户提供几个互斥选项时，就可以使用单选按钮；当希望用户可以选择一个或多个选项时，就应使用 CheckBox 控件。

在项目中，各个得分计算的思路都相似，都用 if 分支语句来对各选项逐个比较，最后统计各类型题目得分。

项目实训

【实训名称】性格测试器

【实训说明】项目制作一个简单的性格测试软件，用户可以利用此软件对自己的性格进行简单的测试，并且可以即时查看测试结果。测试题与结果如下。

出门前，好不容易选好衣服，要开始收拾书包，什么是你第一个会放在里面的物品？

A. 镜子　　B. 钥匙　　C. 梳子　　D. 钱

选择 A 的：现在的你，陷入对自我的矛盾中。在人群之中，你不能信任别人，总觉得他们好像总瞒着你一些事，你必须一再确认才能感觉自己不是孤独地存在。

选择 B 的：现在的你对周遭一切感到好奇，你希望探索这个世界。不过你是一个谨慎的人，对于没有把握的事，你不会轻易尝试。

选择 C 的：常为身边的一些琐事所烦，耐心不佳，容易因而发火。还是好好修身养性一番，免得别人会受不了！

选择 D 的：你是一个蛮爱面子的人，处处小心，深怕有缺点被别人知道，可是人是不可能没有缺点的，太过掩饰，小心适得其反噢。

项目运行结果如图 6-21 所示。

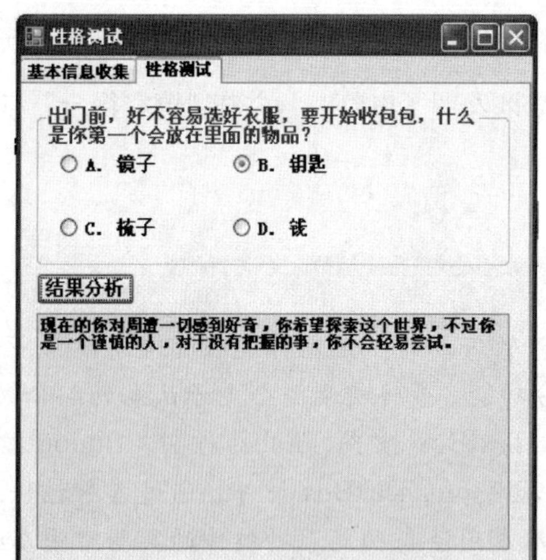

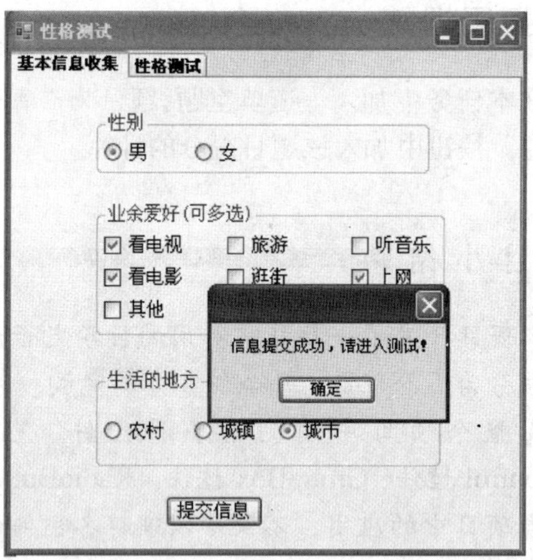

图 6-21　性格测试器运行结果

【实训要求】

(1)用户界面分两个标签页，一个是基本信息收集页，一个是性格测试页，如图 6-21 所示。

(2) 要求用户必须先成功提交基本信息，才可以进入性格测试页进行测试。

(3) 在单击“结果分析“按钮时，结果将显示在文本框中。

【实训提示】

（1）用 TabControl 控件布局界面，在“基本信息收集”页中，“性别”用 GroupBox 控件和 RadioButton 控件实现，而“业余爱好”可用 CheckBox 控件实现。

（2）在“性格测试页”中，测试问题用 GroupBox 控件和 RadioButton 控件实现单项选择，相应的结果在 TextBox 控件中显示。

（3）对“提交信息”按钮添加单击事件，若未完成信息的勾选，弹出“请选择性别、业余爱好与生活的地方！”否则弹出“信息提交成功，请进入测试！”，此处需要用 if…else 语句来完成。

（4）对“结果分析”按钮添加单击事件，将用户的结果显示在文本框中，可以用 if 语句来完成。

读书笔记

7

项目七　图片浏览器

项目说明

图 7-1　图片浏览器运行结果

在本项目中，制作一个简单的图片浏览器。用户通过单击“打开文件夹”按钮，可以打开本地电脑中的文件夹，文件夹中所有jpg/bmp格式的图片将会在列表框中列出。单击列表框中任意图片名称，相应的图片将会显示在浏览器中。可以在浏览器中“显示比例”的下拉组合框中对图片的显示比例做不同的改变，也可通过选择“显示样式”的值改变图片的显示样式。如果用户想让图片自动播放，单击“自动播放”按钮即可实现，再次单击便停止。此图片浏览器简单、实用，实现了基本的图片浏览功能，如图 7-1 所示。

能力目标

- 学会用 folderBrowserDialog 控件实现打开文件夹的功能，掌握如何在 ListBox 控件添加项等基本用法。
- 理解 DirectoryInfo 类与 FileSystemInfo 类的用法。
- 掌握 PictureBox 控件的用法，结合 PictureBox 控件与 ListBox 控件的综合使用，并学会 ListBox 控件双击事件的编写。
- 掌握 ComboBox 控件的属性用法及事件处理程序的编写。

任务一 显示图片列表

任务目标

顾名思义，图片浏览器的基本功能是浏览图片。浏览图片必须先打开存放图片的文件夹，本任务实现图片浏览的第一步：打开存放图片的文件夹，并在列表框中显示文件夹中 jpg/bmp 格式的图片。

通过完成本任务，学会用 folderBrowserDialog 控件和 Button 控件实现打开文件夹的功能，并掌握在 ListBox 控件中添加项的方法。在 button1_Click 事件中还用到了 DirectoryInfo 类与 FileSystemInfo 类，通过在本任务中的应用，基本理解 DirectoryInfo 类与 FileSystemInfo 类的用法。

任务分析

(1) 本任务需要创建一个 Windows 窗体应用程序。

(2) 根据任务内容，在 Windows 窗体设计器中需要 Button 控件和 ListBox 控件各一个，还需要用到 folderBrowserDialog 控件。

(3) 通过对 Button 控件添加单击事件，实现打开文件夹的功能，ListBox 控件用来显示文件夹中 jpg/bmp 格式的图片列表。

实施步骤

01 新建一个 Windows 窗体应用程序项目，命名为 Ex07。

02 在 Windows 窗体设计器上添加一个 Button 控件和一个 ListBox 控件，最后添加一个 folderBrowserDialog 控件到 Windows 窗体设计器上，该控件会显示到窗体下的工作区中，如图 7-2 所示。

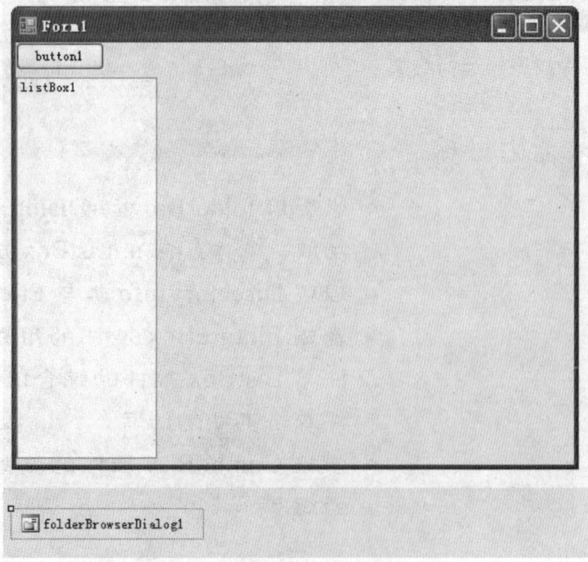

图 7-2 显示列表功能界面设计

03 设置 button1 的 Text 属性为“打开文件夹”，folderBrowserDialog1 的 Name 属性为 dlgfolderBrowser，窗体的 Text 属性为“图片浏览器”，设置后结果如图 7-3 所示。

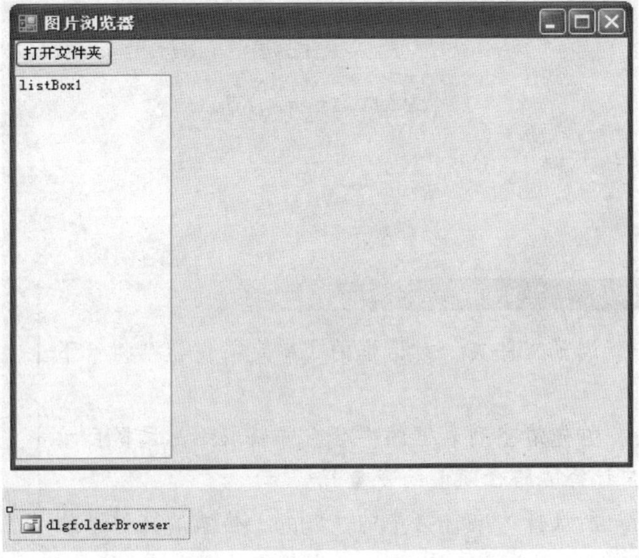

图 7-3　设置控件属性结果

04 双击“打开文件夹”按钮，进入 button1_Click 事件，添加如下代码。

```
using System;
using System.Collections.Generic;
using System.ComponentModel;
using System.Data;
using System.Drawing;
using System.Linq;
using System.Text;
using System.Windows.Forms;
using System.IO;

namespace Ex07
{
    public partial class Form1 : Form
    {
        private DirectoryInfo dir;          //定义私有变量dir
        public string lj;                   //定义公有变量lj
        public Form1()
        {
            InitializeComponent();
        }
        private void button1_Click(object sender, EventArgs e)
        {                                                            ①
            //若单击对话框的“确定”按钮
            if (dlgfolderBrowser.ShowDialog() = = DialogResult.OK)
            {
                this.listBox1.Items.Clear();//清空列表框的内容
                //获取用户选择目录的信息
                dir = new DirectoryInfo(dlgfolderBrowser.SelectedPath);
                                                                   ②
                //把用户选择的路径赋值给变量lj
                lj = dlgfolderBrowser.SelectedPath.ToString() + "\\";
                //将用户选择的文件夹中的“*.jpg”格式的文件添加到列表框中
```

```
foreach (FileInfo f in dir.GetFiles("*.jpg"))   ③
{
    this.listBox1.Items.Add(f);
}
//将用户选择的文件夹中的"*. bmp"格式的文件添加到列表框中
foreach (FileInfo f in dir.GetFiles("*.bmp"))   ④
{
    listBox1.Items.Add(f);
}
            }
        }
    }
}
```

代码解释

① 若用户单击"浏览文件夹"对话框的"确定"按钮则执行下面语句。

② 此三个语句，首先清空列表框的内容，并获取用户选择目录的信息，然后将用户选择的路径赋值给变量 lj.

③ 此语句将用户所选择的文件夹中的"*.jpg"格式的文件添加到列表框中。

④ 此语句将用户所选择的文件夹中的"*. bmp"格式的文件添加到列表框中。

小贴士

foreach 语句为数组或对象集合中的每个元素重复一个嵌入语句组。foreach 语句用于循环访问集合以获取所需信息，但不应用于更改集合内容以避免产生不可预知的副作用。可以在 foreach 块的任何点使用 break 关键字跳出循环，或使用 continue 关键字直接进入循环的下一轮迭代。foreach 循环还可以通过 goto、return 或 throw 语句退出。

05 按 F5 键运行程序，单击"打开文件夹"按钮，在弹出的"浏览文件夹"对话框中选择文件夹，如图 7-4 所示。单击"确定"按钮后在图片列表显示该文件夹中的图片，如图 7-5 所示。

06 保存项目。

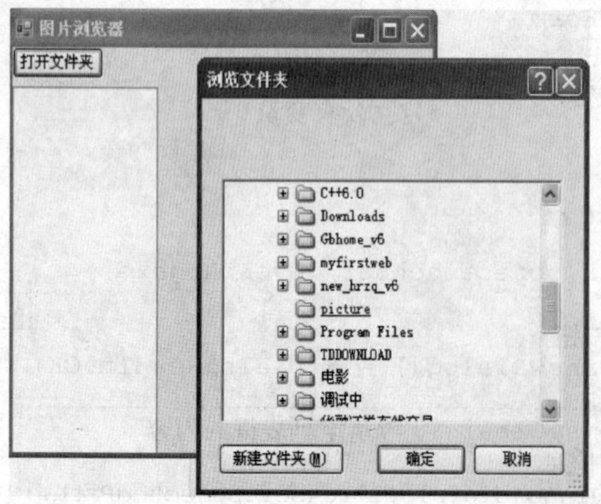

图 7-4 "浏览文件夹"对话框

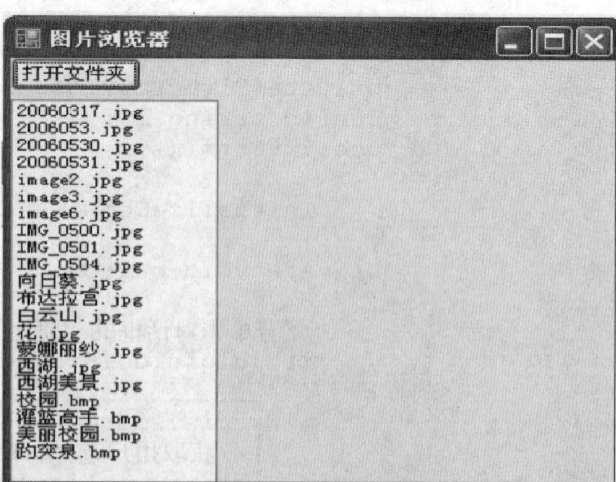

图 7-5 显示图片列表

相关知识

1．FolderBrowserDialog 控件的概念

FolderBrowserDialog 控件用于选择文件夹。它显示“浏览文件夹”对话框，待用户选择文件夹，单击“确定”按钮后，返回文件夹的完整路径。“浏览文件夹”对话框如图 7-6 所示。

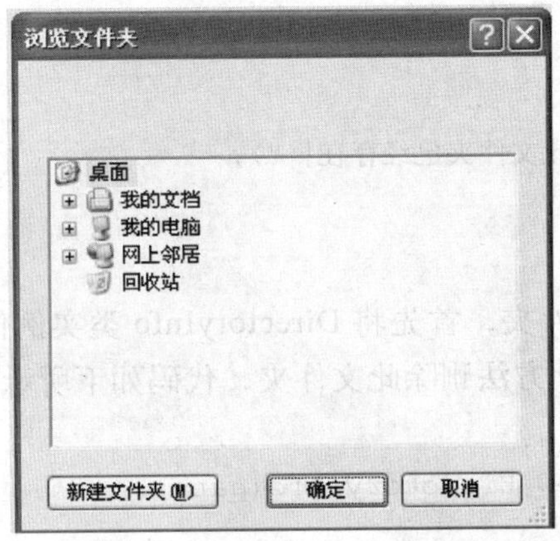

图 7-6 “浏览文件夹”对话框

> **小贴士**
> 单击对话框中的“新建文件夹”按钮可以创建新文件夹。

2．FolderBrowserDialog 控件的基本属性

（1）Description：在对话框中提供描述性的消息，允许为用户提供描述或说明。

（2）RootFolder：指示对话框开始浏览的根文件夹，指定 Browse For Folder 对话框的启动文件夹。

（3）SelectedPath：指示用户所选的文件夹。

（4）ShowNewFolderButton：指示“新建文件夹”按钮是否显示在对话框中，该属性的默认值为 True，表示应该显示“新建文件夹”按钮。如不想显示该按钮，则需要将该属性的值设置为 False。

> **小贴士**
> FolderBrowserDialog 控件是很有用的对话框控件，可以根据需要设置控件的属性来定制要显示的对话框。

3．FolderBrowserDialog 控件的方法

ShowDialog：显示“浏览文件夹”对话框。

```
FolderBrowserDialog1.ShowDialog();    //显示Browse For Folder对话框
```

4．DirectoryInfo 类

DirectoryInfo 类所提供的基本属性如下。

（1）CreationTime：设置当前 FileSystemInfo 对象的创建时间。

（2）Exists：返回一个值，指示某个目录是否存在。

（3）Extension：返回一个字符串，表示文件名的扩展名内容。

（4）FullName：返回文件或目录的完整路径。

（5）Parent：获取指定目录的父目录。

DirectoryInfo 类所提供的方法如下。

（1）Create（）：创建目录。

例如，在 D 盘下创建名为 AA 的文件夹，首先要将 DirectoryInfo 类实例化，然后判断是否存在同名的文件夹，如果不存在，则使用 Create 方法创建目录，代码如下所示。

```
string path = "D:\\AA";
DirectoryInfo di = new DirectoryInfo(path);
if (!di.Exists) {
    di.Create();
}
else
{
    Response.Write("此文件夹已经存在！");
}
```

（2）Delete( )：删除给定目录。

例如，删除 D 盘下名为 AA 的文件夹，首先将 DirectoryInfo 类实例化，然后判断是否存在此文件夹，如果存在则使用 Delete 方法删除此文件夹，代码如下所示。

```
string path = "D:\\AA";
DirectoryInfo di = new DirectoryInfo(path);
if (di.Exists)
  {
    di. Delete();
  }
else{  Response.Write("不存在此文件夹！");   }
```

（3）Equals( )：比较目录对象。

（4）GetDirectories( )：返回当前目录的子目录。

（5）GetFiles( )：返回当前目录中的文件。这是一个重载方法，这样更便于搜索在本任务的 button1_Click 事件中用到了 GetFiles( ) 方法，语句③中 dir.GetFiles(“*.jpg”) 用来获取用户打开文件夹中的 jpg 格式的图片。

（6）GetFileSystemInfos( )：返回文件和子目录的强类型 FileSystemInfo。

```
public FileSystemInfo[] GetFileSystemInfos ()
```

返回值：强类型 FileSystemInfo 项的数组。

（7）MoveTo( )：将 DirectoryInfo 对象的内容移到一个指定路径。

```
public void MoveTo (string destDirName)
```

destDirName 是要将此目录移动到的目标位置的名称和路径，目标不能是另一个具有相同名称的磁盘或目录。

5．FileInfo 类

1）FileInfo 类的基本属性

（1）Attributes：获得指定文件的属性。

（2）CreationTime：获得或设置文件的创建时间。

（3）Directory：获得父目录的一个实例。

（4）DirectoryName：返回作为一个字符串的完整路径名。

属性值：表示目录的完整路径的字符串。

例如，获取 F:\test\0000\ 目录下 AA.txt 文件的完整路径，首先将 FileInfo 实例化，然后通过 DirectoryName 属性得到此文件的完整路径，代码如下所示。

```
string Paths = @"F:\test\0000\AA.txt";
FileInfo fi = new FileInfo(Paths);// 将FileInfo实例化
string name=fi.DirectoryName;//通过DirectoryName属性获取文件的完整路径
Label1.Text ="文件的路径："+name;
```

（5）Exists：判断一个文件是否存在。

（6）Extension：返回文件扩展名的字符串表示。

例如，获取 F:\test\0000\ 目录下 AA.txt 文件的扩展名，首先将 FileInfo 实例化，然后通过 Extension 属性得到此文件的扩展名，代码如下所示。

```
string Paths = @"F:\test\0000\AA.txt";
FileInfo fi = new FileInfo(Paths);// 将FileInfo实例化
string name = fi.Extension;//通过Extension属性获取文件的扩展名
Label1.Text = "文件的扩展名："+name;
```

（7）FullName：返回文件或目录的完整路径。

（8）Length：返回文件中的字节数。

例如，获取 F:\test\0000\ 目录下 AA.txt 文件的大小，首先将 FileInfo 实例化，然后通过 Length 属性得到此文件的大小，代码如下所示。

```
string Paths = @"F:\test\0000\AA.txt";
FileInfo fi = new FileInfo(Paths);// 将FileInfo实例化
string name = fi.Length.ToString();//通过Length 属性得到此文件的大小
Label1.Text = "文件大小："+name;
```

（9）Name：返回当前文件的名。

2）FileInfo 类的基本方法

（1）AppendText：用 StreamWriter 附加当前 FileInfo 对象的文本。

（2）CopyTo：将现有文件复制到一个新文件中。

（3）Create：创建新文件。

（4）CreateTex：创建用来写新文本文件的 StreamWriter 对象。

（5）Delete：删除文件。

（6）Equals：确定两个 FileInfo 对象是否相等。

（7）MoveTo：将文件移到一个新位置，用一个选项来重命名它。

（8）Open：用各种各样的读 / 写权限打开文件。

（9）Replace：用当前 FileInfo 文件的内容替换指定文件。

拓展训练

1．创建并复制文本文件：请在 C 盘中创建文本文件 C:\ Windows\mytext.txt，并将其复制到 C:\1.txt 文件，窗体界面如图 7-7 所示，要求当单击“创建文本文件”按钮时实现文本的创建，当单击“复制文本文件”按钮时实现复制。

2．在扩展训练 1 的基础上添加一个按钮，要求在单击该按钮时，实现删除复制的文件 C:\1.txt，如图 7-8 所示。

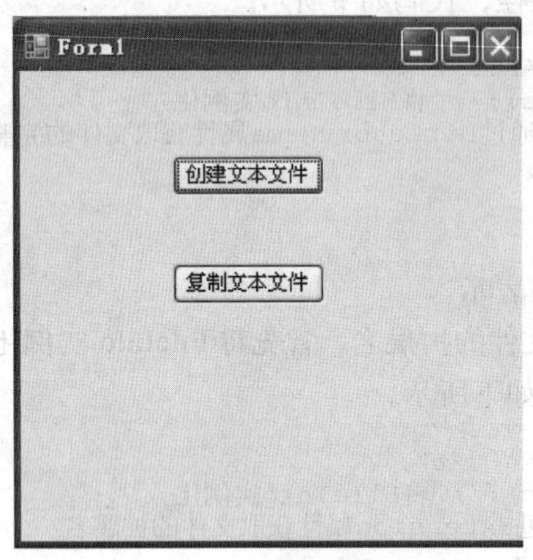

图 7-7 创建与复制文件

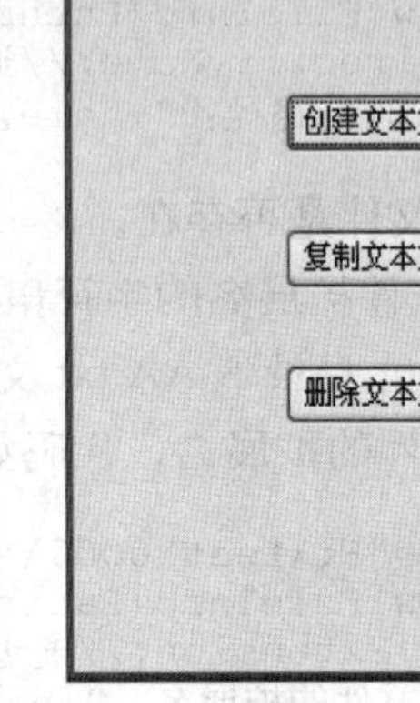

图 7-8 删除文件夹

任务二 显示图片

任务目标 本任务实现双击列表框中的图片，在图像控件中显示对应图片的功能。

通过完成本任务，学会使用 PictureBox 控件显示图片，并且对 ListBox 控件的双击事件也将有较深的认识。

任务分析 本任务需要添加一个 PictureBox 控件用来显示图片。在任务一中已经添加了 listBox1 控件，并完成了显示图片列表的功能，在此任务中将会给 listBox1 控件增加一个双击事件，实现当双击 listBox1 列表中的图片时，在 PictureBox 控件中显示对应的图片。

实施步骤

01 打开项目 Ex07。

02 双击资源管理器中的 Form1.cs，进入 Windows 窗体设计窗口，从工具箱的公共控件中选择 PictureBox 控件，在 Form1 添加一个 PictureBox 控件，如图 7-9 所示。

03 如图 7-10 所示，调整 PictureBox 控件的大小。设置 PictureBox1 控件的 BorderStyle 的值为 FixedSingle，Anchor 值为 Top, Bottom, Left, Right，结果如图 7-10 所示。

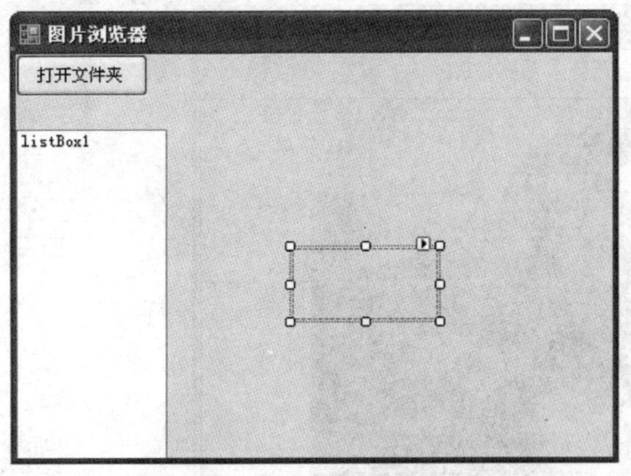

图 7-9　添加 PictureBox 控件

图 7-10　设置 PictureBox 控件结果

04 选中 listBox1 控件，在属性窗口单击按钮，打开 listBox1 控件的事件窗口，找到 DoubleClick 事件，如图 7-11 所示。

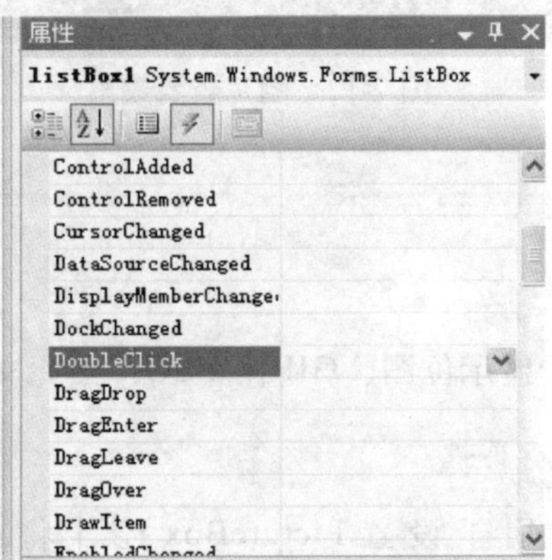

图 7-11　DoubleClick 事件

双击 listBox1_DoubleClick 事件进入代码窗口模式，加入如下代码。

```
private void listBox1_DoubleClick(object sender, EventArgs e)
{
    if (listBox1.SelectedItem.ToString() != "")
        this.pictureBox1.Image = Image.FromFile(lj+listBox1.SelectedItem);
}
```

①

代码解释

当双击列表框中的文件名时，对应的图片显示到图片框中。

05 运行程序，打开文件夹后，双击 listBox1 里的任意文件名称，对应的图片便显示在 pictureBox1 里，如图 7-12 所示。

06 保存项目。

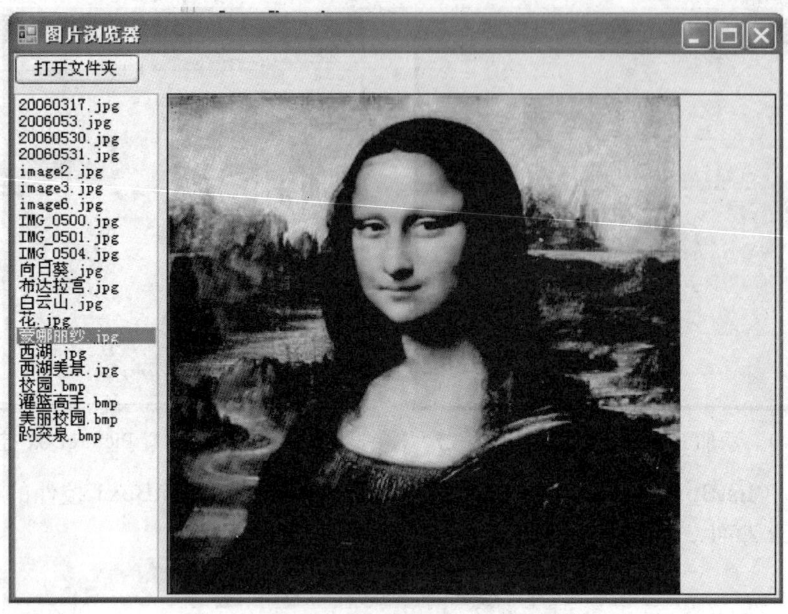

图 7-12　图片查看效果

相关知识

1．PictureBox 控件概述

PictureBox 控件主要用于显示位图、GIF、JPEG、图元文件以及图标格式的图形。

2．PictureBox 控件的基本属性

（1）SizeMode：此属性用于设置 PictureBox 控件将如何处理图像位置和大小。SizeMode 的属性值及说明如表 7-1 所示。

表 7-1　SizeMode 的属性值及说明

属 性 值	说　明
AutoSize	调整PictureBox大小，使其等于所包含的图像大小，则图像将居中显示。如果图像比PictureBox大，则图片将居于PictureBox中心，而外边缘将被剪裁
CentreImage	如果PictureBox比图像大，则图像将居中显示
Normal	图像放置于PictureBox的左上角，如果图像比包含它的PictureBox大，则该图像将被剪裁掉
StretchImage	PictureBox的图像被拉伸或收缩，以适合PictureBox的大小
Zoom	图像大小按原有的大小比例被增加或减小

（2）ClientSize: 改变控件显示区域大小。

（3）Image: 此属性用于指定图片框中的图片。

例如：要把 JPEG 文件加载到 PictureBox 中，代码如下。

```
Bitmap myJpeg = new Bitmap(" mypic.jpg");  //创建一个基于Iamge的对象
pictureBox1.Image = (Image) myJpeg;         //将myJpeg图片赋值于图片框
                                              pictureBox1
```

3. PictureBox 控件的基本方法

CancelAsync：该方法主要用于取消异步图像加载。

4. PictureBox 控件的基本事件

(1) SizeModeChanged: 当 SizeMode 属性修改时，会发生此事件。

(2) TextChanged: 当 Text 属性被修改时发生的事件。

(3) Click：当单击图片时发生的事件。

> **小贴士**
>
> 注意需要转换回 Image 类型，因为这是 Image 属性所要求的。

拓展训练

设计一个 Windows 应用程序，在窗体中添加一个 PictureBox 控件和两个 Button 按钮。要求单击“显示图片”按钮时在 PictureBox 控件显示本地电脑上的一张图片，单击“隐藏图片”按钮时，隐藏该图片，如图 7-13 所示。

图 7-13　显示 / 隐藏图片运行结果

任务三 设置显示图片样式

任务目标

在浏览图片的过程中，有时需要将图片显示比例放大或缩小，或者将图片居中显示或拉伸显示。本任务将为“图片浏览器”增加该功能，用户能够根据自己的需要选择合适的显示方式。

通过完成本任务，学会 ComboBox 控件的基本属性及用法，并学会如何对 ComboBox 控件增加事件处理程序，体会其中程序编写的思路。

任务分析

(1) 本任务需要在窗体设计器中增加两个 GroupBox 控件，每个 GroupBox 控件各放置一个 Label 控件和一个 ComboBox 控件。

(2) Label控件用来标注ComboBox控件中显示的内容，使界面清楚，方便用户使用。GroupBox控件用来组合Label控件和ComboBox控件，使之成为整体。

(3) 在此任务中需要为两个ComboBox控件分别编写事件处理程序，比如：当在“显示比例”对应的下拉组合框中选择“200%”时，图片就以200%的比例显示，而当选择“50%”时图片就变成以50%的比例显示。

实施步骤

01 打开项目Ex07。

02 双击资源管理器中的Form1.cs打开Windows窗体设计器，从工具箱中选择两个GroupBox控件，放置于窗体的上面与“打开文件夹”按钮对齐，并在groupBox1和groupBox2中各放置一个Label控件，然后从工具箱中选择 ComboBox，在两个GroupBox控件中各放置一个，如图7-14所示。

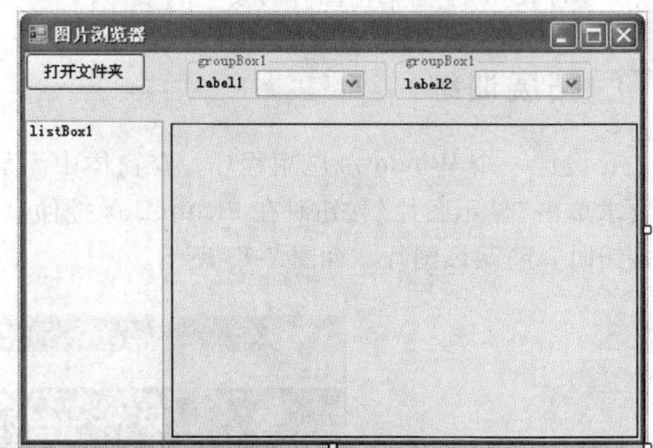

图7-14 窗体布局

03 对控件属性进行设置。label1控件的Text属性设置为“显示比例”，label2控件的Text属性设置为“显示样式”。在ComboBox1控件的Items属性添加选项，单击属性后面的 按钮，在弹出的“字符串集合编辑器”窗口中输入“200%”、“150%”、“100%”、“50%”、“20%”，如图7-15所示。

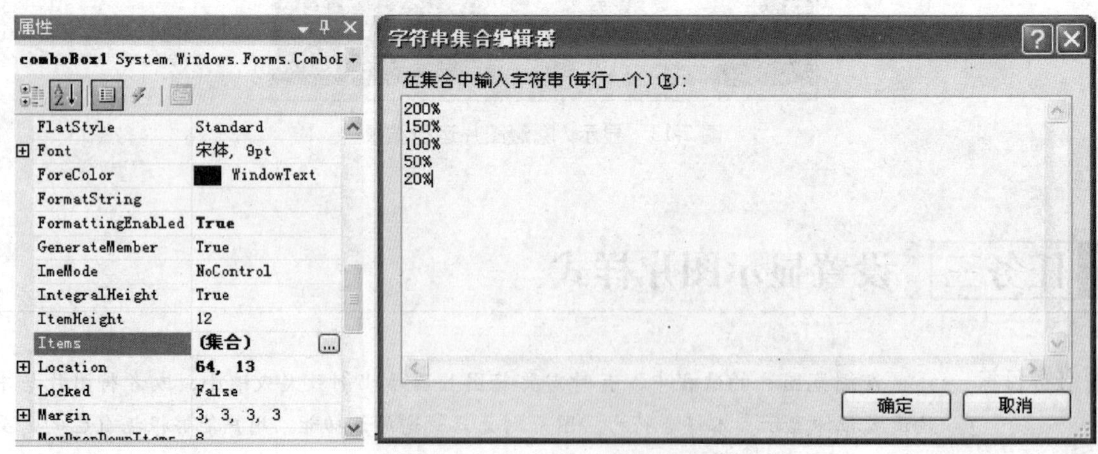

图7-15 添加下拉组合框选项

设置属性后，界面效果如图7-16所示。

04 用同样的方法，对ComboBox2控件的Items值加入“正常显示”、“居中显示”、“伸缩显示”。

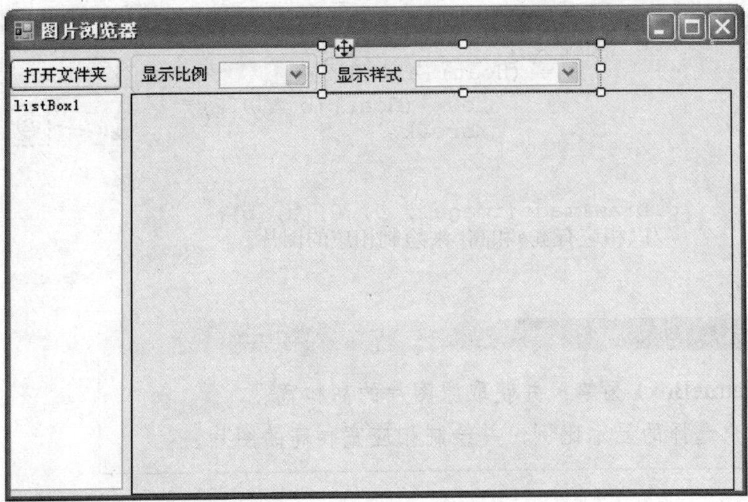

图7-16 设置属性后界面效果

05 双击comboBox1控件，进入comboBox1_SelectedIndexChanged事件，输入以下代码。

```
private void comboBox1_SelectedIndexChanged(object sender, EventArgs e)
{
    if (this.comboBox1.SelectedIndex!=-1) this.pictureBox1.Image = null;
    //获取pictrueBox1画笔
    Graphics g = this.pictureBox1.CreateGraphics();
    //刷新图片显示控件
    this.pictureBox1.Refresh();                                    ①
    //获取原图片的宽和高
    Image image1 = Image.FromFile(lj + listBox1.SelectedItem);
    float a = Convert.ToSingle(image1.Width);
    float b = Convert.ToSingle(image1.Height);
    //匹配用户选择的显示比例，并绘制相应宽和高的图片

    switch (comboBox1.Text.ToString()) {
        case "50%": {
                        a = (float)(a * 0.5);
                        b = (float)(b * 0.5);
                        break;
                    }
        case "100%": {
                        a = (float)(a * 1);
                        b = (float)(b * 1);                    ②
                        break;
                    }
        case "200%": {
                        a = (float)(a * 2);
                        b = (float)(b * 2);
                        break;
                    }
        case "150%": {
                        a = (float)(a * 1.5);
                        b = (float)(b * 1.5);
                        break;
                    }
```

```
            case "20%": {
                    a = (float)(a * 0.2);
                        b = (float)(b * 0.2);
                        break;                      ◄-----②
                    }
            }
            g.DrawImage(image1, 0, 0, a, b);
            //以相应有宽a和高b来绘制相应的图片。
    }
```

代码解释

① 获取 pictrueBox1 画笔，并获取原图片的高和宽。

② 匹配用户选择的显示比例，并绘制相应宽和高的图片。

06 双击 comboBox2，进入 comboBox2_SelectedIndexChanged 事件处理程序，添加如下参考代码。

```
private void comboBox2_SelectedIndexChanged(object sender, EventArgs e)
{
    //若组合框中选中某项，图片框中显示原图片         ◄-----①
    if (comboBox2.SelectedIndex != -1)
      this.pictureBox1.Image=Image.FromFile(lj+listBox1.SelectedItem);
      //选择下拉列表框中相应的选项，图片就以相应格式显示在图片框中
      switch (comboBox2.Text.ToString())         ◄-----②
      {
          case "正常显示":
          this.pictureBox1.SizeMode=PictureBoxSizeMode.Normal; break;
          case "居中显示":
          this.pictureBox1.SizeMode=PictureBoxSizeMode.CenterImage; break;
          case "伸缩显示":
          this.pictureBox1.SizeMode=PictureBoxSizeMode.StretchImage; break;
            }
      }
```

代码解释

① 若组合框中选中某项，图片框中显示原图片。

② 对用户所选择的下拉列表框的选项值进行匹配，并将图片相应格式显示在图片框中。

07 运行程序，打开文件夹，双击图片列表中的一张图片，此时可看到在窗体上面有“显示比例”和“显示样式”两个下拉列表框。当在“显示比例”下拉列表框中选择“200%”时，图片显示如图 7-17（a）所示；当选择“50%”时，图片显示如图 7-17（b）所示；当在“显示样式”下拉列表框中选择“居中显示”时，图片显示如图 7-17(c) 所示；当选择“伸缩显示”时，图片显示如图 7-17(d) 所示。

08 保存项目。

(a) 显示比例 200%

(b) 显示比例 50%

(c) 居中显示图片

(d) 伸缩显示图片

图 7-17　图片的显示

相关知识

1．ComboBox 控件的基本概念

ComboBox(下拉列表框)控件主要用于在下拉列表框中显示数据，它结合了 TextBox 控件和 ListBox 控件的功能，能够在组合框中输入文本项，也可以从下拉列表框中选择项。

2．ComboBox 控件的基本属性

(1) DropDownStyle：此属性表示 ComboBox 控件的样式，其样式值及说明如表 7-2 所示。

表 7-2　DropDownStyle 属性值及说明

属 性 值	说　　明
DropDown	表示文本部分可编辑，用户必须单击箭头按钮来显示列表部分，此值为默认样式
DropDownList	用户不能直接编辑文本部分，用户必须单击箭头按钮来显示列表部分
Simple	文本部分可编辑，而且列表部分可见

(2) Focused：此属性表示下拉列表框是否获得焦点。

(3) MaxDropdownItems：此属性表示下拉列表框中项的最多数。

3．ComboBox 控件的基本方法

(1) Select：该方法从 ComboBox 中选取指定的项。

(2) SelectALL：该方法用来选择 ComboBox 控件的可编辑部分的所有文本。

```
this.comText.SelectAll( );
```

4．ComboBox 控件的基本事件

SelectedIndexChanged: 该事件主要在选项更改后发生，例如本任务的步骤 05 和步骤 06。

拓展训练

1．设计一个 Windows 应用程序，添加两个 ComboBox 控件和一个 Label 控件，要求在第一个 ComboBox 中选择 0 ~ 9 的数字。假如选择数字 5，当选择完成后在第二个下拉列表框中显示“你选择的数字是：5”，运行结果如图 7-18 所示。

2．设计一个 Windows 应用程序，窗体界面如图 7-19 所示，要求当选择姓名和生日后单击“确认”按钮时显示所选择的姓名和生日。例如：选择姓名“高老四”和生日“1961.5.16”，单击“确认”按钮时，显示信息“You are: 高老四 Your birthday is: 1961/5/16”。

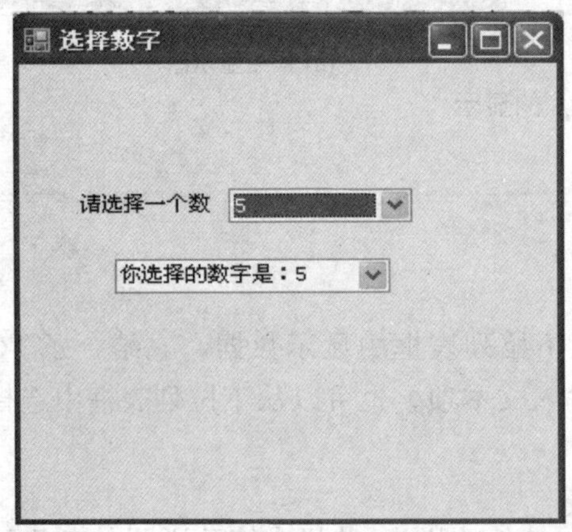

图 7-18　扩展训练 1 程序运行结果

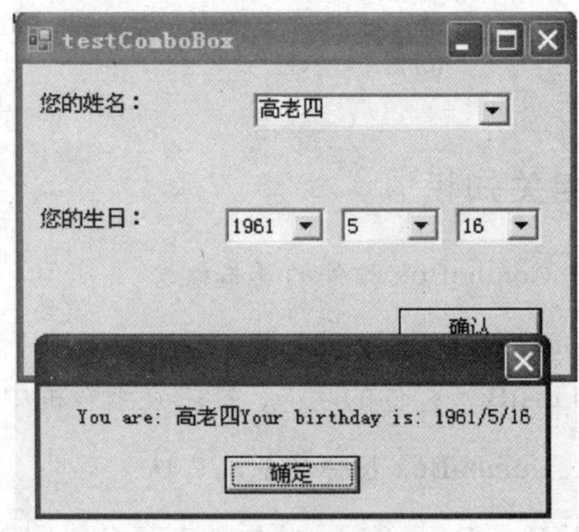

图 7-19　扩展训练 2 程序运行结果

任务四 图片自动播放

任务目标　本任务为图片浏览器增加自动播放功能，用户只需单击“自动播放”按钮，浏览器就会按照列表的顺序循环播放图片，单击“停止”按钮便可停止播放。

通过完成本任务，学会使用 Timer 控件实现自动化处理的方法。

任务分析　(1) 本任务为图片浏览器制作自动播放功能，需要一个 Timer 控件和一个 Button 控件。

(2) 在 Timer 控件的 timer1_Tick 事件中实现从一张图片到下一张图片的变换，在 Button 控件的单击事件中通过设置 Timer 控件的 Enabled 属性来实现图片的自动播放与停止播放。

实施步骤

01 打开项目 Ex07，进入 Windows 窗体设计器。

02 添加 1 个 Timer 控件和 1 个 Button 控件，将 Button 控件放置于窗口右上角，如图 7-20 所示。

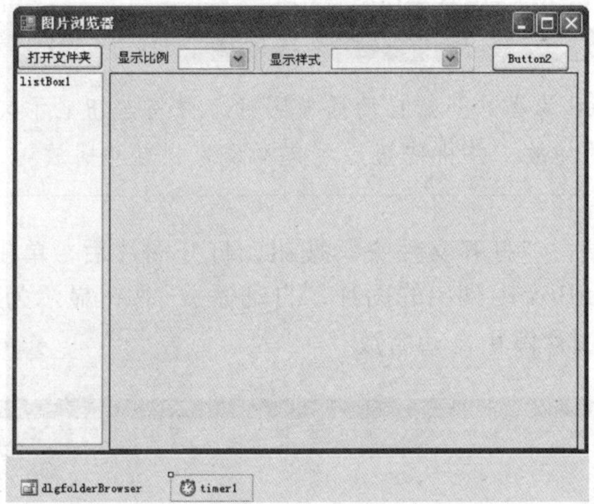

图 7-20　添加 Timer 与 Button 控件

03 设置 Timer 控件 Interval 属性值为 1000，Button 控件的 Text 设置为“自动播放”。

04 双击 timer1 控件进入 timer1_Tick 事件，添加如下代码。

```
private void timer1_Tick(object sender, EventArgs e)
{
    //播放图片列表中的第i+1张
    this.pictureBox1.Image=Image.FromFile(lj+listBox1.Items[i].ToString());   ①
    i++;                                                                      ②
    //若播放到列表框中最后一张，再从列表中的第一张图片开始播放
    if (i == listBox1.Items.Count)                                            ③
      i=0;
}
```

代码解释

① 本语句播放列表中的第 i+1 张图片。

② 下标 i 增加 1 。

③ 若播放到列表中最后一张图片，再从列表中的第一张图片开始播放，实现循环播放功能。

05 双击“自动播放”按钮进入 button2_Click 事件处理程序，添加如下代码。

```
private void button2_Click(object sender, EventArgs e)
{
    i = 0;
    timer1.Enabled = !timer1.Enabled;
    // 若timer1.Enabled为真，开始自动播放图片，并且按钮显示文本变为“停止”
    if (timer1.Enabled == true)
    {
        timer1.Start();                              ①
        this.button2.Text = "停止";
    }
    //否则停止图片的播放，并且按钮显示文本变为“自动播放”
    else {
       timer1.Stop();                                ②
       this.button2.Text = "自动播放";
    }
}
```

代码解释

① 若 timer1.Enabled 为真，开始自动播放图片，并将按钮显示文本改为“停止”。

② 否则停止图片的播放，并将按钮显示文本改为“自动播放”。

06 运行程序，单击“打开文件夹”按钮，打开图片后，单击“自动播放”按钮，在 PictureBox 自动播放 ListBox 中列出的图片，“自动播放”按钮显示为“停止”，如图 7-21 所示。当单击“停止”按钮，图片停止自动播放。

图 7-21　自动播放图片运行结果

相关知识

本任务主要用到了 Timer 控件，关于 Timer 控件的介绍请参考项目五。

拓展训练

设计一个 Windows 应用程序，要求当单击图片时，在窗体下方显示当前时间，运行结果如图 7-22 所示。

图 7-22　扩展训练程序运行结果

项 目 小 结

本项目制作了一个简单的图片浏览器，能实现基本的图片浏览功能，用户可以用这个浏览器打开本地电脑上任意文件夹的 jpg/bmp 格式图片，并且可以对图片的显示比例和显示格式进行相应设置，也可以实现自动播放。

整个项目分为四个任务来完成，在任务一中主要用到了 folderBrowserDialog 控件和 ListBox 控件。folderBrowserDialog 控件用来显示“浏览文件夹”对话框，ListBox 控件来显示图片列表。

任务二中用 PictureBox 控件显示图片，对 ListBox 控件添加双击事件 listBox1_DoubleClick，当双击列表框中图片名称时，对应的图片在 PictureBox 控件中显示。

任务三用 ComboBox2 控件实现图片显示格式和显示样式的设置。

任务四使用 Timer 控件实现自动播放功能。

在每个任务的相关知识中，对控件的属性和事件进行了详细的介绍，通过在项目中的具体应用，读者应该能掌握各个控件的属性及用法。

项 目 实 训

【实训名称】 购物篮

【实训说明】

本项目制作一个简单的购物篮，用户在文本框中输入要购买的物品名称，单击“放入篮中”按钮，物品名称显示到购物篮列表框中，若要删除购物篮中的某种物品，选中后单击“删除”按钮即可，单击“清空购物篮”清除所有物品，如图 7-23 所示。

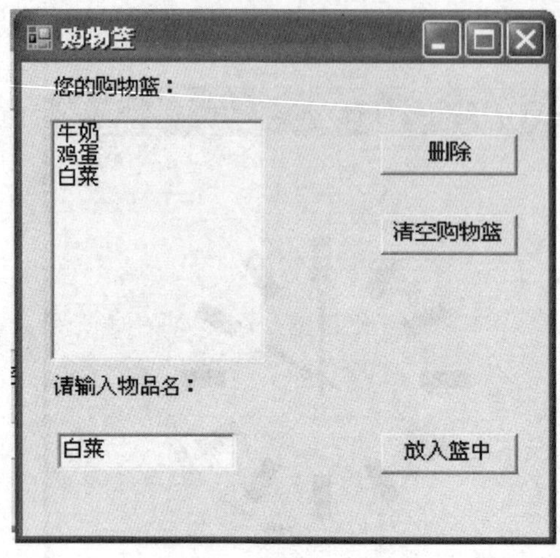

图 7-23 购物篮

【实训要求】

(1) 用户在文本框中输入要购买的物品，单击“放入篮中”按钮可以添加到购物篮中。

(2) 若在删除物品时没有选择物品名，则无法删除，并弹出提示信息“请选择要删除的物品！”。

(3) 若没有输入物品名，则单击“放入篮中”时，弹出提示信息“请输入物品名”。

【实训提示】

(1) 用户界面用三个 Button 控件分别实现“放入篮中”、“删除”、“清空购物篮”三个功能。

(2) 用户界面需要有一个 TextBox 控件用来输入要购买的物品，并且有一个 ListBox 控件用来显示购物篮中的物品。

(3) 对于“放入篮中”按钮和“删除”按钮的事件程序，用 if…else 语句完成。

【实训名称】图片显示器

【实训说明】

本项目制作一个显示图片的软件，如图 7-24 所示。用户单击“显示图片”按钮时，在图片框显示本地电脑上指定的某张图片。图片的显示样式有三种选择：正常显示、居中显示和伸缩显示。“隐藏图片”按钮可以隐藏图片，“关闭”按钮即可退出程序。

【实训要求】

(1) 界面布置如图 7-24 所示：“显示图片”、“关闭”按钮及“显示样式”下拉列表框布置在图片框下面，并且图片框的背景色设为 ControlDark。

(2) 要求图片框中图片的默认显示样式为“居中显示”。

(3) 要求单击“显示图片”按钮时，只能显示本地电脑上保存的某一张图片(可自己选择)。单击“隐藏图片”按钮能将图片隐藏，再单击“显示图片”按钮可重新显示图片。

【实训提示】

(1) “隐藏图片”按钮可以利用 PictureBox 控件的 Hide() 方法来实现。

(2) 项目中用到控件的 Anchor 属性，需根据本项目的情况设置适当的值。

图 7-24　图片显示器

读书笔记

项目八　多功能记事本

项目说明

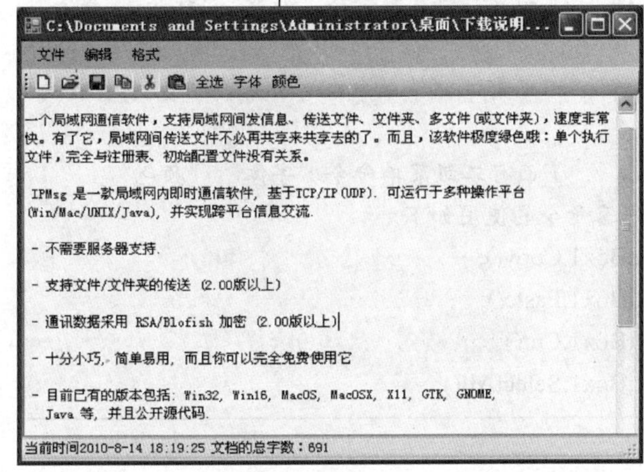

图 8-1　多功能记事本

日常生活中，我们经常用计算机处理各式各样的文本文档，例如用 Windows 的记事本进行简单文档的处理，用 Word 进行文字排版，但功能要么太简单，要么太复杂。本任务将用 C# 设计出属于自己的多功能记事本程序，该程序比 Windows 自带记事本功能要强大很多，它不但可以让我们完成文档的编辑，还具备完善的字体格式与颜色设置，实现了文件的新建、打开与保存，并能对文档的内容进行统计，记事本运行结果如图 8-1 所示。

能力目标

- 学会 MenuStrip 菜单栏的设计与使用以及多功能文本框的使用。
- 学会使用 openFileDialog 与 saveFileDialog 控件打开与保存文件。
- 学会使用多功能文本框的方法，用来读取与保存文本文件内容。
- 学会 FontDialog 控件与 ColorDialog 控件设置，并可以控制文本的字体与颜色。
- 学会 ToolStrip 工具栏设计，添加各类功能按钮和实现操作。
- 学会 StatusStrip 状态栏的设置，在上面显示程序的状态。

任务一　设计具有初步功能的记事本

任务目标

在进行多功能记事本的设计前，我们要学习一些相关控件知识，如 RichTextBox 控件、MenuStrip 菜单控件。

通过完成本任务，学会在程序上添加各种菜单命令，设计出具有初步功能的记事本，在记事本中完成文档的编辑，对内容进行剪切、复制、粘贴和全选。

任务分析

(1) 本任务阶段主要用 MenuStrip 控件和 RichTextBox 控件完成记事本初级功能：文档的编辑、全选、复制、粘贴、剪切等。

(2) MenuStrip 控件主要用到的菜单如下。

① 第一个一级菜单命令“文件”，下面有二级菜单命令“新建”、“打开”、“保存”、“关闭”。

② 第二个一级菜单命令“编辑”，下面有二级菜单命令“剪切”、“复制”“全选”和“粘贴”。

③ 第三个一级菜单命令“格式”，下面有二级菜单命令“字体”、“颜色”。

(3) 文本控件 RichTextBox 内容命令的使用如下：

① 文本复制命令 this.richTextBox1.Copy();

② 文本粘贴命令 this.richTextBox1.Paste();

③ 文本剪切命令 this.richTextBox1.Cut();

④ 文本全选命令 this.richTextBox1.SelectAll();

实施步骤

01 启动 Microsoft Visual C# 2008 Express 速成版，新建一个项目，项目名称为 Ex08。

02 将工具箱中 RichTextBox 控件加入窗体下面，然后再把工具箱中的 MenuStrip 控件拖放在窗体标题的下面，如图 8-2 所示。

03 按表 8-1 对窗体控件进行属性设置。

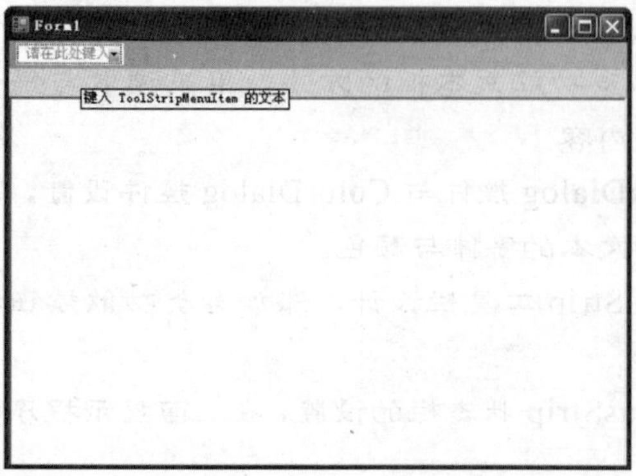

图 8-2　添加 RichTextBox 与 MenuStrip 控件

表 8-1　窗体控件的属性设置

控　件	属　性	值	说　明
From1	Size	Width：540 Height：400	窗体大小
	Text	我的文档1	标题
RichTextBox1	Size	Width：540 Height：330	文本框大小
	Location	0,50	位置
MenuStrip1	Location	0,0	
	Items	（参照下面的方法）	菜单命令的输入

04 如图 8-3 所示，添加 MenuStrip 控件的菜单命令。

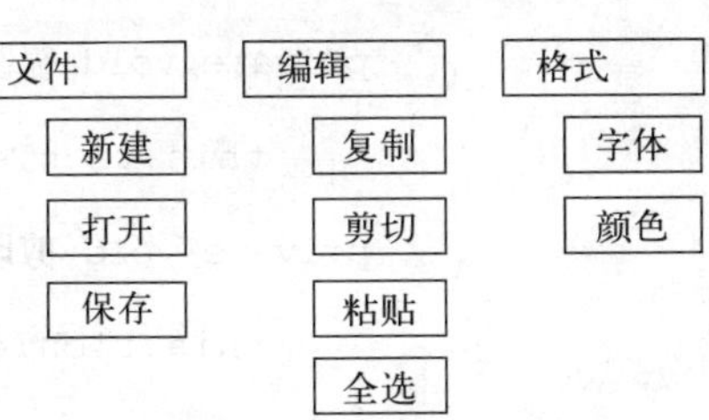

图 8-3　MenuStrip 控件的菜单命令

选中 MenuStrip 控件后出现添加命令的提示，添加各级菜单的操作方法如图 8-4 所示。

添加菜单后，MenuStrip 控件如图 8-5 所示。

图 8-4　添加菜单的方法

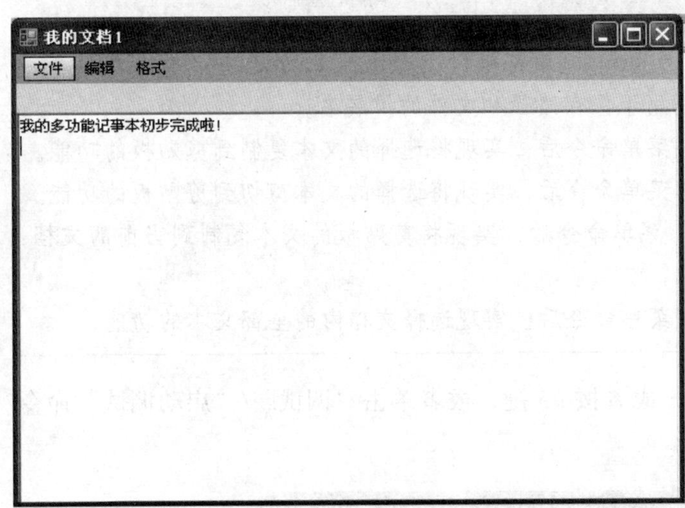

图 8-5　添加菜单效果

小贴士

菜单虽然建立好了，但是菜单功能实现还需要编程，其方法是双击相应的菜单，出现单击事件过程，输入相应代码。例如，要实现文本的复制，那么双击“复制”菜单命令后，在过程中输入“this.richTextBox1.Copy();”。

05 打开 Form1.cs 文件，进行代码的编辑，参考代码如下所示。

```
using System;
using System.Collections.Generic;
using System.ComponentModel;
using System.Data;
using System.Drawing;
using System.Linq;
using System.Text;
using System.Windows.Forms;
namespace ex08
public partial class Form1 : Form
{
        string Fname = "";   // 变量Fname用于保存文件名
        string Path = "";    // 变量Path用于保存文件完整物理路径
        string ext;          // 变量Path用于保存文件扩展名
        public Form1()
        {
            InitializeComponent();
        }
```

①

```
        private void 复制ToolStripMenuItem_Click(object sender, EventArgs e)
        {
            this.richTextBox1.Copy(); // 文本的复制      ②
        }
        private void 剪切ToolStripMenuItem_Click(object sender, EventArgs e)
        {
            this.richTextBox1.Cut();  // 文本的剪切      ③
        }
        private void 粘贴ToolStripMenuItem1_Click(object sender, EventArgs e)
        {
            this.richTextBox1.Paste();// 文本的粘贴      ④
        }
        private void 全选ToolStripMenuItem_Click(object sender, EventArgs e)
        {
            this.richTextBox1.SelectAll(); // 文本的全选
        }                                                ⑤
    }
}
```

代码解释

① 本语句声明了一个变量，类型为 string（字符串），变量名为 Fname，用于保存文件名。同时，下面的两个变量 path、ext 分别用于保存路径和文件的扩展名。

② 本语句用于用户单击“复制”菜单命令后，实现将选择的文本复制到剪贴板的功能。

③ 本语句用于用户单击“剪切”菜单命令后，实现将选择的文本剪切到剪贴板的功能。

④ 本语句用于用户单击“粘贴”菜单命令后，实现将剪贴板的文本复制到当前的文档功能。

⑤ 本语句用于用户单击“全选”菜单命令后，实现选择文档内的全部文本的功能。

06 单击标准工具栏的 ▶ 按钮，或者按 F5 键，或者单击“调试”/“启动调试”命令即可运行程序，如图 8-6 所示。

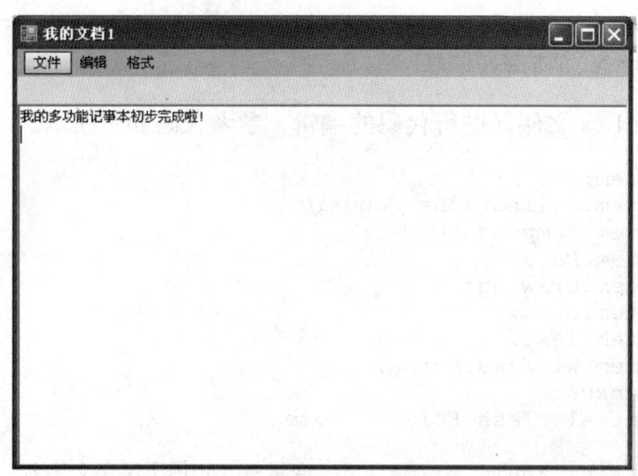

图 8-6 程序运行结果

07 单击标准工具栏的 按钮，或者使用快捷键 Ctrl+Shift+S，或者单击“文件”/“全部保存”命令，对项目进行保存。

相关知识

1．MenuStrip 控件

1）MenuStrip 控件的基本概念

MenuStrip 控件用于创建类似 Microsoft Office 那样的菜单，它支持多文档界面 (MDI) 和菜单合并、工具提示和溢出。可以通过添加访问键、快捷键、选中标记、图像和分隔条，来增强菜单的可用性和可读性。MenuStrip 控件可用来创建支持高级用户界面和布局功能的易自定义的常用菜单，例如文本和图像排序和对齐、拖放操作、MDI、溢出和访问菜单命令的其他模式。

2）MenuStrip 控件的基本属性

（1）ContextMenuStrip 属性：表示快捷菜单，这些快捷菜单当用户在窗体中的控件或特定区域上右击鼠标时显示。

（2）ToolStripMenuItem 属性：描述 ToolStripMenuItem 类的功能，该类表示 MenuStrip 或 ContextMenuStrip 中显示的可选选项。

（3）ToolStripComboBox 属性：显示与一个 ListBox 组合的编辑字段，使用户可以从列表中选择或输入新文本。默认情况下，ToolStripComboBox 显示一个编辑字段，该字段附带一个隐藏的下拉列表框。

（4）ToolStripSeparator 属性：表示直线，用于对 ToolStrip 的项或者 MenuStrip、ContextMenuStrip 或其他 ToolStripDropDown 控件的下拉项进行分组。

（5）MenuItem 常用属性如表 8-2 所示。

表 8-2　MenuItem 常用属性

属　性	说　明
ShortcutKeys	快捷键，用户可以按下它来执行对应的菜单命令
ShowShortcutKeys	决定应用程序运行时是否在菜单上显示快捷键
DiplayStyle	菜单项可以显示图像和文本名称
Checked	菜单项可以具有复选框的行为，在勾选时会显示一个勾号。当为True时，会显示一个勾号
CheckOnClick	为True时，用户单击它，就会自动勾选或撤选菜单项
ToolTipText	指定一条工具提示。用户将鼠标悬停在菜单上方，就会自动浮现这条提示
MdiWindowListItem	获取或设置用于显示多文档界面 (MDI) 子窗体列表的 ToolStripMenuItem

（6）MenuItem 合并菜单选项如表 8-3 所示。

表 8-3　MenuItem 合并菜单选项

属　性	说　明
MergeAction	指定一个菜单项与另一个菜单合并时该如何操作
Append	菜单项放在菜单的最后一个位置上
Insert	插入到满足条件的菜单项前面，该条件可以是菜单项上的文本或菜单项的索引
MatchOnly	需要匹配，但不插入菜单项，设置为MatchOnly的菜单项不能在菜单之间移动
Remove	删除满足条件的菜单项，以插入新菜单项
Replace	替换匹配的菜单项，把下拉菜单项添加到新加入的菜单项后面

（7）MergeIndex 属性：表示菜单项相对于要合并的其他菜单项的位置。如果要控件所合并菜单项的顺序，就把这个属性设置为大于或等于 0 的值，否则就把它设置为 –1。在进行合并时，会检查这个值，如果它不是 –1，该属性用于匹配菜单项。

2．RichTextBox 控件

1）RichTextBox 控件的基本概念

RichTextBox 控件提供了多个有用文本格式的特性，可设置文本使用粗体，改变字体的颜色，创建超底稿和子底稿。也可以设置左右缩排或不缩排，调整段落的格式，还可显示表格与图像、列表元素，比一般的文本框控件要强大许多。

2）基本属性

（1）AutoSize：自动尺寸属性。

（2）AutoWordSelection：自动文本选择。

（3）BackgroundImage：背景图像。

（4）DefaultSize：默认的尺寸。

（5）Font 属性：文本的字体。

（6）ForeColor：文本的前景色。

（7）MaxLength：内容的最大长度。

（8）Multiline：多行。

（9）ScrollBars：滚动条属性。

（10）Text：文本属性。

（11）TextLength：文本长度属性。

3）常用方法

（1）LoadFile：用于读取文本文件内容。

（2）SaveFile：用于保存文本文件。

（3）Refresh：刷新显示内容。

（4）Find：查找功能。

（5）SetFocus：设定焦点。

（6）Paste：粘贴。

（7）Clear：清除内容。

（8）Cut：剪切。

（9）Select：选择。

（10）Copy：内容复制。

4）常用事件

（1）GotFocus：获得焦点时触发。

（2）KeyPress：键盘输入键码时触发。

（3）Change：文本内容改变时触发。

（4）Click：单击事件。

（5）DblClick：双击事件。

3．RTF 文档与 TXT 文档的简介

(1) RTF 文档是有格式的文本文件。 RTF 格式是许多软件都能够识别的文件格式。比如 Word、WPS Office、Excel 等都可以打开 RTF 格式的文件，这说明这种格式是较为通用的。RTF 文档，即 Rich Text Format（丰富的文本格式）文件，它不仅可包含传统的文字及其格式信息，还可包含图像、图形等多种媒体信息。

(2) TXT 是微软在操作系统上附带的一种文本格式，是最常见的一种文件格式 ，早在 DOS 时代应用就很多，主要用于保存文字信息。TXT 文档的优点 ：体积小，存储简单方便。不足 ：用记事本阅读，只支持纯文字，不支持图像、表格、文字颜色、段落设置等内容。

任务二 实现文件打开功能

任务目标 本任务将完成记事本的“打开”功能，主要是通过 openFileDialog 控件打开两种文本框支持的文档格式，分别是 RTF 和 TXT 格式。

通过完成本任务，掌握 openFileDialog 的使用方法，包括获取用户选择的文件名、文件路径和用 System.IO 命名空间下面的 path 类获取文件的扩展名。

任务分析 在任务一中，已经完成多功能记事本的初步设计，包括主界面、菜单，并完成了编辑类下面的复制、粘贴、剪切、全选功能。本任务将使用 openFileDialog 控件实现文件打开的操作，用 System.IO 功能去获取文件的扩展名，并自动根据文件类型的不同，做出不同的读取方式。

实施步骤

01 打开主界面，找到工具箱中的 openFileDialog 控件，将它拖入窗体中。打开 openFileDialog1 的属性设计，按表 8-4 进行设置。

表 8-4 设置 openFileDialog1 控件的属性

控件	属性	值	说明
openFileDialog1	FileName		设为空值
	Filter	(*.txt) |*.txt|Rtf文档 (*.rtf) |*.rtf	用户打开文件时，只能看到扩展名为TXT或者为RTF格式的文件名

小贴士

openFileDialog 控件设置好 Filter 后，弹出“打开文件”对话框，用户只能看到 TXT 和 RTF 格式的文件。

02 编辑状态中双击菜单命令“打开”，在相应的事件过程中输入如下代码。

```
private void 打开ToolStripMenuItem_Click_1(object sender, EventArgs e)
{
    string str = "";
    if (openFileDialog1.ShowDialog() == DialogResult.OK)   ①
    {
        Fname = this.openFileDialog1.FileName; // 读取选择的文件名
        str = openFileDialog1.FileName;        // 变量str保存文件名
        string ext = System.IO.Path.GetExtension(str);   ②
        // 获取文件的扩展名
        richTextBox1.Clear();            // 清空文本框的内容
        if (ext == ".txt")               // 如文件的扩展名等于txt则
        { // @str逐字字符串，让richTextBox1控件以PlainText方式读取文件内容
            richTextBox1.LoadFile(@str, RichTextBoxStreamType.PlainText);
        }   ③
        else if (ext == ".rtf")
        {
            // 以RichText方式读取文件内容   ④
            richTextBox1.LoadFile(@str, RichTextBoxStreamType.RichText);
        }
        else
        {
            MessageBox.Show("你选择的文件格式不正确");
        }
    }
    this.Text = str; // 让程序标题显示文件名称。
}
```

代码解释

① 本语句使用“打开文件”对话框让用户选择要打开的文件名。

② 本语句用类 System.IO.Path.GetExtension 方法去读取文件的扩展名，为下一步的读取文件具体内容操作准备。

③ 用 richTextBox1.LoadFile 方法读取文件，参数 RichTextBoxStreamType.PlainText 含义是读取纯文本格式的文本。

④ 用 richTextBox1.LoadFile 方法读取文件，参数 RichTextBoxStreamType.RichText 含义是读取 RTF 格式的文本。

双击菜单命令“新建”，在相应的事件过程中输入如下代码。

```
private void 新建ToolStripMenuItem_Click(object sender, EventArgs e)
{
    this.richTextBox1.Text = ""; // 将文本框清空
    this.Text="我的文档1";
    Fname ="";                   // 清空文件名
}
```

03 单击标准工具栏的 ▸ 按钮，或者按 F5 键，或者单击“调试”/“启动调试”命令即可运行程序，结果如图 8-7 所示。

04 保存项目。

> **小贴士**
>
> openFileDialog 对话框其实并不会真正地打开一个文件，它只是帮助用户获得文件名，真正打开文件还需要其他语句来实现。

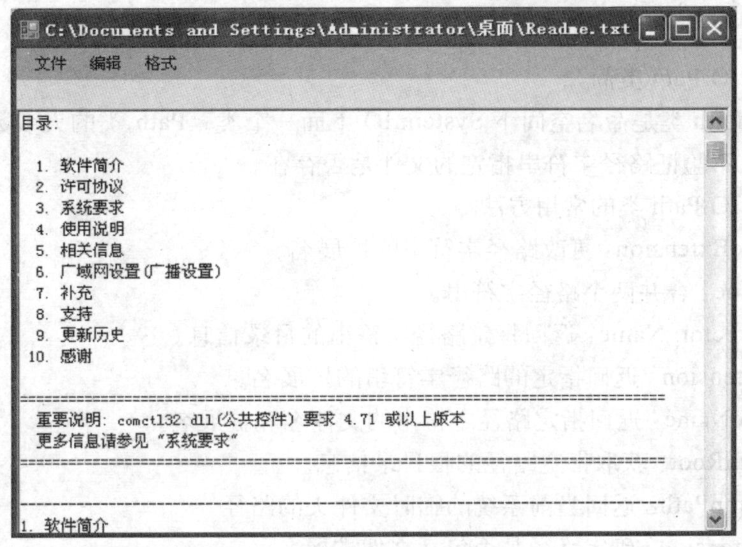

图 8-7 文档文件打开运行结果

相关知识

1．openFileDialog 对话框

1）openFileDialog 对话框简介

OpenFileDialog（打开文件对话框）组件是一个预先配置的对话框。它与 Windows 操作系统的“打开文件”对话框相同。该控件是从 CommonDialog 类继承的，基于 Windows 的应用程序中，可实现简单的文件选择，不必配置自己的对话框。利用标准的 Windows 对话框，可以创建用户所熟悉的应用程序界面。

2）openFileDialog 对话框的属性

(1) InitialDirector 属性：对话框的初始目录。

(2) Filter 属性：在对话框中显示的文件筛选器，例如，“文本文件 (*.txt)|*.txt| 所有文件 (*.*)||*.*”。

(3) FilterIndex 属性：在对话框中选择的文件筛选器的索引，如果选第一项就设为 1。

(4) FileName 属性：第一个在对话框中显示的文件或最后一个选取的文件。

(5) Title 属性：显示在对话框标题栏中的字符。

(6) AddExtension 属性：是否自动添加默认扩展名。

(7) DefaultExt 属性：默认扩展名。

(8) ValiDateNames 属性：控制对话框检查文件名中是否含有无效的字符或序列。

3）openFileDialog 控件的方法

OpenFile 方法用于提供一种从对话框快速打开文件的功能。出于安全目的，以只读方式打开文件。若要以读 / 写模式打开文件，必须使用其他方法，如 FileStream。

4）openFileDialog 控件的事件

FileOk：当用户单击文件对话框中的“打开”或“保存”按钮时发生。（从 FileDialog 继承）

2．System.IO.Path 类

1）System.IO.Path 类简介

System.IO.Path 类是命名空间下 System.IO 下面一个类。Path 类的大多数成员不与文件系统交互，并且不验证路径字符串指定的文件是否存在。

2）System.IO.Path 类的常用方法

（1）ChangeExtension：更改路径字符串的扩展名。

（2）Combine：合并两个路径字符串。

（3）GetDirectoryName：返回指定路径字符串的目录信息。

（4）GetExtension：返回指定的路径字符串的扩展名。

（5）GetFileName：返回指定路径字符串的文件名和扩展名。

（6）GetPathRoot：获取指定路径的根目录信息。

（7）GetTempPath：返回当前系统的临时文件夹的路径。

（8）HasExtension：确定路径是否包括文件扩展名。

（9）IsPathRooted：获取一个值，该值指示指定的路径字符串是包含绝对路径信息还是包含相对路径信息。

拓展训练

1．编程实现：用“打开文件”对话框打开文件，显示出文件的完整路径。

2．编程实现：用“打开文件”对话框打开文件，将文件的扩展名更改为 *.htm。

3．编程实现：用“打开文件”对话框打开文件，其中过滤器设置为只能打开 *.jpg 格式或者 *.gif 格式的文件。

4．编程实现：用“打开文件”对话框打开文件，默认文件名设置为 default.htm。

任务三 实现文件保存功能

任务目标 本任务运用 SaveFileDialog 控件实现对文档内容的保存。

通过完成本任务，学会 SaveFileDialog 控件的使用。

任务分析 在前面的内容中已经实现了对文本框编辑、文件的打开等操作，现在要学习如何运用 SaveFileDialog 控件实现文档保存。保存文件的时候要先对文件是否存在进行判断，如果是新建的文件，则要调用 saveFileDialog 保存文件对话框，让用户选择保存的路径与文件名，如果是已有的文件，只要根据原来的文件名再次保存就行。文件保存流程如图 8-8 所示。

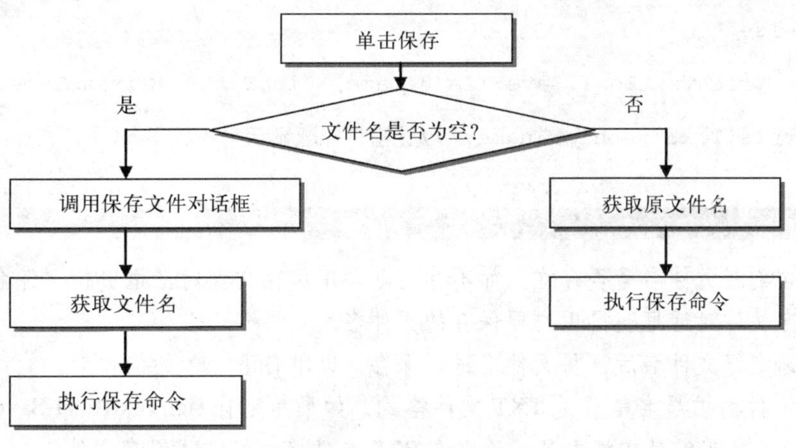

图 8-8　文件保存流程

实施步骤

01 打开项目 Ex08。

02 打开工具箱，在 Form1 窗体上添加一个 SaveFileDialog 控件，按表 8-5 进行属性设置。

表 8-5　设置 saveFileDialog1 控件属性

控　件	属　性	值	说　明
saveFileDialog1	FileName		设为空值
	Filter	文本文档（*.txt）|*.txt|Rtf文档（*.rtf）|*.rtf	让用户保存文件时只能保存为TXT与RTF这两种支持的文本格式

03 双击程序窗口的自定义菜单中的“保存”命令，在事件过程中输入如下的代码。

```
private void 保存ToolStripMenuItem_Click(object sender, EventArgs e)
{
    if (Fname == "")  // 文件名为空，表示文件没有保存过      ①
    {
        if (saveFileDialog1.ShowDialog() != DialogResult.Cancel)    ②
        {   // 保存文件对话框进行文件名定义
            string str = saveFileDialog1.FileName; // 变量str保存文件名
③           ext = System.IO.Path.GetExtension(str); // 取文件扩展名
            Fname = this.saveFileDialog1.FileName;  //变量Fname保存文件名
        }
    }
    else //文本已经保存过，用原文件名保存
    {
        ext = System.IO.Path.GetExtension(Fname);//获取文件扩展名
    }
    if (ext == ".txt")//判断文件的扩展名是否是*.txt
    {
        // 调用richTextBox1.SaveFile方法保存文件
        richTextBox1.SaveFile(@Fname, RichTextBoxStreamType.PlainText);
    }                                                             ④
```

```
        else
        {
            richTextBox1.SaveFile(@Fname, RichTextBoxStreamType.RichText);
        }                                                                  ⑤
        this.Text = this.Fname; //让窗口标题显示文件名
    }
```

代码解释

① 本语句判断文件名是否存在，如不存在则调用保存文件对话框进行文件名的输入。

② 用保存文件对话框获得用户要保存的文件名。

③ 用户选定好文件名后，将文件名进行保存，以准备下一步的操作。

④ 判断文件的扩展名是否是 TXT 文件格式，如果是则让 richTextBox1.SaveFile 方法按 TXT 格式进行逐字节保存文档内容，否则按 RTF 文件格式的方式保存文件。

⑤ 判断文件的扩展名是否是 RTF 文件格式，按 RTF 文件格式的方式保存文件。

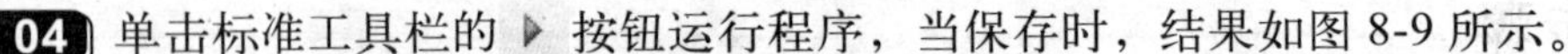

04 单击标准工具栏的 ▶ 按钮运行程序，当保存时，结果如图 8-9 所示。

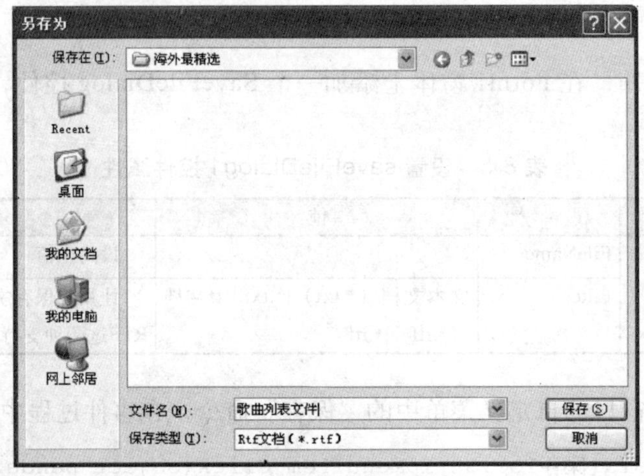

图 8-9　文件保存运行结果

相关知识

1．SaveFileDialog 控件简介

SaveFileDialog 控件所提供的功能和 OpenFileDialog 控件所提供的功能是相同的，但操作顺序相反。在保存文件时，该控件允许选择文件保存的位置和文件名。需要注意的一个要点是：SaveFileDialog 控件实际上不会保存文件，它只是提供一个对话框，让用户设置文件的保存位置和文件名。可以通过它来快速开发一个能让用户马上熟悉和方便使用的 Windows 应用程序界面。

2．SaveFileDialog 控件常用的属性说明

(1) AddExtension 属性：如省略了扩展名，该属性指定是否自动将扩展名添加到文件名后。

(2) CheckPathExists 属性:如指定一个不存在的路径,该属性指定对话框是否显示警告。

(3) DefaultExt 属性:表明默认的文件扩展名。

(4) DereferenceLinks 属性:表明对话框是返回快捷方式引用的文件位置,还是返回快捷方式自身的位置。

(5) FileName 属性:表明对话框中所选文件的名称,这是一个只读属性。

(6) FileNames 属性:表明对话框中所有所选文件的名称,这是一个只读属性,返回一个字符串数组。

(7) Filter 属性:表明当前文件名过滤字符串。

(8) FilterIndex 属性:表明对话框中当前所选过滤器的索引。

(9) InitialDirectory 属性:表明对话框中显示的初始目录。

(10) OverwritePrompt 属性:如果指定了一个已经存在的文件名,该属性指定对话框是否显示警告。

(11) Title 属性:表明在对话框的标题栏上是否显示标题。

3. SaveFileDialog 控件常用的方法

(1) OpenFile:打开用户选定的具有读/写权限的文件。

(2) Reset:已重写。将所有对话框选项重置为默认值。

(3) ShowDialog:已重载。运行通用对话框(从 CommonDialog 继承)。

4. SaveFileDialog 控件常用的事件

FileOk:当用户单击文件对话框中的“打开”或“保存”按钮时发生(从 FileDialog 继承)。

拓展训练

1. 新建一个保存文件对话框,通过属性 Filter 的设置,将保存的文件类型设置为 *.jpg 或 *.bmp 。

2. 新建一个保存文件对话框,用命令代码的方式,将保存的文件类型设置为 *.jpg 或 *.bmp 。

任务四 实现文档的格式设置功能

任务目标 本任务使用字体设置 FontDialog 与颜色设置 ColorDialog 控件,完成对文档内容的字体与颜色格式设置。

通过完成本任务,掌握 FontDialog 与 ColorDialog 控件属性的设置,并学会其基本使用方法。

任务分析 按照 Windows 应用程序的使用习惯,文档的字体与颜色设置一般采用对话框的形式。本任务使用 FontDialog 控件实现字体的设置,该控件以对话框的形式提供给用户进行字体设置。对于颜色设置，本任务使用ColorDialog控件，该控件也会以对话框的形式呈现。

实施步骤

01 打开主界面设计窗体，添加FontDialog控件和ColorDialog控件，按表8-6设置两个控件的属性。

表8-6 FontDialog控件和ColorDialog控件的属性

控　件	属　性	值	说　明
fontDialog1	ShowColor	True	也有颜色显示
	ShowEffects	True	显示其他效果
colorDialog1	FullOpen	True	

02 双击菜单控件中的“字体”与“颜色”命令，进入相应的事件代码后，加上如下文本的字体与颜色设置代码。

```
private void 字体ToolStripMenuItem_Click(object sender, EventArgs e)
{
    if (this.fontDialog1.ShowDialog() == DialogResult.OK)
    {
        this.richTextBox1.SelectionFont = this.fontDialog1.Font;   ①
    }
}
private void 颜色ToolStripMenuItem_Click(object sender, EventArgs e)
{
    if (this.colorDialog1.ShowDialog() == DialogResult.OK)
    {
        this.richTextBox1.SelectionColor = this.colorDialog1.Color;   ②
    }
}
```

代码解释

① 本语句是让文本框中用户所选定的文字格式等于用户通过字体格式对话框设置的格式，这样用户可以自由设定文本的各类格式，包括字体大小、字体、字形等设置。

② 本语句让用户通过颜色对话框来设置文本框内的字体颜色，颜色可以是预定的各类颜色，也可以是自定义的颜色。

小贴士

使用FontDialog控件的ShowColor方法也可以让用户设定颜色。

03 单击标准工具栏的 ▶ 按钮运行程序，如图8-10所示。

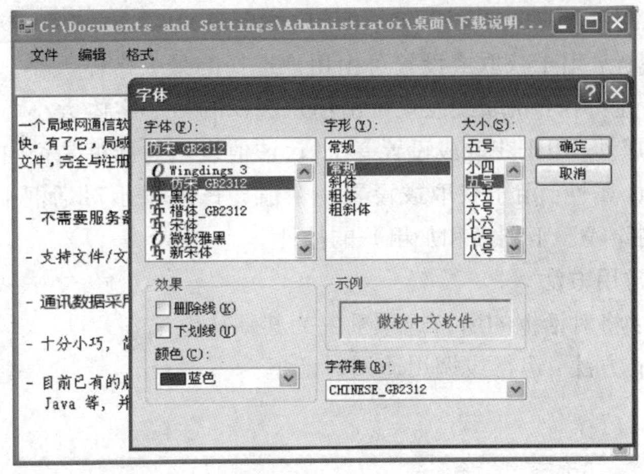

图 8-10　文档的字体与颜色设置运行结果

相关知识

1．颜色对话框 ColorDialog 组件

1）颜色对话框 ColorDialog 组件简介

ColorDialog 组件是 .NET 预设的有模式对话框，其功能是弹出系统自带的调色板，让用户选择颜色或者自定义颜色。

2）ColorDialog 常用属性

(1) Color 属性：用于获取或设置用户选定的颜色。

(2) AnyColor 属性：用于获取或设置一个值，该值表示对话框是否显示基本颜色集中的所有可用颜色。

(3) FullOpen 属性：用于获取或设置一个值，该值表示打开对话框时是否显示用于创建自定义颜色的控件。

3）ColorDialog 常用方法

(1) Reset 方法：将颜色对话框中的所有选项重置为其默认值。将最后一次选定的颜色重置为黑色并将自定义颜色重置为默认值。

(2) ShowDialog 方法：运行或调用通用对话框。

2．FontDialog 字体格式对话框

1）FontDialog 控件简介

FontDialog 控件表示一个通用对话框，用于显示当前安装在该系统上的字体列表。这是一个预配置对话框，与 Windows 操作系统中显示的“字体”对话框相同。通过将控件从工具箱拖放至窗体中来添加该控件。将 FontDialog 控件添加到窗体中时，它会显示在窗体底部的托盘中。FontDialog 类继承自 System.Windows.Forms.CommonDialog，必须调用 ShowDialog() 继承成员方法来创建此对话框。

2）FontDialog 常用属性

(1) Font 属性：用于获取或设置选定的字体。

（2）Color 属性：用于获取或设置为字体选定的颜色。

（3）MaxSize 属性：用于获取或设置可由用户选择的最大字体大小。

（4）MinSize 属性：用于获取或设置可由用户选择的最小字体大小。

（5）ShowColor 属性：用于获取或设置一个值，该值表示对话框是否向用户显示颜色选项。

（6）ShowEffects 属性：用于获取或设置一个值，该值表示对话框中是否包含允许用户指定特殊效果（如删除线、下划线和加粗）的控件。

3）FontDialog 常用方法

（1）Reset 方法：将对话框的所有选项重置为其默认值。

（2）ShowDialog 方法：运行或调用通用对话框。

拓展训练

1．窗体上放置一个按钮，并通过 FontDialog 设置按钮上字体格式。

2．窗体上放置一个按钮，并通过 ColorDialog 设置背景色。

3．窗体上放置一个标签，并通过 ColorDialog 设置背景色，用 FontDialog 设置字体格式。

任务五 制作文档工具栏

任务目标 本任务为记事本添加一个工具栏，工具栏以图标的形式呈现各个常用的功能，包括新建、保存、打开等。

通过完成本任务，掌握设置工具栏 ToolStrip 控件的方法，并学会编写 ToolStrip 控件的事件代码实现工具栏上各个功能。

任务分析 本任务使用 ToolStrip 控件为多功能记事本添加一个工具栏，该工具栏包括了项目的全部功能。由于在前面的任务中，这些功能均已实现，所以在工具栏上的各个按钮只需直接调用各个功能事件。

实施步骤

01 在工具栏中找到 ToolStrip 组件，将它拖放在多功能记事本菜单的下方。然后在 ToolStrip 组件上单击“添加按钮”，添加 9 个按钮，如图 8-11 所示。

图 8-11 在工具栏上添加按钮

02 9个按钮分别为“新建”、“打开”、“保存”、“复制”、“剪切”、“粘贴”、“全选”、“字体”和“颜色”。按表8-7设置ToolScriptButton控件属性。

表8-7 ToolScriptButton控件属性设置

控件toolStrip1	属　性	值	说　明
前6个按钮	DisplayStyle	Image	设置显示样式是图像
	Image	分别是：新建.jpg、打开.jpg、保存.jpg、复制.jpg、剪切.jpg、粘贴.jpg6个图像文件	按钮上要显示的图像文件
	Text	分别是“新建”、“打开”、“保存”、“复制”、“剪切”、“粘贴”	文字提示
后3个按钮	DisplayStyle	Text	设置显示样式是文字
	Text	分别是“全选”、“字体”、“颜色”	设置按钮上面的文字

设置Image值的方法是先选中一个按钮，单击属性中的“Image”项的[...]按钮，出现导入图像的命令，单击“导入”按钮选择图像文件，如图8-12所示。

选中合适的图片文件后，单击“确定”按钮，按钮图像就变成选中的图像，设置完属性后效果如图8-13所示。

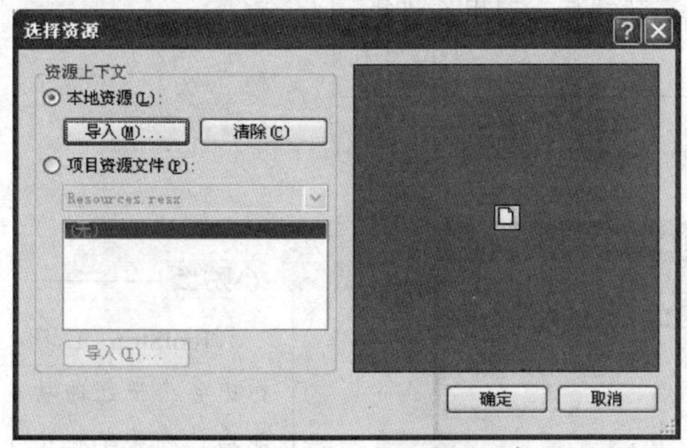

图8-12 设置工具栏按钮图像

图8-13 工具栏设置效果

03 双击工具栏控件，在单击事件中添加如下代码。

```
private void toolStripButton1_Click(object sender, EventArgs e)
{
    //调用新建菜单命令的过程，用于新建文件
    新建ToolStripMenuItem_Click(EventArgs e);
}
private void toolStripButton2_Click(object sender, EventArgs e)
{
    打开ToolStripMenuItem_Click(sender, e); //打开文件
}
private void toolStripButton3_Click(object sender, EventArgs e)
{
   保存ToolStripMenuItem_Click(sender, e);//保存文件命令
}
```

```
private void toolStripButton4_Click(object sender, EventArgs e)
{
    复制ToolStripMenuItem_Click(sender, e);//复制件命令
}
private void toolStripButton5_Click(object sender, EventArgs e)
{
    剪切ToolStripMenuItem_Click(sender, e);//剪切命令
}
private void toolStripButton6_Click(object sender, EventArgs e)
{
    粘贴ToolStripMenuItem_Click(sender, e);//粘贴命令
}
private void wwffd_Click(object sender, EventArgs e)
{
    全选ToolStripMenuItem_Click(sender, e);//全选命令
}
private void toolStripButton8_Click(object sender, EventArgs e)
{
    字体ToolStripMenuItem_Click(sender, e);//字体设置命令
}
private void toolStripButton9_Click(object sender, EventArgs e)
{
    颜色ToolStripMenuItem_Click(sender, e);//颜色设置命令
}
```

代码解释

新建语句的作用是当用户单击了“新建”按钮后，调用“新建”菜单命令的处理事件。

04 运行程序，结果如图 8-14 所示。

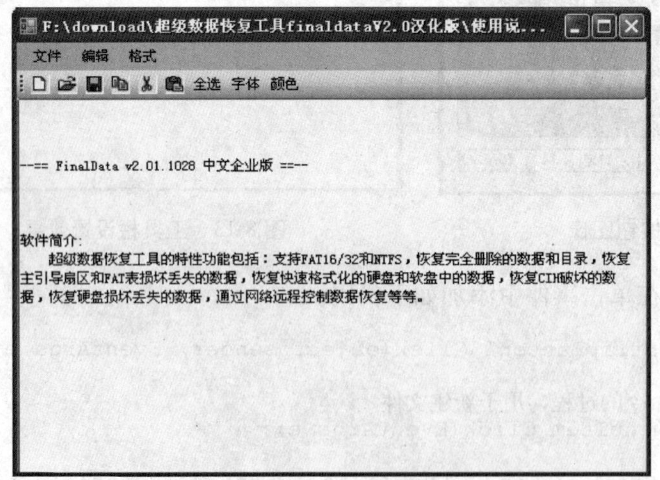

图 8-14 带工具栏记事本运行结果

小贴士

ToolStrip 工具栏中各个按钮的功能均已在菜单栏中实现，因此在工具栏的单击事件中不需要重复地编写代码，只需调用相应的菜单命令事件代码即可。

相关知识

1．ToolStrip 控件简介

ToolStrip 控件可创建具有 Microsoft Windows 外观的工具栏及其他用户界面元素。

2．ToolStrip 控件的属性

（1）AutoSize 属性：有真和假两种值，让用户决定按钮大小是否自动生成。

（2）Size 属性：按钮的大小，由长与宽两个值组成。

（3）Name 属性：控件的名称。

（4）Image 属性：图像，即按钮上的图像。

（5）BackColor 属性：按钮的背景色。

（6）Font 属性：按钮上的文字格式。

（7）FontColor 属性：字体颜色。

（8）DisplayStyle 属性：显示样式，可能是文本、图像，或两者组合。

（9）Text 属性：文本，按钮上的文字。

（10）Enabled 属性：可用。

（11）Visible 属性：可见。

拓展训练

1．在 ToolStrip 控件上添加一个按钮，用文本显示功能“粗体”，当用户单击后，文本框内选中字体变成粗体，再单击按钮后又变成正常字体。

2．在 ToolStrip 控件上添加一个按钮，用文本显示功能“斜体”，当用户单击后，文本框内选中字体变成斜体，再单击按钮后又变成正常字体。

3．通过编程实现功能：当用户没有在文本框内选中文本或其他对象时，ToolStrip 工具栏的复制、剪切按钮失效。

4．通过编程实现功能：当剪贴板是空时，ToolStrip 工具栏的粘贴按钮失效。

任务六 制作文档状态栏

任务目标　本任务在多功能记事本中添加一条状态栏，并在状态栏中显示出当前的系统时间、文本字数等内容。

通过完成本任务，掌握状态控件 StatusStrip 常用属性的使用方法，并学会在 ToolStripStatusLabel 控件上添加状态标签。

任务分析　为了使多功能记事本更加智能化，本任务在状态栏上显示当前的时间与文档中总的文字数量。实现这一功能需要使用状态栏组件 StatusStrip 与时间组件 Timer。其中，Timer 组件用于实时地更新时间，StatusStrip 组件用于显示时间与字数。

实施步骤

01 打开多功能记事本的主界面，在工具箱中找到状态栏（StatusStrip）组件并添加到窗体中。单击“ToolStripStatusLabel”按钮，增加新的状态标签(toolStripStatusLabel1)，用此方法添加两个状态标签，如图8-15所示。

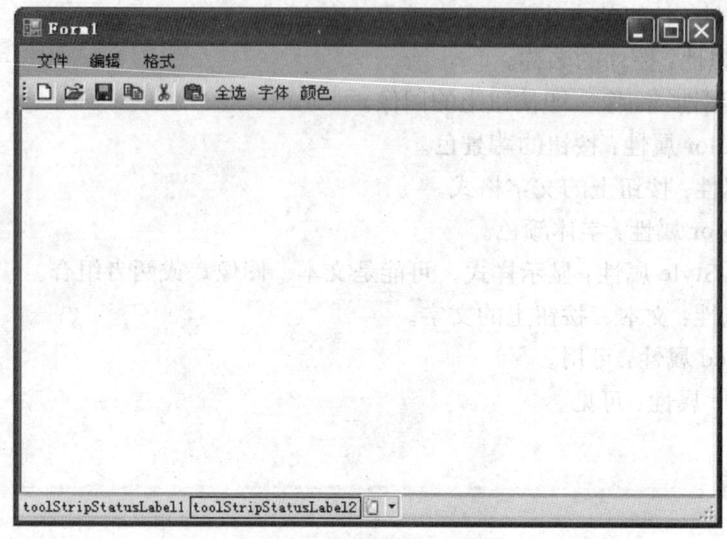

图8-15 添加状态标签

02 添加一个时间控件(Timer)，按表8-8设置StatusStrip控件与Timer控件的属性。

表8-8 StatusStrip控件与Timer控件的属性设置

控 件	属 性	值	说 明
timer1	Enabled	True	起作用
	Interval	1000	每一秒触发事件一次
toolStripStatusLabel1	Name	TimeStatusLabel	名称
toolStripStatusLabel2	Name	WordStatusLabel	名称

03 双击timer1控件，进入Tick事件，编写如下代码。

```
private void timer1_Tick(object sender, EventArgs e)
{
    TimeStatusLabel.Text = "当前时间" + DateTime.Now.ToString();   ①
    WordStatusLabel.Text = "文档的总字数: " + richTextBox1.TextLength;   ②
}
```

代码解释

① 本语句实现在状态标签TimeStatusLabel显示当前的系统时间。

② 本语句实现在状态标签WordStatusLabel显示当前文档的总字数。

小贴士

DateTime.Now.ToString()方法，可以将时间格式转化成文本格式，然后显示在标签控件中。

04 运行程序，如图8-1所示。

05 保存项目。

相关知识

StatusStrip 控件是状态栏控件，主要出现在 Window 窗体的底部，一般使用文本和图像向用户显示应用程序当前状态的信息。

StatusStrip 控件允许添加的控件包括 StatusLabel 控件（添加标签控件）、ProgressBar 控件（进度条控件）、DropDownButton 控件（下拉列表控件）以及 SplitButton 控件（分割控件）。

拓展训练

1．在窗口的状态栏中显示用户编辑文档的总时间，当超过 2 小时后，提醒用户注意休息。

2．在状态栏中显示文件上一次保存时间，超过 10 分钟没有保存，提醒用户及时保存文档。

项 目 小 结

本项目开发了一款多功能记事本程序，其中使用了菜单控件、文本框控件、文件打开控件、文件保存控件、字体对话框、颜色对话框、工具栏控件、状态栏控件、时间控件等。

其中，菜单控件完成文档操作的命令执行工作，它主要是显示、响应用户对文档的操作命令，再执行一定代码去实现功能，如编辑类的复制、剪切、粘贴等。

文本框控件不同于一般的文本输入控件，它可以实现内容的剪切、复制、粘贴，文字格式的设置，表格、图像的显示，文字的统计等强大功能。

文件打开与文件保存控件是以对话框的形式让用户选择打开或保存的文件，然后返回用户所选择的文件路径。

字体对话框与颜色对话框功能比较类似，它们提供标准的 Windows 视窗中字体与颜色对话框，让用户选择字体样式与颜色样式。

工具栏控件，能让用户进行快捷的类似 MS Office 系统工具栏的操作方式，让用户快速对文档进行操作。它提供图像与文本两种方式。

状态栏控件用状态标签的方式显示出程序的一些状态信息，大量应用于各种软件中。

项 目 实 训

【实训名称】我的日记本

【实训说明】

根据系统的当日时间，生成一个个日记文本文件，文件名刚好是当日的系统时间（如 20101112.txt），可以实现日记的打开、保存等操作。

日记的标题是由系统当前时间和用户选择的天气、心情自动生成，格式为“年 - 月 - 日，星期 ×”，后加上天气、心情，如“2010 年 7 月 23 日，星期五，天气：晴，心情：愉快”。

标题下面是日记内容，由用户自己添加，完成日记编写后，按“保存日记”按钮进行保存，按“打开日记”按钮弹出打开文件对话框，供用户打开日记。

项目效果如图 8-16 所示。

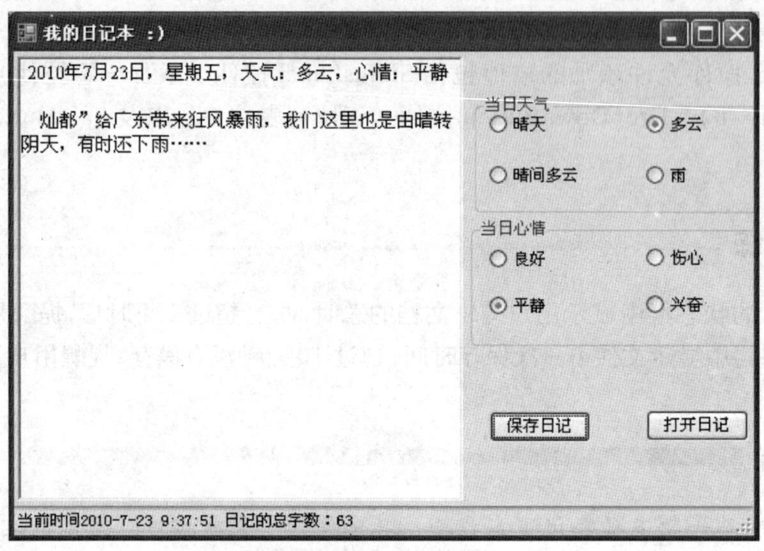

图 8-16 我的日记本

【实训要求】

(1) 用户打开程序后，自动检测当前日期有没有日记，如果有就读取原有的日记，将内容放在文本框中。如果没有日记，则系统自动生成一个新的日记文件，文件名由系统日期组成，如 20100723.txt。

(2) 状态栏显示当前的时间、日记的总字数。

(3) 标题根据系统的时间和用户的选项自动生成。

【实训提示】

(1) 日记文件是否存在由 File.Exists 方法检测，如果文件存在就由 richTextBox1.OpenFile 方法读取原有日记。

(2) 文件名的生成由 DateTime.Now.ToString() 进行自动生成，文件的保存由 richTextBox1.SaveFile 的方法实现。

(3) 用打开文件对话框加上 richTextBox1.OpenFile 对旧日记文件实现打开。

9 项目九　音乐播放器

项目说明

平时人们都喜欢打开电脑听音乐，可以一边欣赏音乐，一边做其他事情。在音乐声中沉闷的工作也变得愉快起来。本项目中用 C# 制作自己的音乐播放器，让这个播放器能播放各类格式的音乐，如 mp3、wav 等；可以实现显示音乐播放列表，音乐的顺序、循环、随机播放，随时增加喜欢的歌曲，搜索音乐文件等等功能。有了这个漂亮方便的音乐播放器，就可以随时欣赏音乐了。音乐播放器效果如图 9-1 所示。

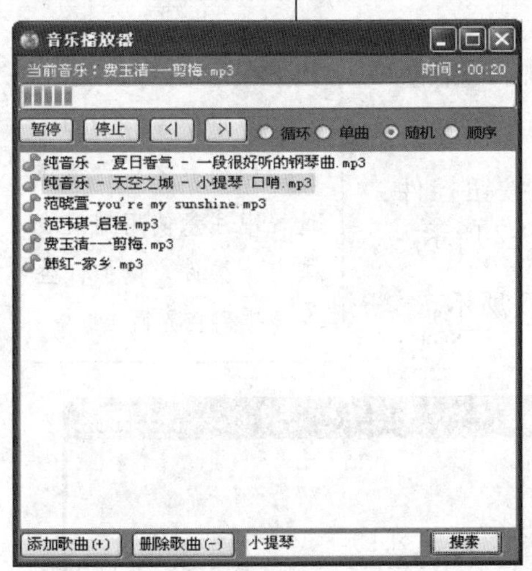

图 9-1　音乐播放器效果

能力目标

- 学会使用 ListView 控件和 ImageList 控件，并在 ListView 上面添加、修改、删除项目，在 ListView 引用 ImageList 上面的图像列表。
- 学会使用 Windows Media Player 控件并配合 ListView 控件进行音乐播放。
- 学会用进度条显示进度，包括音乐的播放进度。
- 学会用算法控制音乐的各类播放模式，如顺序、循环、随机等播放模式。
- 学会用一定算法在 ListView 控件列表上搜索歌曲文件。

任务一　实现音乐播放列表功能

任务目标　　本任务完成音乐播放器播放列表的制作，包括歌曲的显示、添加与删除。其中歌曲的添加以对话框的形式提供用户选择音乐文件。

通过完成本任务，掌握ListView控件的各个属性与方法，学会ListView控件列表项的添加与删除，并且学会结合ListView控件与ImageList控件制作带图标的列表项。

任务分析　　(1) 本任务采用ListView控件来制作播放列表，主要实现音乐的显示、添加与删除功能。

(2) ListView控件列表图标可导入ImageList控件中的图标，使列表项带有图标。

(3) 在制作添加音乐文件时，需要使用OpenFileDialog控件来弹出打开对话框，以供用户选择文件。

实施步骤

01 启动Microsoft Visual C# 2008 Express速成版，新建一个项目，项目名称为Ex09。

02 双击打开Form1窗口，在窗口中加入6个按钮控件、1个ListView控件和1个OpenFileDialog控件，如图9-2所示。

03 按表9-1设置控件属性，设置后效果如图9-3所示。

> **小贴士**
> 要想使多个Button控件排列整齐，在拖放过程中注意使用捕捉线来定位控件，使控件整齐地排列在界面上。

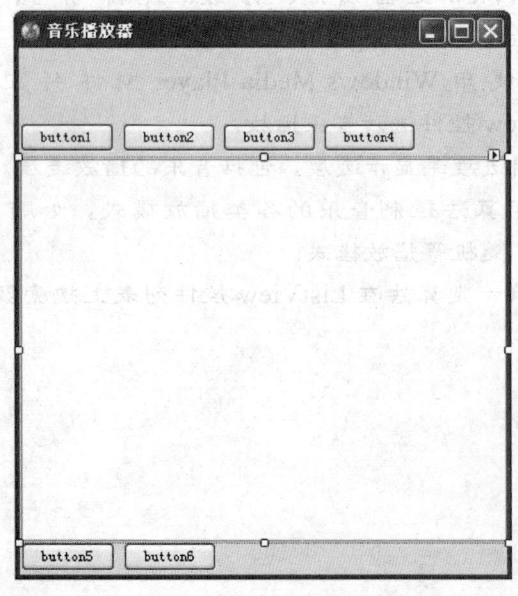

图9-2　音乐播放器布局

图9-3　界面设置效果

表 9-1　控件属性及说明

<table>
<tr><th>控件（图9-2）</th><th>属　性</th><th>值</th><th>说　明</th></tr>
<tr><td rowspan="3">Form1</td><td>Text</td><td>音乐播放器</td><td>窗体标题</td></tr>
<tr><td>Size</td><td>Width：400
Height：460</td><td>窗体大小</td></tr>
<tr><td>Icon</td><td>引入一个图标文件（可在资料光盘中找到）</td><td>窗体的图标，放在标题的前面</td></tr>
<tr><td rowspan="2">button1</td><td>Text</td><td>播放</td><td>用于播放音乐</td></tr>
<tr><td>Name</td><td>PlayButton</td><td></td></tr>
<tr><td rowspan="2">button2</td><td>Text</td><td>停止</td><td>停止播放当前音乐</td></tr>
<tr><td>Name</td><td>StopButton</td><td></td></tr>
<tr><td rowspan="2">button3</td><td>Text</td><td><|</td><td>上一首歌曲</td></tr>
<tr><td>Name</td><td>PreButton</td><td></td></tr>
<tr><td rowspan="2">button4</td><td>Text</td><td>>|</td><td>下一首歌曲</td></tr>
<tr><td>Name</td><td>NextButton</td><td></td></tr>
<tr><td rowspan="2">button5</td><td>Text</td><td>添加歌曲(+)</td><td>导入音乐到列表</td></tr>
<tr><td>Name</td><td>AddSongButton</td><td></td></tr>
<tr><td rowspan="2">button6</td><td>Text</td><td>删除歌曲（–）</td><td>删除所选歌曲</td></tr>
<tr><td>Name</td><td>DelSongButton</td><td></td></tr>
<tr><td rowspan="5">listView1</td><td>Size</td><td>Width：390
Height：309</td><td>控件的大小</td></tr>
<tr><td>View</td><td>List</td><td>设为列表方式</td></tr>
<tr><td>Name</td><td>LvPlayList</td><td></td></tr>
<tr><td>MultiSelect</td><td>False</td><td>不能设为多行选择</td></tr>
<tr><td>HideSelection</td><td>False</td><td>不隐藏选取的项目</td></tr>
<tr><td rowspan="2">openFileDialog1</td><td>Filter</td><td>mp3（*.mp3）|*.mp3|wav（*.wav）|*.wav</td><td>设定导入的文件格式为常见的音乐格式mp3与wav音乐</td></tr>
<tr><td>Filename</td><td></td><td>设为空值</td></tr>
</table>

04 在窗体加入 ImageList 控件，ImageList 控件不会显示在当前的窗体上，而是在窗体下方的组件栏中。它的主要作用是让其他的控件引用它的图像列表的上的图像。

选择好 imageList1 控件，打开属性设置，单击 Images 属性右边的 ... 按钮，进入图像集体编辑器。在编辑器中添加两个图标文件，分别是 song1.ico 和 song2.ico，如图 9-4 所示。

图 9-4　imageList1 控件图像添加

05 设置 listView1 控件的 SmallImageList 属性为 imageList1，使 listView1 控件的列表小图标能使用 imageList1 中的图像。

06 双击 AddSongButton（添加歌曲）按钮，进入单击事件，编写如入代码。

```
private void AddSongButton_Click(object sender, EventArgs e)
{
  try
  {                                                          ①
      DialogResult result = openFileDialog1.ShowDialog();
      // 打开对话框选择音乐文件
      if (result == DialogResult.OK)  // 如果选择了音乐文件        ②
      {
        string FilePath = openFileDialog1.FileName; // 获取音乐文件路径
        // 获取音乐名
        string SongName=FilePath.Substring(FilePath.LastIndexOf('\\') +1);
        ListViewItem lv = new ListViewItem(SongName);               ③
        // 根据音乐名生成一个列表项
        lv.Tag = FilePath;
        // 将音乐名的完整路径存放在列表项的Tag标记属性中，方便读取
        lv.ImageIndex = 1;
        LvPlayList.Items.Add(lv);      // 在LvPlayList中添加歌曲项目
      }
  }                                     ④
  catch (Exception error)
  {
        MessageBox.Show(error.Message.ToString());
  }
}
```

代码解释

① 本语句调用打开文件对话框 openFileDialog1 让用户选择要导入的音乐文件。

② 本语句获得用户选定音乐文件的完整的文件路径。

③ 根据音乐的文件名，生成 ListView 控件的一个列表项，名称为 lv。

④ 将列表项值 lv 添加到 ListView 控件的列表中。

07 双击 DelSongButton（删除歌曲）按钮，进入单击事件，编写如入代码。

```
private void DelSongButton_Click(object sender, EventArgs e)
{
    if (LvPlayList.SelectedItems.Count > 0)
    {
        LvPlayList.SelectedItems[0].Remove();
    }
}
```

代码解释

如果用户选择了某项要删除的列表项，则调用 Remove 方法将其删除。

08 单击标准工具栏的 ▸ 按钮运行程序，结果如图 9-5 所示。

09 单击标准工具栏的 按钮，保存项目。

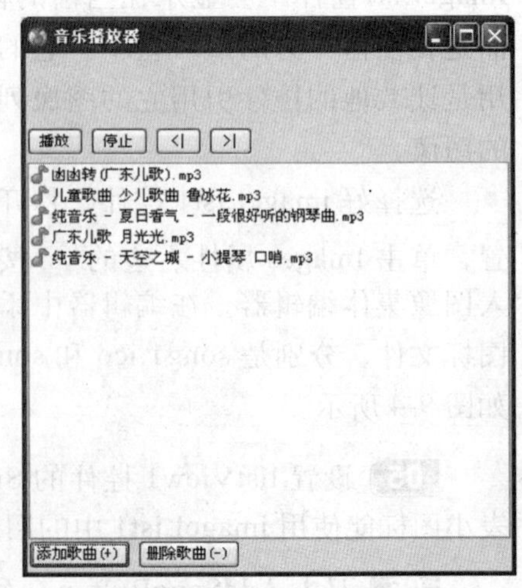

图 9-5 播放列表运行结果

相关知识

1．ListView 控件

1）ListView 控件的基本概念

微软在 FrameWork 3.5 中引入了新的数据绑定控件 ListView，其用意是要慢慢代替一些比较旧的列表控件，如 DataGrid、GridView、Repeater 及 ListBox 等。

ListView 是一种良好的数据绑定控件。它还可以使一些数据绑定任务比使用前几个控件工作起来更加便利，包括 CSS 样式设定、灵活的分页和完善的排序、插入、删除和更新功能。

2）ListView 的基本属性

（1）View 属性，用于列表的 4 种不同的视图显示方法，跟“资源管理器”里的“查看”方式相似，其属性值及说明如表 9-2 所示。

表 9-2　View 属性值及说明

属　性　值	说　　明
LargeIcon	大图标方式显示列表
SmallIcon	小图标方式显示列表
List	列表式显示
Details	细节方式显示列表

（2）AllowColumnReorder 属性：值设置为 True 时，用户可以用鼠标选中 1 列拖至其他地方进行重新排列。

（3）CheckBoxes 属性：设置为 True 时，每一行数据前将显示一复选框。

（4）FullRowSelect 属性：设置为 True 时可以整行地选择数据。

（5）GridLines 属性：设置为 True 时控件将显示网格线。

（6）HideColumnHeaders 属性：设置为 True 时，列标题可视，反之则不可视。

（7）HotTracking 属性：设置为 True 时，鼠标所在行将以高亮度显示。

（8）Icons、SmallIcons 属性：两者设置 ListView 控件视图相关联的 ImageList 控件中的图片。

（9）LabelWrap 属性：设置为 True 时，文本标签超出列宽时可换行。

（10）Columns 属性：列表头，设置列标题。

（11）Items 属性：用于列表项目，可动态生成。

（12）SmallImageList：用于选择列表项目的图标。

> **小贴士**
>
> ListView 的 View 属性用于显示列表内容的方式，本次程序主要显示歌曲名，可将值设为 List，如果是要显示图片这类文件，要以缩略图形显示则可设为小图标形式。

3）ListView 控件的常用方法

（1）Add 方法：用于在列表中添加 ListItem 对象（列表项）。

例如，在 listView1 中添加新的一项内容：

```
listView1.Items.Add (lv);     // 添加新的项目
```

（2）FindItemWithText 方法：查找相应的文本是否在列表项中存在，如存在则返回所在项的位置。

例如，在列表中搜索某一段的文本：

```
ListViewItem foundItem = textListView.FindItemWithText (text1.Text, false, 0, true);
```

4）ListView 的事件

DoubleClick 事件，用于用户双击列表中某个项目时触发事件，可用来打开某个选项，在本次制作中主要用于音乐的播放。

2．ImageList 控件

1）ImageList 控件简介

ImageList 控件又称图像列表，主要用于存储图像。这里说的存储图像是指把图像存储在 ImageList 控件内，在需要显示的时候即可很方便地按图像的索引调用它，主要就是为了给其他控件提供位图的支持。如本任务中为了美化 ListView 控件的列表选项，调用 ImageList 控件内的图像文件。除了 ListView，还有 TreeView、工具栏控件等要用到图标的控件时均可调用。

2）ImageList 控件属性

（1）TransparentColor 属性：获取或设置被视为透明的颜色。

（2）ImageSize 属性：定义列表中的图像高度和宽度的 Size。默认高度和宽度是 16 × 16。

（3）Images 属性：ImageList 控件的图像集合，是 ImageList 控件最重要的属性。

3）ImageList 控件的常用方法

（1）Add：增加一个列表图像。

例如，在 ImageList1 中添加新的一个图像：

```
ImageList1.Images.Add (myImage);          // 添加新的图像
```

（2）Remove：删除一个列表图像。

例如，在 ImageList1 中删除一个图像：

```
ImageList1.Images. Remove (myImage);  // 删除一个图像
```

拓展训练

1．编程实现用 ListView 显示出 C 盘根目录下面所有的文件夹与文件名称，如果是文件夹则用图标来在项前面显示，如果是文件则用图标来显示。

2．新建一个工具栏控件，实现：一个 ImageList，工具栏上有 5 个按钮，分别是“打开”、“删除”、“复制”、“剪切”、“贴粘”，工具栏中图标调用 ImageList 的图像。

任务二 实现音乐播放功能

任务目标 本任务将完成音乐播放器的音乐播放功能，其中包括音乐的播放、暂停、停止、播放上一首、播放下一首等功能。

通过完成本任务，掌握 Windows Media Player 控件的使用，掌握 Windows Media Player 控件与 ListView 控件的列表相配合，进一步地学习如何将 ListView 控件上面的列表值导入到 Windows Media Player 控件播放列表上面，实现歌曲的顺序播放。

任务分析 C# 为开发人员提供了非常丰富的 COM 组件，这些组件功能强大，能方便地完成复杂的功能。本任务使用 COM 组件之一的 Windows Media Player 实现音乐的播放，通过调用 Windows Media Player 播放音乐的方法来播放音乐列表中选中的歌曲。

实施步骤

01 在 C# 工具箱中右击鼠标，选择快捷菜单中的“选择项”命令，弹出“选择工具箱项”对话框。在对话框中选择“COM 组件”选项卡，在列表中找到“Windows Media Player”并选中，如图 9-6 所示。

02 双击工具箱中新加入的 Windows Media Player 控件，在窗体上添加该控件，如图 9-7 所示。

> **小贴士**
>
> Windows Media Player 控件用于播放音乐文件，不需显示在窗体上。所以，将 Visible 设置为 False，使其不可见。

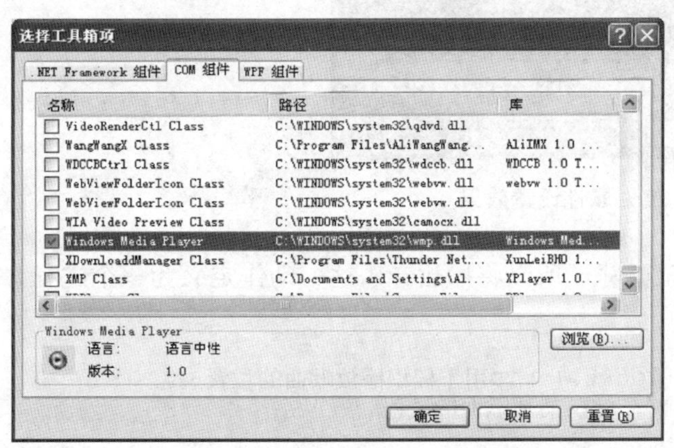

图 9-6 “选择工具箱项”对话框

图 9-7 添加 Windows Media Player 控件

03 添加 2 个 Timer 控件和 1 个 Label 控件，按表 9-3 所示设置各控件属性。

表 9-3　各控件属性及说明

控件（如图9-7所示）	属　性	值	说　明
timer1	Enabled	False	不起作用
	Interval	500	时间间隔为500微秒
timer2	Enable	False	不起作用
	Interval	100	时间间隔为100微秒
Windows Media Player	Name	Mp3Player	名称
	Visible	False	运行时不可见
Form1	Backcolor	120, 160, 255	背景色进行美化
label1	Text	音乐名称：	
	Location	6, 6	位置放在窗口标题的下方
	Name	SongLabel	名称
	ForeColor	White	文字颜色

各控件属性设置好后，效果如图 9-8 所示。

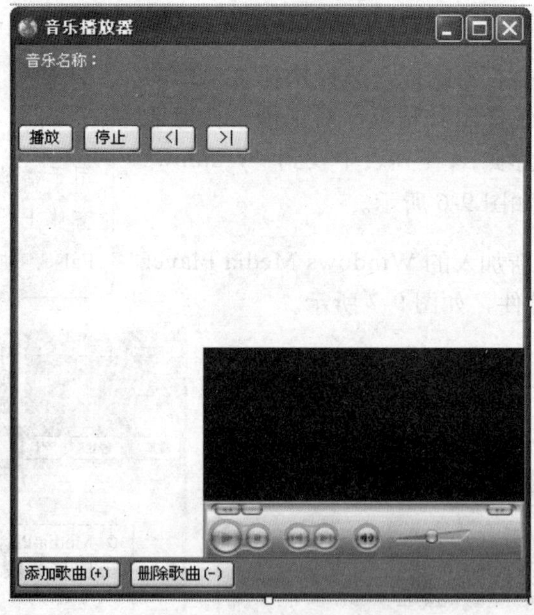

图 9-8　控件属性设置效果

04 由于在本项目多处地方需要播放音乐，所以将播放音乐这一动作定义为一个过程，过程名为 musicPlay，代码如下。

```
private int CurrPlayID;//变量CurrPlayID用于标识播放歌曲的位置
private void musicPlay ()    // 定义播放歌曲的过程
{
    // 确定用户选中了播放的歌曲
```

```
    if  (LvPlayList.SelectedItems.Count > 0)  ◄------①
    {
        // 设置控件播放路径                                              ②
        Mp3Player.URL = LvPlayList.SelectedItems[0].Tag.ToString ();
        Mp3Player.Ctlcontrols.play ();          // 开始播放音乐
        // 显示当前播放歌曲名                                            ③
        SongLabel.Text  =  "当前音乐: "  +  LvPlayList.SelectedItems[0].
        Text.ToString ();
        timer1.Enabled = true;   // 开启时钟延时功能
        PlayButton.Text = "暂停";
        CurrPlayID = LvPlayList.SelectedItems[0].Index;  ◄------④
     }
    else if  (LvPlayList.Items.Count>0)
    {
        LvPlayList.Items[0].Selected = true;
        //如果用户没有选定歌曲，就自动选定第一首
        musicPlay ();//调用播放音乐的过程
    }
}//播放音乐过程结束
```

代码解释

① 本语句是当判断到用户选中了某个音乐文件时，才进入播放状态。

② 本语句是将用户选中音乐文件的路径传给播放器播放地址。

③ 在标签控件显示当前播放的音乐名称。

④ 记录当前播放歌曲在列表中的位置值。

05 双击“播放”按钮，在单击事件中编写如下代码。

```
private void PlayButton_Click (object sender, EventArgs e)
{
    //播放按钮单击事件处理过程
    if  (PlayButton.Text == "播放")          // 如果是播放
    {
        if  (Mp3Player.URL.Length == 0)   // 如果当前没有播放歌曲
        {
            musicPlay (); // 调用播放音乐的过程
        }
        else
       {
            Mp3Player.Ctlcontrols.play ();   // 如果当前有播放歌曲，则直接播放
            PlayButton.Text = "暂停";
       }
    }
    else     // 如果是暂停
    {
       Mp3Player.Ctlcontrols.pause ();
       PlayButton.Text = "播放";
    }
}
```

06 双击“停止”按钮，在单击事件中编写如下代码。

```
private void StopButton_Click (object sender, EventArgs e)
{
    Mp3Player.Ctlcontrols.stop ();
    PlayButton.Text = "播放";
}
```

07 双击“|<”按钮，在单击事件中编写如下代码。

```
private void PreButton_Click (object sender, EventArgs e)//上一首歌曲
{
    // 如果是第一首
    if  (CurrPlayID == 0)
    {
        CurrPlayID = LvPlayList.Items.Count - 1;        // 移到最后一首
        LvPlayList.Items[CurrPlayID].Selected = true;
    }
    else
    {
        CurrPlayID--;                                    // 移到上一首
        LvPlayList.Items[CurrPlayID].Selected = true;
    }
    musicPlay ();           // 调用播放音乐的过程
}
```

08 双击“>|”按钮，在单击事件中编写如下代码。

```
private void Nextbutton_Click (object sender, EventArgs e)
//下一首歌曲的按钮
{
    // 如果是最后一首
    if  (CurrPlayID == LvPlayList.Items.Count - 1)
    {
        LvPlayList.Items[0].Selected = true;     // 移到第一首
        CurrPlayID = 0;
    }
    else
    {
        CurrPlayID++;                                  // 移到下一首
        LvPlayList.Items[CurrPlayID].Selected = true;
    }
    musicPlay ();           //调用播放音乐的过程
}
```

09 选中播放列表 ListView 控件，在属性窗口双击 DoubleClick 事件，在事件中编写如下代码。

```
private void LvPlayList_DoubleClick (object sender, EventArgs e)
//双击列表歌曲
{
    musicPlay ();//双击列表上的歌名时，调用播放音乐的过程
}
```

10 运行程序，双击播放列表中的音乐文件，程序开始播放音乐，如图 9-9 所示。

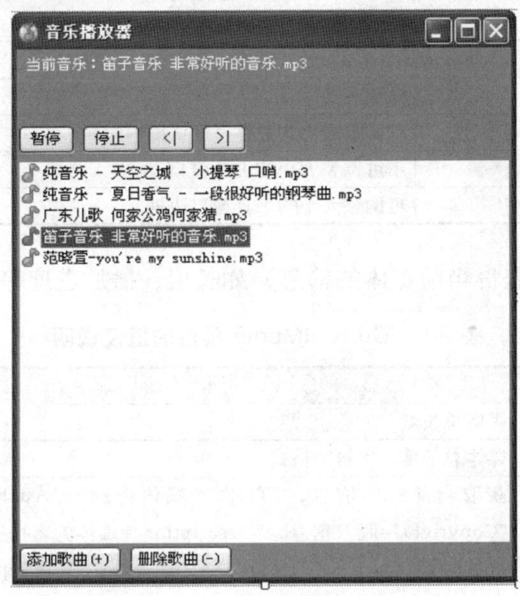

图 9-9　播放音乐运行结果

相关知识

1．Windows Media Player 的基本概念

Windows Media Player 为数字音频和视频提供了出色的播放效果，可以将 Windows Media Player 嵌入 Web 应用程序或基于 Microsoft Windows 的应用程序中。Windows Media Player 具有模块化体系结构，程序中可以只使用所需的部分。尤其是当用户界面与音频和视频内容的播放功能相互独立时，可以使用其播放功能，并可决定在应用程序中是使用 Windows Media Player 的现有用户界面，还是创建自己的用户界面。

2. Windows Media Player 的基本属性

（1）URL：指定媒体位置，本机或网络地址 。

（2）UiMode：播放器界面模式，可为 Full、Mini、None、Invisible。

（3）PlayState：播放状态，1= 停止，2= 暂停，3= 播放，6= 正在缓冲，9= 正在连接，10= 准备就绪 。

（4）EnableContextMenu：启用 / 禁用右键菜单 。

（5）FullScreen：是否全屏显示。

（6）Settings：设置播放器的基本功能设置，如音量、播放模式等，如表 9-4 所示。

表 9-4　Settings 属性的值及说明

属 性 值	说　明
Volume	音量，0～100
AutoStart	是否自动播放
Mute	是否静音

续表

属性值	说明
PlayCount	播放次数
Sizable	可调整大小的边框（默认值）
FixedToolWindow	不可调整大小的工具窗口边框
SizableToolWindow	可调整大小的工具窗口边框

（7）CurrentMedia：获得当前媒体的信息，如长度、播放进度等，如表 9-5 所示。

表 9-5 CurrentMedia 属性的值及说明

属性值	说明
Duration	媒体总长度
DurationString	媒体总长度，字符串格式
GetItemInfo	获取当前媒体信息，"Title"=媒体标题，"Author"=艺术家，"Copyright"=版权信息，"Description"=媒体内容描述，"Duration"=持续时间（秒），"FileSize"=文件大小，"FileType"=文件类型，"SourceURL"=原始地址

3．Windows Media Player 的方法

（1）controls.play; 播放 URL 属性指定的多媒体文件。

（2）controls.pause; 暂停播放。

（3）controls.stop; 停止播放。

4．Windows Media Player 的事件

PlayStateChange，该事件在音乐转换时触发，完成一般播放模式的设置工作。

拓展训练

1．编程实现：让 Windows Media Player 播放视频文件，用户双击后变成全屏显示视频画面。

2．编程实现：用一个按钮实现 Windows Media Player 的显示与隐藏。

3．编程实现：添加 1 个文本框、1 个按钮与 1 个 Windows Media Player 控件，实现 Windows Media Player 播放网络媒体文件，用户只要在文本框中输入网络媒体的网址，单击“播放”按钮，媒体开始在 Windows Media Player 控件中播放。

任务三 实现音乐播放进度调节功能

任务目标 本任务完成音乐播放器中音乐播放进度条的制作。进度条用于显示音乐的当前播放时间，并用标签标示歌曲的信息。

通过完成本任务，学会进度条控件的使用，并理解音乐播放进度条的实现原理。

任务分析 为了使用户看到当前的音乐播放进度，本任务使用进度条控件 ProgressBar 来显示音乐的当前播放进度，并用文本标签 Label 来显示当前的播放时间。

实施步骤

01 添加1个ProgressBar进度条控件和1个Label标签控件，按表9-6所示设置控件属性。

表 9-6 控件设置属性值及说明

控　件	属　性	值	说　明
Label1	Name	TimeLabel	名称
	Text	时间 00:00	用于显示时间
	Location	315, 6	位置
	ForeColor	White	文字的颜色
ProgressBar1	Name	PBSongLength	名称
	Location	1, 22	位置
	Size	390, 23	进度条尺寸值

属性设置后，调整 ProgressBar 控件与 Label 控件的位置，效果如图 9-10 所示。

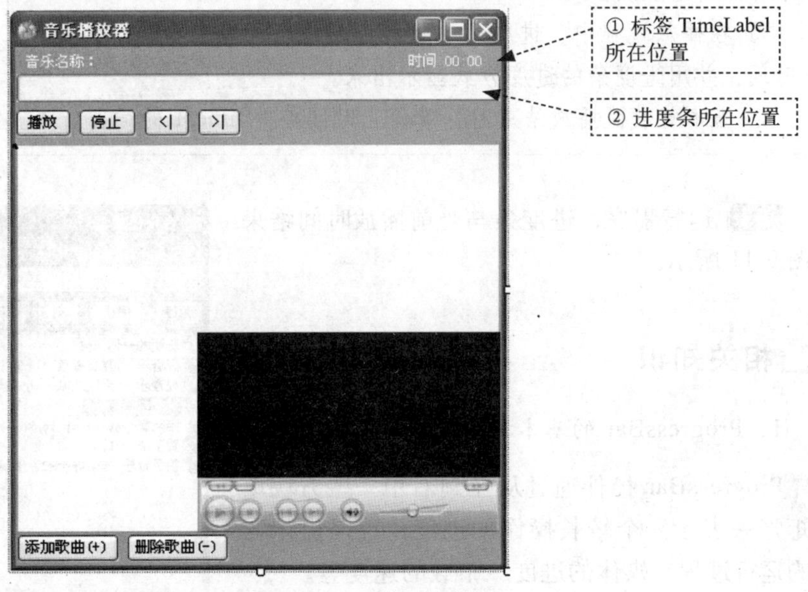

图 9-10 设置 ProgressBar 与 Label 控件后效果

02 双击 timer1 控件，在 Tick 事件中输入如下代码。

```
private void timer1_Tick (object sender, EventArgs e)
{
    // 读取总长度
    int duration = Convert.ToInt32 (Mp3Player.currentMedia.duration);   ①
    if  (duration == 0)   // 如果读取的总长度为0，表示未完成初始化
        return;           // 返回
```

```
    // 设置进度条最大值
    if  (PBSongLength.Maximum != duration)
    {
        PBSongLength.Minimum = 0;    // 进度条最小值
    // 进度条最大值
        PBSongLength.Maximum = duration;                    ②
    }
    // 设置显示进度
    if  (TimeLabel.Text != Mp3Player.Ctlcontrols.currentPositionString)
    {
        TimeLabel.Text = "时间："+Mp3Player.Ctlcontrols.currentPosi-
                             tionString;
        PBSongLength.Value = Convert.ToInt32 (Mp3Player.Ctlcontrols.
                                 currentPosition);          ③
    }
    // 如果播放完毕
    if  (TimeLabel.Text == Mp3Player.currentMedia.durationString)
        timer1.Enabled = false;      // 关闭时钟             ④
}
```

代码解释

① 本语句获得当前音乐文件的时间总长度，然后保存在变量 duration 中。

② 确定进度条的最小与最大值，最小值等于 0，而最大值等于音乐媒体的总长度。

③ 在播放过程中，进度条的当前进度动态地等于当前媒体的播放时间，并用进度条的进度方式显示出来。

④ 当本首歌曲播放结束时，就停止时间控件 timer1 的运行。

小贴士

这里用时间控件 Timer 来配合动态地读取当前音乐的播放时间，并将数值通过进度条的方式显示出来。

03 运行程序，进度条与当前播放时间结果如图 9-11 所示。

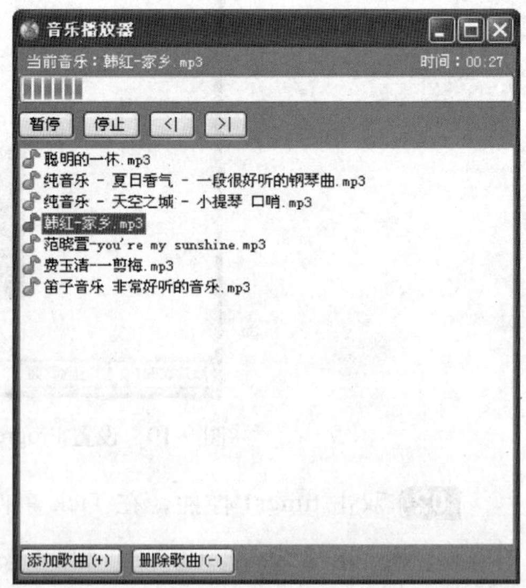

图 9-11　进度条与当前播放时间

相关知识

1．ProgressBar 的基本概念

ProgressBar 控件通过从左到右用一些方块填充矩形来表示一个较长操作的进度，可以提示程序的运行过程、媒体的进度、下载的速度等。

2．ProgressBar 控件的基本属性

（1）Minimum：表示进度条的最小值。

（2）Maximum：表示进度条的最大值，标识为进度的最大限值，如果设置不当会导致程序出错。

（3）Value：表示进度条的当前值。

（4）Style: 进度条的样式选择。

拓展训练

1. 用进度条和时间控件显示系统时间的某分钟内时间的变化。
2. 对任务中的进度条进行美化，设置三种不同的样式来显示进度。

任务四 多种音乐播放模式的实现

任务目标　本任务实现音乐播放器不同模式的播放顺序，其中包括顺序、单曲、随机以及循环。

通过完成本任务，加深对单选按钮控件 RadioButton 的认识，并学会音乐播放器不同播放模式的制作方法。

任务分析　针对四种不同的播放模式，本任务需使用四个单选按钮控件，每一个单选按钮表示一种模式。

当播放一首音乐结束时，Windows Media Player 控件会自动触发 PlayStateChange 事件。基于以上原理，本任务可以在该事件中判断用户选择的播放模式，然后根据播放模式选择播放不同的歌曲。

实施步骤

01 添加四个 RadioButton 控件，按表 9-7 设置控件属性，调整位置后，效果如图 9-12 所示。

表 9-7　RadioButton 控件的属性值及说明

控件（如图6-2）	属　性	值	说　明
radioButton1	Checked	True	已选取
	Text	循环	提示文字
radioButton2	Checked	False	未选择状态
	Text	单曲	提示文字
radioButton3	Checked	False	未选择
	Text	随机	提示文字
radioButton4	Checked	False	未选择
	Text	顺序	提示文字

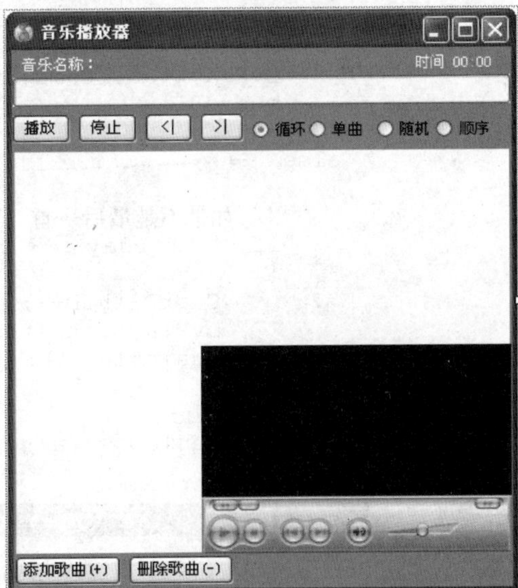

图 9-12　播放模式布局效果

02 进入 Windows Media Player 控件的播放状态改变（PlayStateChange）事件，编写如下代码。

```
private void Mp3Player_PlayStateChange (object sender, AxWMPLib._WM-
```

```
POCXEvents_PlayStateChangeEvent e)    //播放器状态改变事件触发
{
    if (e.newState == Convert.ToInt32 (WMPLib.WMPPlayState.wmppsMediaEnded))
    {     //检测到播放器刚处于一首歌曲播放结束时，触发过程
          timer2.Enabled = true;//令timer2触发
    }
}
```

代码解释

用于检测音乐是否刚好播放结束，然后触发时钟控件 timer2 的过程进行播放下一首音乐。

03 双击 timer2 控件，进入 Tick 事件，编写如下代码。

```
private void timer2_Tick (object sender, EventArgs e)
//timer2的Tick事件
{
    PlayButton.Text = "播放";
    PBSongLength.Value = 0;
    TimeLabel.Text = "时间  00:00";//初始化进度条与时间信息
    if  (radioButton1.Checked)  ◄------------------------①
    {
        Nextbutton_Click (null, null);      // 直接下一首
    }
    else if  (radioButton2.Checked) ◄--------------------②
    {
        Mp3Player.Ctlcontrols.play ();
    }
    else if  (radioButton3.Checked) ◄--------------------③
    {
        Random r = new Random ();          // 生成随机播放的ID
        CurrPlayID = r.Next (0, LvPlayList.Items.Count);
        LvPlayList.Items[CurrPlayID].Selected = true;
        musicPlay ();         // 播放
    }
    else  ◄--------------------④
    {
        // 如果不是最后一首
        if  (CurrPlayID < LvPlayList.Items.Count - 1)
        {
            CurrPlayID++;             // 移到下一首 ◄--------------⑤
            LvPlayList.Items[CurrPlayID].Selected = true;
            musicPlay ();            // 播放
        }
    }
    timer2.Enabled = false;
}
```

代码解释

① 选择了第一个单选项，表示用户当前的选项是循环播放模式，这时直接进入下一首歌曲的播放。

② 选择了第二个单选项，表示用户当前的选项是单曲的播放模式。

③ 选择了第三个单选项，表示用户当前的选项是随机播放模式，在随机模式下，播放位置等于一个从 1 到当前歌曲数最大值之间的随机数。

④ 表示用户当前的选项是顺序的播放模式。

⑤ 歌曲的播放位置在目前的数值上再加 1，然后调用播放代码，实现了顺序播放功能。

小贴士

这里用时钟控件 timer2 来实现音乐不同的播放模式，其原因是在响应 PlayStateChange 事件的时候直接改变 Player 的 URL 以致无法让它直接播放下一曲，解决方法是使用 timer2 事件，利用它的 100 毫秒延时来实现这个效果。

04 运行程序，结果如图 9-13 所示。

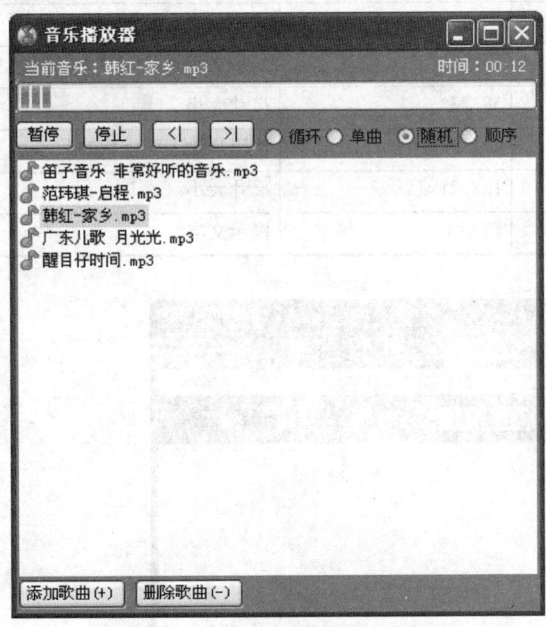

图 9-13　多种播放模式运行结果

拓展训练

用进度条和时间控件模拟 Windows 文件复制进度的显示，从 0 ~ 100%。

任务五　实现音乐搜索功能

任务目标　本任务实现音乐搜索功能，使用户能从歌曲播放列表中找到要播放的歌曲。

通过完成本任务，学会如何在 ListView 列表控件中搜索相应的项目。

任务分析　本任务需要添加一个文本框和一个按钮控件。文本框用于输入要搜索的歌曲名称，按钮用于实现搜索功能。搜索时，使用 for 循环语句遍历搜索 ListView 控件中所有列表项，判断每个列表项是否与要搜索的歌曲名称相匹配，如果匹配则选中相应的列表项，搜索结束。

实施步骤

01 添加一个 TextBox 控件和一个 Button 控件，按表 9-8 对控件的属性进行设置，调整控件位置后，效果如图 9-14 所示。

表 9-8　TextBox 和 Button 控件的属性设置及说明

控　件	属　性	值	说　明
Button	Name	SearchButton	名称
	Text	搜索	提示文字
	Size	58, 23	尺寸大小
TextBox	Name	TxtSongName	让用户输入要查找的歌名
	Size	138, 21	尺寸大小
	Text	顺序	提示文字

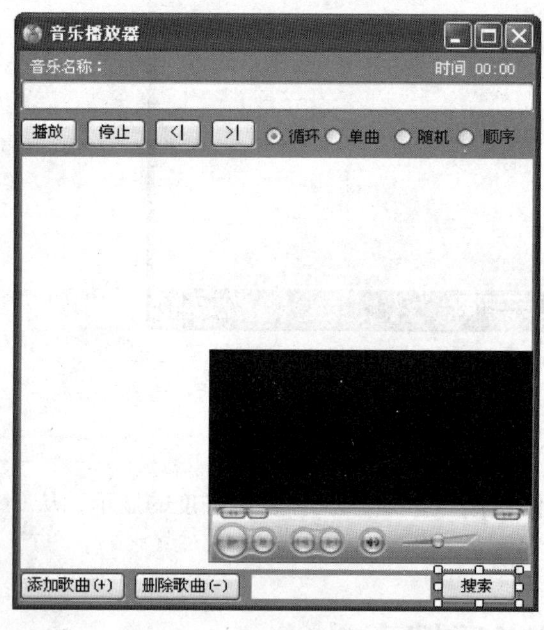

图 9-14　搜索界面布局

02 双击“搜索”按钮，在 Click 事件中编写如下代码。

```
private void SearchButton_Click (object sender, EventArgs e)
{
    string FindSongName = TxtSongName.Text; // 获取要搜索的文件名
    string selectsong = "";
    // 从播放列表中遍历搜索
    for  (int i = 0; i < LvPlayList.Items.Count; i++)  ◄------①
    {
        // 如果音乐名包含要搜索的关键字
        if  (LvPlayList.Items[i].Text.IndexOf (FindSongName) > 0)  ◄------②
        {
            selectsong = "true";
            LvPlayList.Items[i].Selected = true;// 当前位置设成选中状态  ◄------③
```

```
                break;  // 搜索结束
            }
        }
        if  (selectsong != "true")
        {
            MessageBox.Show ("没有找到相应的歌曲文件!");
        }
    }
```

小贴士

代码中用 selectsong = "true" 记录用户搜索成功，在搜索结束后对 selectsong 变量进行判断，不为 true 则表示没找到相应的歌曲。

代码解释

① 本语句从第一首歌开始从播放列表中遍历搜索歌名。

② 用于检测列表项是否包含有要搜索的歌曲名。

③ 将当前位置的歌曲设置为选中状态。

03 运行程序，结果如图 9-1 所示。

拓展训练

1. 将本书中的搜索代码进行改良，显示全部搜索匹配的歌曲，并选中第一首匹配的歌曲。
2. 为本项目添加搜索方式，包括模糊查找、精确查找两种方式。

项目小结

本项目开发了一款极具娱乐性的音乐播放器软件，在开发过程中应用的控件比较多，代码量也较大，其中包括 ListView 控件、ImageList 控件、Windows Media Player 控件、进度条 ProgressBar 控件的应用。

ListView 控件是一个很好的数据绑定和显示控件，它功能强大，是一个类似于 Repeater 与 GridView 结合的控件。它可以实现添加、删除、数据搜索功能，同时还可以像 Repeater 控件一样灵活地控制页面的布局。它包含了很多新的模板，可分组显示数据。在本项目中结合 ImageList 控件和 ListView 实现了列表上显示图标和文字。另外，还在 ListView 控件的基础上实现了歌曲的各种播放模式和歌曲搜索功能。

Windows Media Player 是一个 COM 组件，能实现多媒体的播放功能，为数字音频和视频提供了出色的播放效果。Windows Media Player 具有模块化体系结构，可以只使用所需的部分。尤其是，用户界面与播放功能是相互独立的。使用时，可以只使用其播放功能，并可创建个性化界面。

ProgressBar 控件通过从左到右用一些方块填充矩形来表示一个较长操作的进度，可用来提示用户进度情况。

项 目 实 训

【实训名称】增强型的音乐播放器

【实训说明】

本项目中制作的音乐播放器功能虽然强大，但还可以再增加一些功能以方便用户的使用。本实训为音乐播放器增加以下新功能：控制音乐开关、音量控制、将整个文件夹内的全部音乐收录到播放列表中、网络音乐的播放等。

【实训要求】

（1）进入界面后，界面增加了一些新功能按钮：音乐开关、音量控制、添加整个文件夹的音乐。

（2）实现网络音乐添加（让用户输入地址后音乐会出现在列表中）。

【实训提示】

（1）音乐的开关与音量的控制可用 Windows Media Player 控件的 Volume（音量）和 Mute（是否静音）属性来实现。

（2）添加整个文件夹音乐文件的实现方法请参考“项目七 图片浏览器”的任务一。

（3）播放网络音乐同本地音乐的实现方法一样，只是音乐文件存储的地址不同。

10

项目十 网络聊天器

项目说明

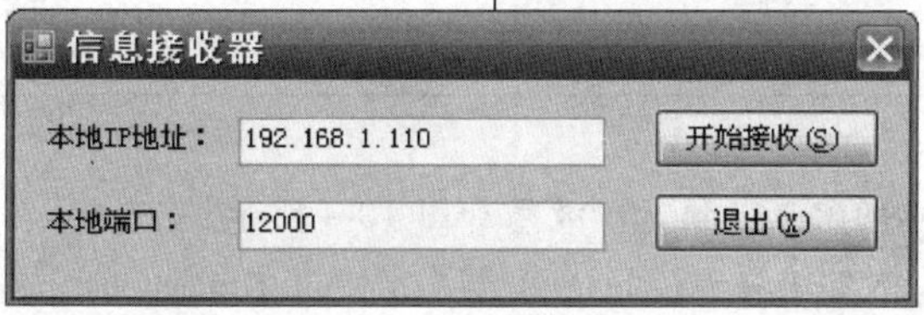

图 10-1 信息接收器

图 10-2 信息发送器

本项目主要实现在局域网内信息的发送与接收。项目分为两个部件，第一个部件是信息接收器，运行在要接收信息的计算机上，如图 10-1 所示。第二个部件是信息发送器，运行在要发送信息的计算机上，如图 10-2 所示。

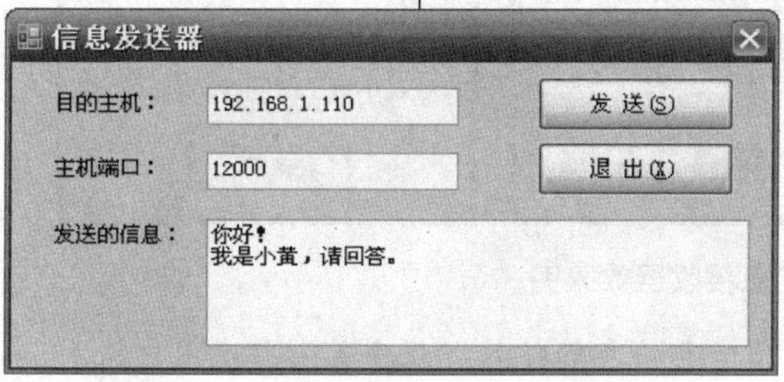

信息接收器首先设置本地的 IP 地址和端口，然后单击“开始接收”按钮，隐藏窗体并开始侦听对应计算机端口，一接收到信息便立刻显示。信息发送器首先设置好信息发送的目的主机的 IP 与端口，并填写好要发送的信息，然后单击“发送”按钮，将信息发送出去。信息发送与接收原理如图 10-3 所示。

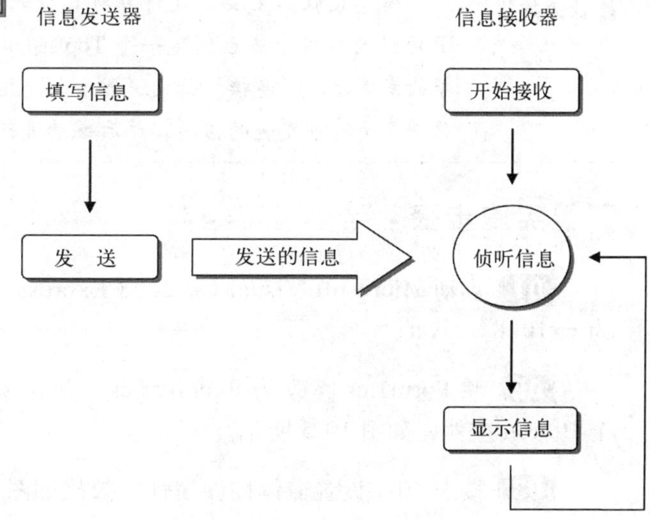

图 10-3 信息发送与接收原理图

能力目标

- 学会 IPAddress 类、IPEndPoint 类的使用。
- 学会使用 TcpListener 类的属性与方法，并使用 TcpListener 进行服务器端程序开发。
- 学会使用 TcpClient 类的属性与方法，并使用 TcpClient 类进行客户端程序的开发。
- 学会使用 NetworkStream 进行网络数据的发送与接收。
- 学会局域网聊天程序的实现方法，并理解其原理。

任务一 制作信息接收器

任务目标 本任务制作信息接收器，实现接收端的配置与侦听，效果如图 10-4 所示。

通过完成本任务学会 TcpListener 类的属性与方法的使用，并能使用 TcpListener 进行服务器端口侦听。

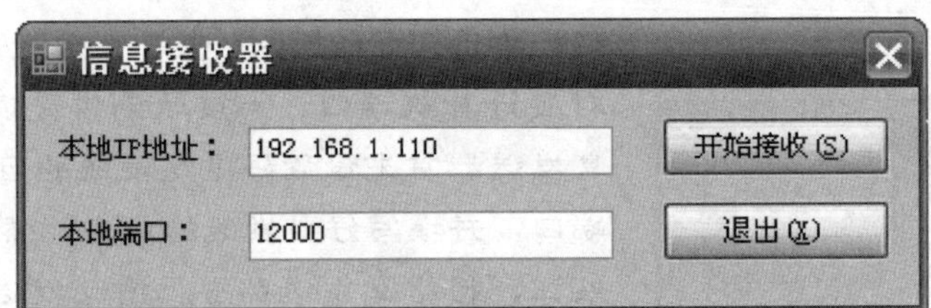

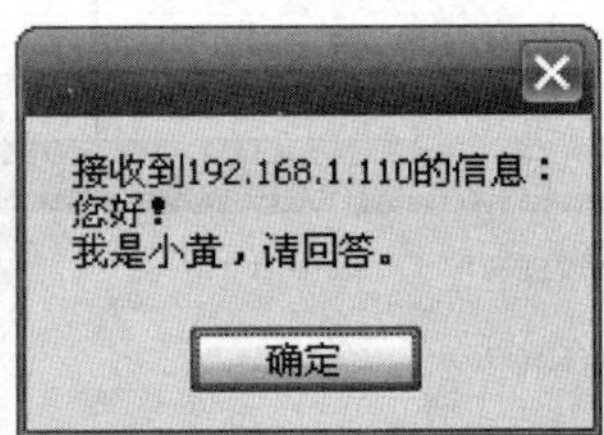

图 10-4 信息接收器效果图

任务分析 信息接收器主要实现计算机端口的侦听与信息的接收。程序首先要求用户输入 IP 地址与端口，然后创建一个 TcpListener 对象，绑定该 IP 地址与端口并开始侦听，等待发送器请求连接。待发送器请求连接后，程序接收请求并与发送器建立连接，接收并显示对方发送的信息，然后继续进行等待连接。

实施步骤

01 启动 Microsoft Visual C# 2008 Express，创建一个 Windows 窗体应用程序，名称为 Ex10_Receiver。

02 将 Form1.cs 修改为 Receiver.cs，并在窗体上添加 2 个 Label、2 个 TextBox 和 2 个 Button 控件，如图 10-5 所示。

03 按表 10-1 设置窗体控件属性，效果如图 10-6 所示。

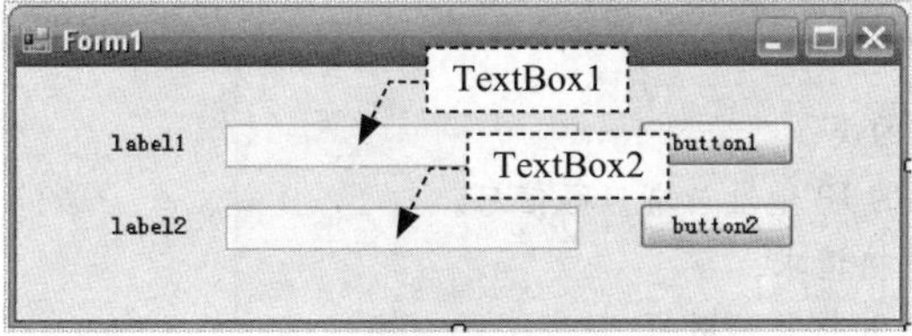

图 10-5　信息接收器窗体布局

图 10-6　信息接收器窗体设计

表 10-1　控件属性设置

控　件	属　性	值	说　明
窗体	Text	信息接收器	窗体标题
	Width	385	宽度
	Height	127	高度
	MinimizeBox	False	隐藏最小化按钮
	MaximizeBox	False	隐藏最大化按钮
	BackColor	192, 255, 192	背景色
label1	Text	本地IP地址：	显示文本
label2	Text	本地端口：	显示文本
TextBox1	Name	txtIpAddress	控件名称
TextBox2	Name	txtPort	控件名称
button1	Name	btnReceive	控件名称
	Text	开始接收(&S)	显示文本
button2	Name	btnExit	控件名称
	Text	退出(&X)	显示文本

04 为了使用 IPAddress、TcpListener 等类，需要引用相关命名空间，代码如下所示。

```
using System;
using System.Collections.Generic;
using System.ComponentModel;
using System.Data;
using System.Drawing;
using System.Linq;
using System.Text;
using System.Windows.Forms;
using System.Net;            // 使用IPAddress与IPEndPoint类
using System.Net.Sockets; // 使用TcpListener、TcpClient与NetworkStream类
namespace Ex10
{
    public partial class Receiver : Form
    {
        public Receiver()
        {
            InitializeComponent();
        }
    }
}
```

引用 System.Net 命名空间

引用 System.Net.Sockets 命名空间

小贴士

IPAddress 类是用于表示与处理 IP 地址的类。

IPEndPoint 类用于保存本地或远程主机的 IP 地址与端口等信息。

TcpListener 类用于侦听和接收传入的连接请求。

TcpClient 类用于通过网络来连接、发送和接收流数据。

NetworkStream 类用于网络数据的发送与接收。

有关各种类的详细介绍请查阅本任务的【相关知识】。

05 双击“开始接收”按钮，编写单击事件代码如下。

```
private void btnReceive_Click(object sender, EventArgs e)
{
    string ipAddress = txtIpAddress.Text;           // 读取IP地址
    int port = Convert.ToInt32(txtPort.Text);       // 读取端口

    TcpListener tcplistener = null;
    // 创建一个TcpListener对象，用于侦听
    IPAddress ipaddress = IPAddress.Parse(ipAddress);
    // 根据IP地址创建IPAddress对象

    tcplistener = new TcpListener(ipaddress, port);
    // 初始化TcpListener对象
    tcplistener.Start();              // 启动TcpListener对象

    this.Hide();                      // 隐藏窗体
    TcpClient tcpclient = null;  // 创建TcpClient对象，用于与发送器通信

    while (true)     ◄------ true 为条件，一直循环侦听与接收信息
    {
        tcpclient = tcplistener.AcceptTcpClient(); // 开始侦听

        NetworkStream ns = tcpclient.GetStream();
        // 创建NetworkStream对象
        Byte[] arrText = new Byte[1000];
        // 创建字节数组，用于存放信息
        ns.Read(arrText, 0, arrText.Length);       // 读取信息
        string s = Encoding.Default.GetString(arrText);
        // 将字节数组转化为字符串
        IPEndPoint ipendpoint = (IPEndPoint)tcpclient.Client.
        RemoteEndPoint;
        // 显示信息
        MessageBox.Show("接收到" + ipendpoint.Address.ToString()+"的信息：\n"+s);
        tcpclient.Close();      ◄------ 返回发送器的 IP 地址
    }
    tcplistener.Stop();

}
```

06 调试运行程序，效果如图 10-4 所示，单击“开始接收”按钮后，窗体隐藏，等待发送器发送连接请求。

07 保存项目。

相关知识

本任务涉及到比较多的类，包括IPAddress类、IPEndPoint类、TcpListenr类、TcpClient类和NetworkStream类。下面对各个类进行详细介绍。

1．IPAddress类

IPAddress类主要用于表示计算机在网络上的IP地址。IPAddress类中的常用字段、属性、方法及说明如表10-2所示。

表10-2　IPAddress类的常用字段、属性、方法及说明

字段、属性及方法	说　明
Any字段	提供一个IP地址，用于服务器侦听所有网络客户端的活动
Loopback字段	提供IP环回地址
Broadcast字段	提供IP广播地址
Address属性	IP地址
AddressFamily属性	获取IP地址的地址族
IsLoopback方法	判断指定的IP地址是否为环回地址
Parse方法	将IP地址字符串转换为IPAddress实例

示例：

```
string ip = "192.168.1.1";    // 定义IP地址字符串
IPAddress  ipaddress  =  IPAddress.Parse(ip);
// 将IP地址字符串转换为IPAddress实例
```

小贴士

IPAddress类包含在System.Net命名空间中。

2．IPEndPoint类

IPEndPoint类主要用来将网络端点表示为IP地址和端口号。通过组合主机的IP地址和端口，IPEndPoint类能够形成到服务的连接点。

小贴士

IPEndPoint类包含在System.Net命名空间中。

IPEndPoint类中常用的属性及说明如表10-3所示。

表10-3　IPEndPoint类的常用属性及说明

属　性	说　明
Address	获取或设置终结点的IP地址
AddressFamily	获取IP地址族
Port	获取或设置终结点的端口号

示例：

```
// 实例化IPEndPoint类对象
IPEndPoint ipep = new IPEndPoint(IPAddress.Parse("192.168.1.1"),80);
MessageBox.Show("IP地址：" + ipep.Address.ToString() + ", 端口：" +
ipep.Port);
```

3. TcpListener 类

TcpListener 类用于在阻塞（等待）模式下侦听和接收传入的连接请求。可使用 TcpClient 类来连接 TcpListener，并且可以使用 IPEndPoint 对象、本地 IP 地址及端口或者仅使用端口来创建 TcpListener 对象。TcpListener 常用的属性、方法及说明如表 10-4 所示。

小贴士

TcpListener 类包含在 System.Net.Sockets 命名空间中。

表 10-4 TcpListener 类的常用属性、方法及说明

属性、方法	说　明
LocalEndPoint属性	获取当前TcpListener的本地EndPoint
Start方法	开始侦听连接请求
Stop方法	关闭侦听
AcceptTcpClient方法	接受挂起的连接请求（返回一个TcpClient对象）

示例：

```
IPAddress  ipa = new IPAddress.Parse("192.168.1.1");
// 实例化IPAddress对象
TcpListener tl = new TcpListener("192.168.1.1",80);
//  实例化TcpListener对象
tl.Start();          // 开始侦听连接请求
TcpClient  tc  =  tl.AcceptTcpClient();    // 接受挂起的连接请求
tl.Stop();           // 关闭侦听
```

4. TcpClient 类

TcpClient 类主要用于发送网络连接，发送与接收网络数据。TcpClient 类的常用属性、方法及说明如表 10-5 所示。

表 10-5 TcpClient 类的常用属性、方法及说明

属性、方法	说　明
Connected属性	指示TcpClient是否已经连接到远程主机
Connect方法	连接到远程主机
Close方法	释放此TcpClient实例，而不关闭连接
GetStream方法	返回用于发送和接收数据的NetworkStream对象

小贴士

TcpClient 类包含在 System.Net.Sockets 命名空间中。

示例：

```
IPAddress ipaddress = IPAddress.Parse("192.168.1.1");
// 根据IP地址创建IPAddress对象
IPEndPoint ipEnd = new IPEndPoint(ipaddress, 12000);
// 创建IPEndPoint对象，目的主机
TcpClient tcpclient = new TcpClient();       // 创建TcpClient对象
tcpclient.Connect(ipEnd);                    // 连接到目的主机
NetworkStream ns = tcpclient.GetStream()     // 返回NetworkStream对象
tcpclient.Close();                           // 释放实例
```

5．NetworkStream 类

NetworkStream 类主要用于发送和接收网络数据。常用的方法包括 Read 和 Write，对应接收与发送。Read 与 Write 方法操作的是字节数组的数据，即 Byte[] 类型的数组。

> **小贴士**
> NetworkStream 类包含在 System.Net.Sockets 命名空间中。

示例：

```
NetworkStream ns = tcpclient.GetStream();
// 创建NetworkStream对象，用于读取信息
Byte[] arrText = new Byte[1000];              // 创建字节数组，用于存放信息
ns.Read(arrText, 0, arrText.Length);          // 读取信息
```

拓展训练

新建一个 Windows 应用程序，在程序中实现建立 TcpListener 对象，绑定本地地址，开始监听 12000 端口。使用 TcpClient 类向本地计算机发出连接请求，并由于 TcpListener 对象接收该请求，显示连接成功。整个实例实现了在本地机完整地模拟服务器与客户端的连接过程。程序运行效果如图 10-7 所示。

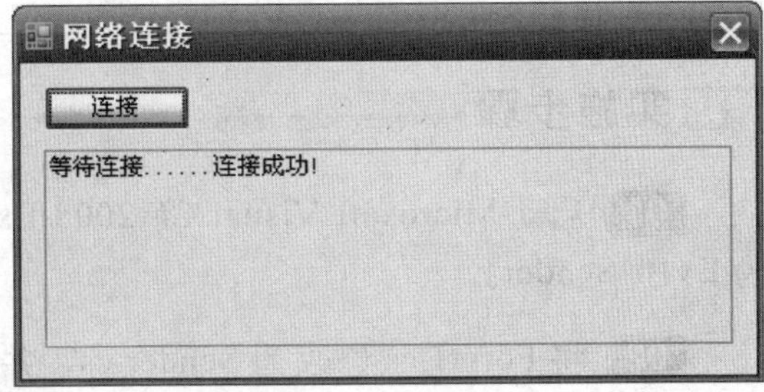

图 10-7　网络连接测试

实例主要代码如下。

```
private void button1_Click(object sender, EventArgs e)
{
    IPAddress addr = IPAddress.Parse("127.0.0.1");     // 绑定本地地址
    int port = 12000;          // 使用端口12000

    TcpListener listener = new TcpListener(addr, port);
    // 建立监听对象
    listener.Start();          // 开始监听
    txtShow.Text = "等待连接......";
    TcpClient client;

    client = new TcpClient("127.0.0.1", port);   // 请求与本地连接

    client = listener.AcceptTcpClient();   // 监听对象接收来自本地的连接请求

    txtShow.Text += "连接成功!";
    client.Close();
    listener.Stop();
}
```

任务二　制作信息发送器

任务目标　本任务完成信息发送器的设计，主要实现向信息接收器发出连接请求并发送相关信息的功能，效果如图 10-8 所示。

通过完成本任务学会 TcpClient 类的请求连接，学会使用 NetworkStream 类发送数据。

任务分析　如图 10-8 所示，信息发送器要求用户输入发送信息的目的主机 IP 地址、端口号与要发送的信息，单击“发送”按钮进行发送。本任务使用 TcpClient 类向信息接收器发送连接请求，请求接收后，使用 NetworkStream 类进行信息发送。

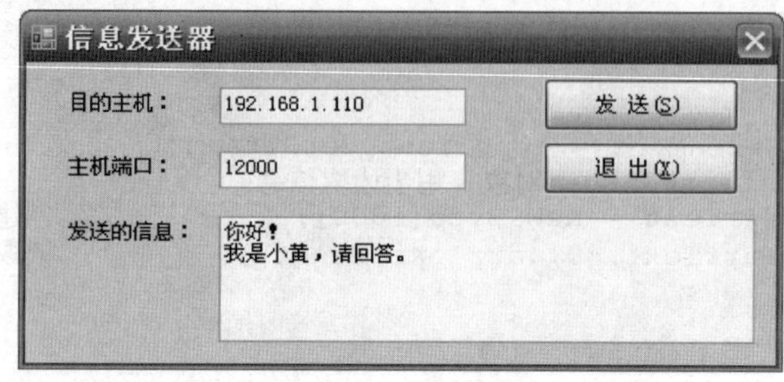

图 10-8　信息发送器

实施步骤

01 启动 Microsoft Visual C# 2008 Express，创建一个 Windows 窗体应用程序，名称为 Ex10_Sender。

02 将 Form1.cs 修改为 Sender.cs，并在窗体上添加 3 个 Label、3 个 TextBox 和 2 个 Button 控件，如图 10-9 所示。

03 按表 10-6 设置窗体控件属性，效果如图 10-10 所示。

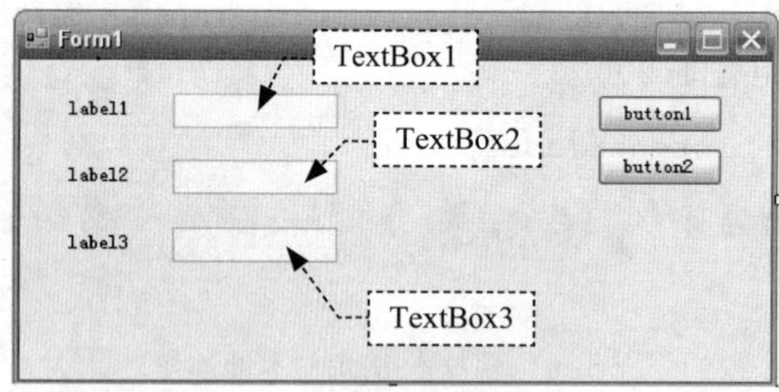

图 10-9　信息发送器窗体布局

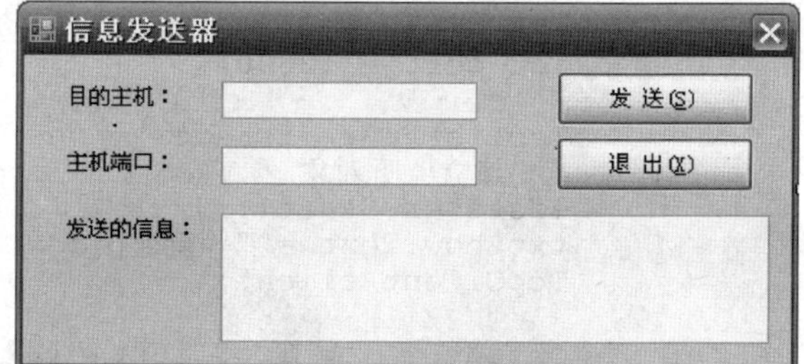

图 10-10　信息接收器窗体设计

表 10-6　窗体控件属性设置及说明

控　件	属　性	值	说　明
窗体	Text	信息发送器	窗体标题
	Width	426	宽度
	Height	204	高度
	MinimizeBox	False	隐藏最小化按钮
	MaximizeBox	False	隐藏最大化按钮
	BackColor	192, 255, 192	背景色
label1	Text	目的主机：	显示文本
label2	Text	主机端口：	显示文本

续表

控　件	属　性	值	说　明
label3	Text	发送的信息:	显示文本
TextBox1	Name	txtIpAddress	控件名称
TextBox2	Name	txtPort	控件名称
TextBox3	Name	txtMsg	控件名称
	MultiLine	True	多行
	Height	70	高度
button1	Name	btnSend	控件名称
	Text	发 送(&S)	显示文本
button2	Name	btnExit	控件名称
	Text	退出(&X)	显示文本

04 为了使用 IPAddress、TcpListener 等类，需要引用相关命名空间，代码如下所示。

```
using System;
using System.Collections.Generic;
using System.ComponentModel;
using System.Data;
using System.Drawing;
using System.Linq;
using System.Text;
using System.Windows.Forms;
using System.Net;
using System.Net.Sockets;
namespace WindowsFormsApplication1
{
    public partial class Sender : Form
    {
        public Sender()
        {
            InitializeComponent();
        }
    }
}
```

05 双击“发送”按钮，编写单击事件代码如下。

```
private void btnSend_Click(object sender, EventArgs e)
{
    string ipAddress = txtIpAddress.Text;          // 读取IP地址
    int port = Convert.ToInt32(txtPort.Text);      // 读取端口
    string msg = txtMsg.Text;                      // 读取要发送的信息

    IPAddress ipaddress = IPAddress.Parse(ipAddress);
    // 根据IP地址创建IPAddress对象

    IPEndPoint ipEnd = new IPEndPoint(ipaddress, port);
    // 创建IPEndPoint对象，目的主机
    TcpClient tcpclient = new TcpClient();      // 创建TcpClient对象
    tcpclient.Connect(ipEnd);                   // 连接到目的主机

    string strText = txtMsg.Text;               // 读取要发送的信息
```

```
        Byte[] arrText;                                     // 字节数组，存放发送的信息
        arrText = Encoding.Default.GetBytes(strText.ToCharArray());
        // 将要发送的信息转化成字节数组

        NetworkStream ns;                          // 创建NetworkStream对象，发送信息
        ns = tcpclient.GetStream();
        ns.Write(arrText, 0, arrText.Length);   // 发送arrText字节数组的信息
    }
```

06 调试运行程序。首先启动并配置好信息接收器，然后运行信息发送器，输入目的IP、端口与发送的信息，单击“发送”按钮。此时，信息接收器将弹出对话框显示接收到的信息。

07 保存项目。

相关知识

本任务中使用的相关类的介绍请查阅任务一中的“相关知识”部分内容。

项目小结

本项目主要使用网络编程的相关类开发一个实用的网络聊天工具。项目分为两个部件，一个信息接收器和一个信息发送器。接收器开启侦听服务，等待接收发送器发送连接请求，并显示收到的信息。发送器主要发送连接请求，并发送信息。

本项目主要涉及到了IPAddress、IPEndPoint、TcpListener、TcpClient和NetworkStream类，分别存放在System.Net与System.Net.Sockets命名空间中。通过完成本项目，读者应该掌握使用C#进行网络编程的基础知识，并能使用相关类开发基本的网络应用程序。

项目实训

【实训名称】使用UdpClient类实现网络通信

【实训说明】

本项目使用UdpClient类开发网络通信程序，绑定本地主机，并将信息发送给本地主机，本地主机接收并显示信息，效果如图10-11所示。

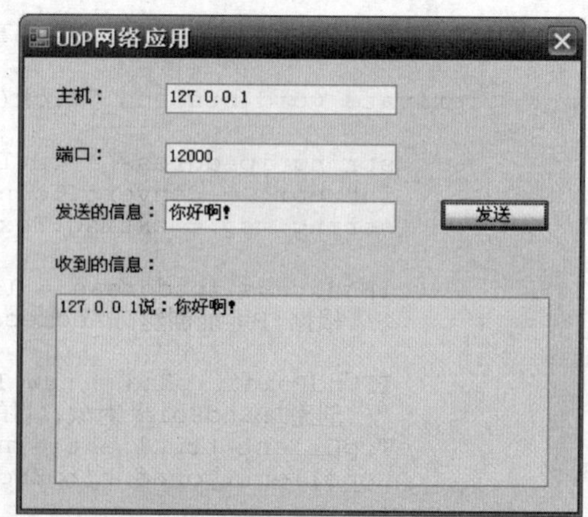

图10-11　UdpClient类的使用

【实训要求】

(1) 本项目使用UdpClient类实现网络信息的自发自收。因此，在测试时主机可使用127.0.0.1或者本地IP地址。

(2) 在代码中先实例化一个UdpClient对象，并且发送相关信息给本地主机。然后本地主机使

用 UdpClient 对象接收刚刚发送的信息，实现自发自收。

【实训提示】

1．UdpClient 类

TcpListener 与 TcpClient 类是用于在同步阻止模式下通过网络来连接、发送和接收流数据。它们在交换数据前必须先建立连接，一般用于传递数据丢失率要求低的场合。

当需要传输大量数据，而对数据质量要求不高时，可采用 UdpClient 类。UdpClient 类用于在阻止同步模式下发送和接收无连接 UDP 数据报。由于 UDP 是无连接传输协议，不需要与远程主机建立连接，常应用于传送数据量较大的场合，例如网络视频等。

UdpClient 类的常用方法及说明如表 10-7 所示。

表 10-7　UdpClient 类的常用方法及说明

方　法	说　明
Close	关闭UDP连接
Connect	建立默认远程主机
Receive	返回已由远程主机发送的UDP数据报
Send	将UDP数据报发送到远程主机

2．程序主要代码

```
private void button1_Click(object sender, EventArgs e)
{
    /*****************发送端*****************/
    int port = Convert.ToInt32(txtPort.Text);    // 读取端口
    UdpClient udp = new UdpClient(port);
    // 根据本地端口实例化UdpClient对象
    udp.Connect(txtIP.Text,port);                // 连接到远程主机，指定端口
    // 读取要发送的信息
    Byte[] sendBytes = Encoding.Default.GetBytes(txtMsg.Text);
    udp.Send(sendBytes, sendBytes.Length);       // 发送信息

    /*****************接收端*****************/
    // 实例化IPEndPoint对象，响应远程主机
    IPEndPoint ipEP = new IPEndPoint(IPAddress.Any, 0);
    Byte[] reBytes = udp.Receive(ref ipEP);     // 接收信息
    string rData = Encoding.Default.GetString(reBytes); // 信息转换
    txtShow.Text += ipEP.Address.ToString() + "说：" + rData + "\n";
    // 显示信息
    udp.Close();     // 关闭UdpClient对象
}
```

读书笔记

11

项目十一　制作个性日记本

项目说明

本项目开发一款个性化日记本程序，代替传统的纸质日记本，用户能够使用该程序对个人的日记进行管理。项目外观精美，操作方便，效果如图 11-1 所示。用户选择年份与月份后，程序自动显示该月日历。如果某一天已经编写日记，那么日历中当天就会显示一个小图标。用户双击日历中的某一天，会弹出编写日记内容的窗口，如图 11-2 所示。用户编写完日记后，单击“保存”按钮保存日记内容。

图 11-1　个性日记本主界面

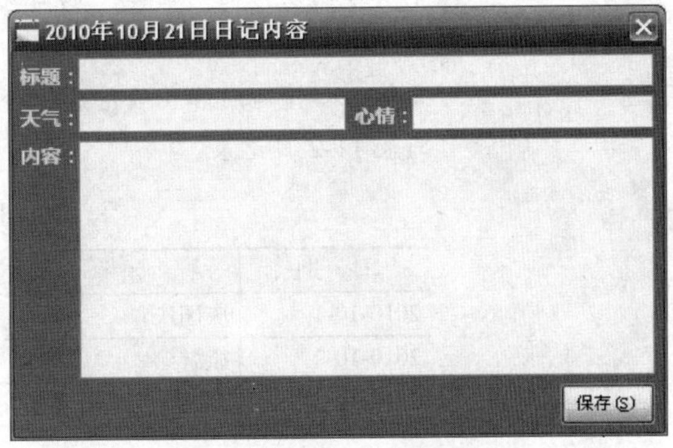

图 11-2　编写日记内容

能力目标

- 学会设计并建立 Access 数据库。
- 学会使用 ADO.NET 相关对象连接 Access 数据库。

(1) 数据库连接对象：OleDbConnection。

(2) SQL 语句执行对象：OleDbCommand。

(3) 数据读取对象：OleDbDataReader。

(4) 数据适配器对象：OleDbDataAdapter。

(5) 数据集对象：DataSet。

- 学会使用 SQL 语句中的 Insert 语句添加数据库中的数据。
- 学会使用 SQL 语句中的 Update 语句更新数据库中的数据。
- 学会使用 SQL 语句中的 Select 语句查询数据库中的数据。
- 学会实现 Access 数据库中添加、删除、修改与查询的方法。

任务一 建立日记本数据库

任务目标 由于本项目涉及的数据量不大，并且是单机使用，所以采用相对简单的 Access 2003 作为数据库。本任务将完成日记本数据库的设计与建立。

通过完成本任务，学会 Access 2003 数据库的使用，并学会根据需要设计与建立数据库的方法。

任务分析 本项目涉及到两个表：日记表和用户表。顾名思义，用户表用于保存允许登录本项目的用户名与密码；而日记表用于保存每天的日记，根据实际需要，每天日记一般包含日期、标题、天气、心情与内容几项信息。分析可得表 11-1 用户表与表 11-2 日记表。

表 11-1 用户表

用户名	密码
小黄	1234

表 11-2 日记表

日期	标题	天气	心情	内容
2010-10-1	庆国庆	晴	高兴	今天国庆节
2010-10-2	旅游	阴	高兴	今天去北京旅游
2010-10-3	倒霉	多云	阴沉	今天摔了一跤

实施步骤

01 在 D 盘创建一个文件夹，命名为“Ex11”，用于存放整个项目的文件。

02 选择“开始”/“程序”/“Miscrosoft Office”/“Miscrosoft Office Access 2003”命令，启动 Access 2003，如图 11-3 所示。

03 选择菜单栏上“文件”/“新建”命令后，单击“新建文件”面板的“空数据库”，创建一个空数据库，名称为“日记本 .mdb”，保存在“D:\Ex11”文件夹中，如图 11-4 所示。

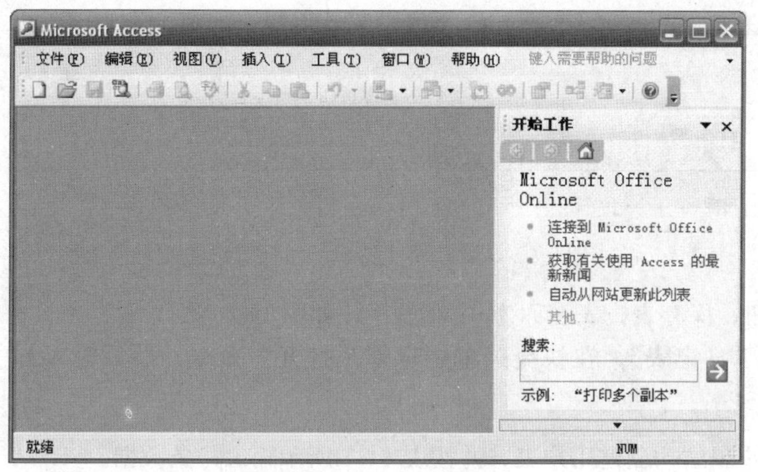

图 11-3 Access 2003 窗口

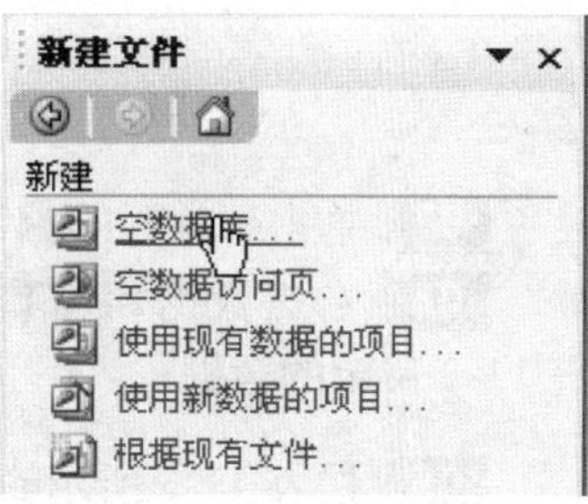

图 11-4 创建空数据库

04 在日记本数据库窗口中选择“使用设计器创建表”，然后单击“设计”图标，创建一个数据表，如图 11-5 所示。

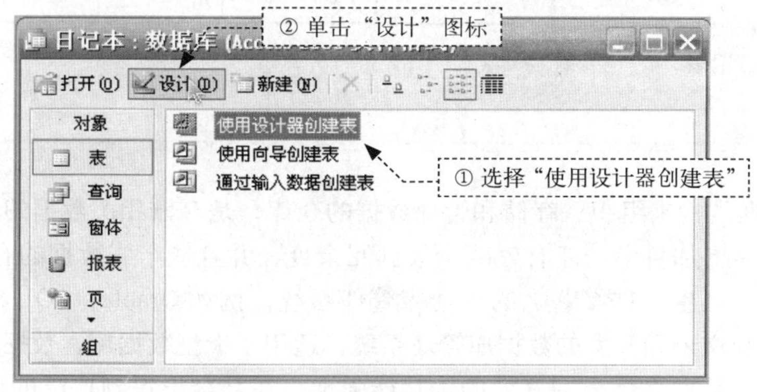

图 11-5 创建数据表

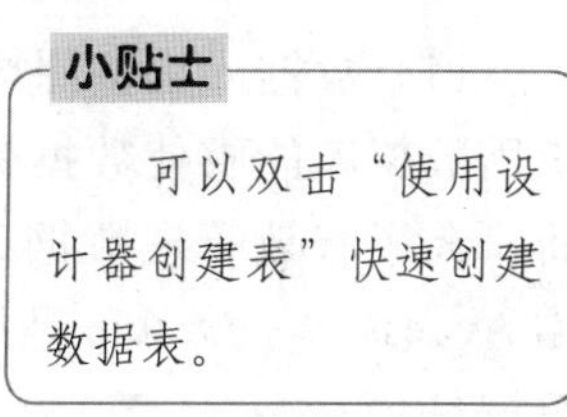

05 在表设计器中，输入日记表信息的字段名称与每个字段的数据类型，如图 11-6 所示。

注意：天气与心情字段的字段大小都为 50。

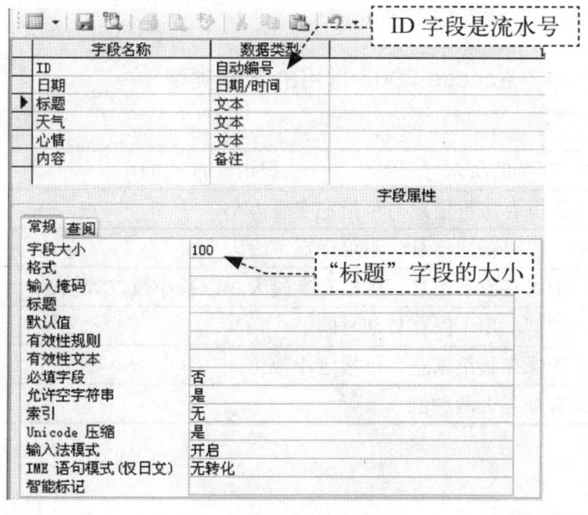

图 11-6 日记表结构

06 选中 ID 字段，单击工具栏的 按钮，将 ID 字段设置为主键，如图 11-7 所示。

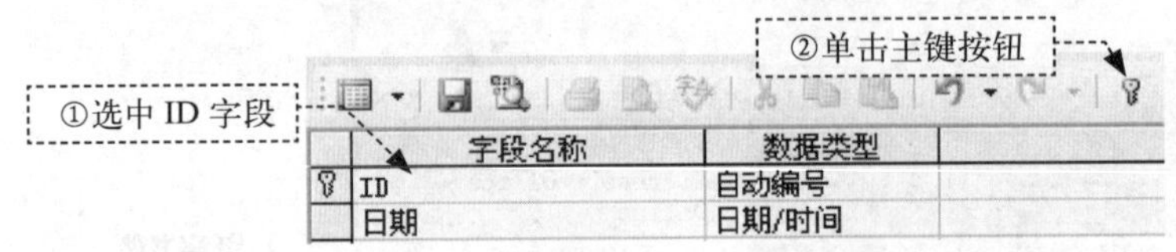

图 11-7 设置主键

07 单击工具栏的 按钮，保存表，表名称为“日记表”，如图 11-8 所示。

08 右击数据库窗口的“日记表”，在快捷菜单中选择“打开”命令，然后输入如表 11-2 所示的数据。

09 按表 11-3 所示的用户表结构创建用户表，并按表 11-1 所示输入一条数据。

图 11-8 保存日记表

表 11-3 用户表结构

列 名	数据类型	长 度	说 明
用户名	文本	20	
密码	文本	20	

相关知识

（1）数据库是按照数据结构来组织、存储和管理数据的仓库，是存储相关数据的集合。使用数据库能够使数据管理更加科学，能有效减少数据冗余度，并且能节省数据的存储空间。为了有效管理数据库，诞生了许多著名的数据库管理系统，例如 Oracle、SQL Server 和 Access 等。Oracle 是甲骨文公司开发的数据库管理系统，适用于大型数据库，数据量大，数据结构复杂；SQL Server 是由微软公司开发的，功能强大，在社会上得到广泛的应用；Access 是 Microsoft Office 系列软件之一，功能相对简单，适用于数据量较少的场合。

（2）数据表是包含在数据库中的对象之一，它以行 + 列的形式保存同种数据。列称作字段，行称作记录，每个字段包括字段名、字段类型和字段大小等相关信息。Access 2003 中常用字段类型如表 11-4 所示。

表 11-4 Access 2003 常用的字段类型

数据类型	说 明
自动编号	从1开始的流水号。每添加一条记录，自动加1
文本	用于保存字符信息，可指定字段大小
备注	用于保存备注信息，不可指定字段大小
数字	用于保存数字信息，可指定字段大小以及小数位等信息
日期/时间	日期型，用于保存日期时间
货币	用于保存货币信息，可指定小数位
是/否	只有是与否两种值

任务二 设计主界面

任务目标 软件的主界面是第一个映入用户眼帘的部件，是软件成功与否的重要因素之一。一个精美的界面往往能吸引用户的眼球，使软件更加受欢迎。本任务设计项目的主界面，效果如图 11-9 所示。通过完成本任务学会 ListView 控件与 NumericUpDown 控件的使用。

图 11-9 项目主界面

任务分析 如图 11-9 所示，项目的主界面主要由 4 种控件组成，分别为 PictureBox、NumericUpDown、Label 和 ListView。其中，PictureBox 控件用于显示年月前面的小图标，NumericUpDown 控件用于给用户选择年份与月份，Label 控件用于显示“年”和“月”，ListView 控件用于显示日历。由于月份的日历不全相同，所以 ListView 控件的子项必须使用代码进行添加。

实施步骤

01 启动 Microsoft Visual C# 2008 Express，创建一个 Windows 窗体应用程序，名称为 Ex11。

> **小贴士**
>
> 窗体上的全部控件都是工具箱的公共控件。

02 重命名 Form1.cs 为 diary.cs，双击 diary.cs，打开 diary 窗体，在该窗体添加 1 个 PictureBox 控件、2 个 NumericUpDown 控件、2 个 Label 控件和 1 个 ListView 控件，如图 11-10 所示。

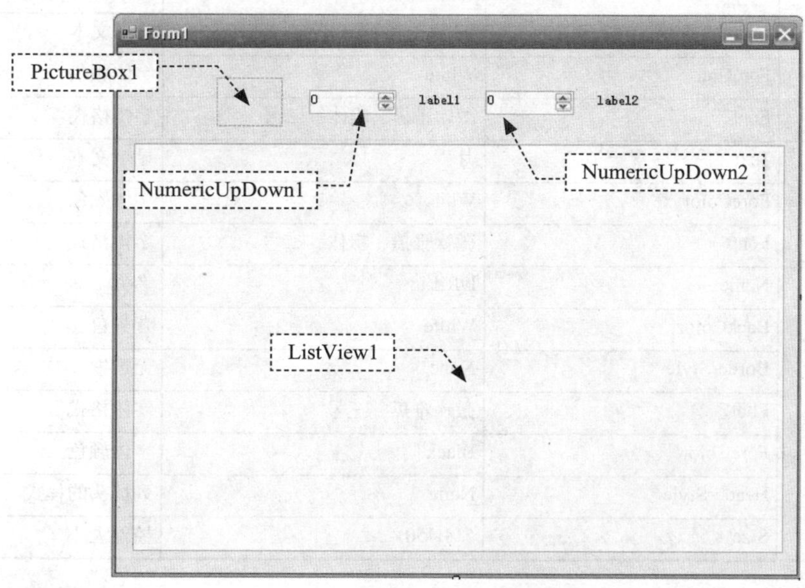

图 11-10 diary 窗体布局

03 按表 11-5 设置窗体以及控件的属性。

表 11-5　窗体以及控件属性设置及说明

控　件	属　性	值	说　明
diary窗体	BackColor	DodgerBlue	背景色
	FormBorderStyle	FixedSingle	窗体边框
	Icon	ZT.ICO	窗体图标
	MaximizeBox	False	隐藏最大化按钮
diary窗体	MinimizeBox	False	隐藏最小化按钮
	Size	520,550	控件大小
	Text	个性日记本	窗体标题
PictureBox1	Image	Logo.jpg	显示图像
	SizeMode	StretchImage	图像大小模式
	Size	58,43	控件大小
NumericUpDown1	Name	nudYear	名称
	Font	微软雅黑、粗体、三号	字体格式
	ForeColor	DodgerBlue	字体颜色
	Maxinum	3000	最大值
	TextAlign	Center	文字对齐方式
NumericUpDown2	Name	nudMonth	名称
	Font	微软雅黑、粗体、三号	字体格式
	ForeColor	DodgerBlue	字体颜色
	Maxinum	12	最大值
	Minimum	1	最小值
	TextAlign	Center	文字对齐方式
label1	Text	年	显示文本
	ForeColor	White	字体颜色
	Font	微软雅黑、粗体、二号	字体格式
label2	Text	月	显示文本
	ForeColor	White	字体颜色
	Font	微软雅黑、粗体、二号	字体格式
ListView1	Name	lvRiLi	名称
	BackColor	White	背景色
	BorderStyle	None	无边框
	Font	微软雅黑、三号	字体格式
	ForeColor	Black	字体颜色
	HeaderStyle	None	列标头的样式
	Size	514,450	控件大小

调整控件大小，拖到窗体适当位置，效果如图 11-11 所示。

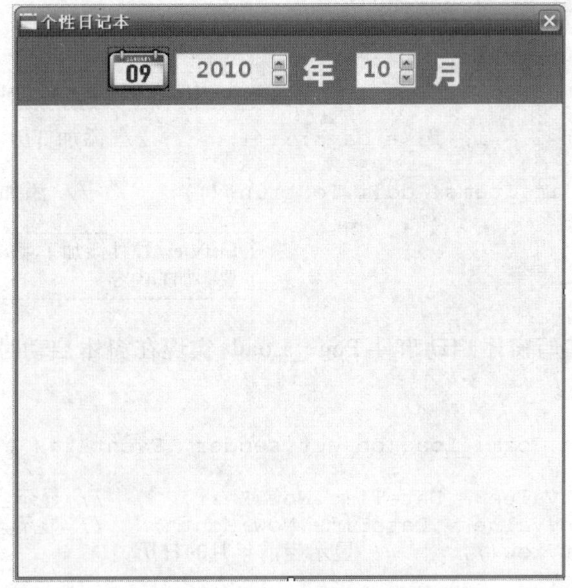

图 11-11　调整后窗体效果

04 编写自定义方法 ShowListView，用于在 ListView 控件中显示指定年月的日历，代码如下。

```
public void ShowListView()    //显示指定年月的日历
{
    int year = (int)nudYear.Value;     // 读取年份
    int month = (int)nudMonth.Value;   // 读取月份
    lvRiLi.Items.Clear();              // 清空日历

    // 判断该月有多少天
    int days = 0;
    switch (month) ◄------ switch 多分支结构，根据月份判断天数
    {
        case 1:
        case 3:
        case 5:
        case 7:
        case 8:
        case 10:
        case 12:
            days = 31;        // 1,3,5,7,8,10,12月有31天
            break;
        case 4:
        case 6:
        case 9:
        case 11:
            days = 30;        // 4,6,9,11月有30天
            break;                       2 月要判断是否闰月
        case 2: ◄------
            if (year % 400 == 0 || year % 4 == 0 && year % 100 != 0)
            {
                days = 29;  // 闰年的2月有29天
            }
```

```
                else
                {
                    days = 28;
                }
                break;
        }

        for (int i = 1; i <= days; i++)       // 添加日历
        {
            lvRiLi.Items.Add(i.ToString());       // 添加项
        }
    }
```

该月的天数，每天在 ListView 控件中添加一项

ListView 控件添加子项的方法 Add，括号中是要添加的内容

05 双击窗体，编写窗体启动事件 Page_Load，实现在窗体启动时设置年份为当前年月，并显示日历，代码如下。

```
private void Form1_Load(object sender, EventArgs e)    // 窗体启动
{
    nudYear.Value = DateTime.Now.Year;       // 显示当前年
    nudMonth.Value = DateTime.Now.Month;     // 显示当前月
    ShowListView();     // 显示当前年月的日历
}
```

06 当用户调整年月时，日历需要随之改变。因此，需要在 nudYear 与 nudMonth 控件的内容改变事件 ValueChanged 中调用 ShowListView 方法更新指定年月的日历，代码如下。

```
// 月份输入框改变时
private void nudMonth_ValueChanged(object sender, EventArgs e)
{
    ShowListView();          // 更新日历
}
// 年份输入框改变时
private void nudYear_ValueChanged(object sender, EventArgs e)
{
    ShowListView();         // 更新日历
}
```

07 调试运行程序，效果如图 11-9 所示。

08 单击标准工具栏的“全部保存”按钮，保存项目到 D:\Ex11 文件夹中。

> **小贴士**
>
> 可直接双击 nudYear 与 nudMonth 控件进入 ValueChanged 事件编写事件代码。

相关知识

本系统主要使用了两个新控件：NumericUpDown 控件和 ListView 控件。

(1) NumericUpDown 控件：主要提供设置的方式让用户输入数值。该控件中内嵌了两个三角形的小按钮，单击向上方向的小按钮，数值增加，单击向下方向的小按钮，数值减少。增加与减少的量可通过属性进行设置。NumericUpDown 控件在“工具箱”的“公共控件”中，如图 11-12 所示。

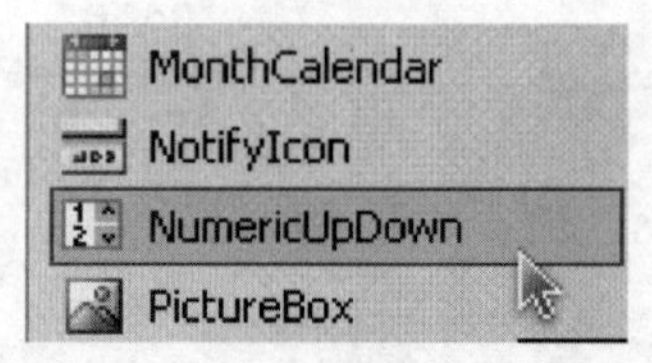

图 11-12 NumericUpDown 控件

NumericUpDown 控件的常用属性及说明如表 11-6 所示。

表 11-6　NumericUpDown 控件的常用属性及说明

属　　性	说　　明	值
Increment	每单击一下按钮增加或减少的数量	数值
Maximum	控件最大值	数值
Minimum	控件最小值	数值
TextAlign	文本框中内容的对齐方式	Left、Right、Center
Value	控件的值	数值

（2）ListView 控件是显示带图标的项的列表，可以以详细资料、大图标、小图标、列表和标题的形式显示内容。ListView 控件在“工具箱”的“公共控件”中，如图 11-13 所示。

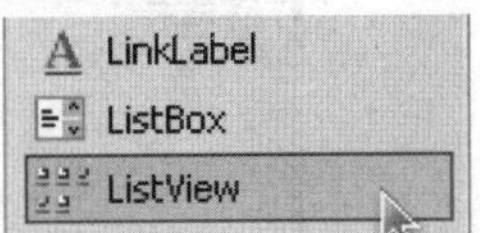

图 11-13　ListView 控件

① ListView 控件的常用属性及说明如表 11-7 所示。

表 11-7　ListView 控件的常用属性及说明

属　　性	说　　明	值
Items	控件中的项	通过设置指定
View	显示方式	Details:详细资料，一项一行 LargeIcon:大图标 List:列表形式 SmallIcon:小图标，右边带一个标签 Title:标题形式
LargeImageList	大图标的ImageList控件	通过设置指定
SmallImageList	小图标的ImageList控件	通过设置指定

② 添加项。ListView 控件除了在设计时在 Items 属性添加固定的项，还可以通过代码在运行时添加。可以使用 Items 属性的 Add 方法在程序运行时添加项，例如：

```
ListView1.Items.Add("项1");
```

ListView 控件中的项可以显示大小图标，项在添加时可以指定图标，相关知识将在任务 3 作详细介绍。

③ 移除项。与添加项一样，ListView 控件的移除项也可以在运行时进行，可使用 Items 属性的 RemoveAt 或 Clear 方法移除相关项。其中 RemoveAt 是移除指定项，而 Clear 方法是移除全部项。例如：

```
ListView1.Items.Add("项1");
ListView1.Items.Add("项2");
ListView1.Items.Add("项3");
ListView1.Items.RemoveAt(0);     // 移除第1项
ListView1.Items.Clear();         // 清空
```

拓展训练

使用 ListView 控件实现如图 11-14 所示的“人员选择器”，要求如下。

1．左边列表默认项包括“小黄”、“陈明”、“吴天”等 6 个人员。

2．左边列表选择一个人员，单击“>”按钮，能将该人员移动到右边列表。

3．以此类推，单击“<”按钮，能将人员从右边列表移到左边列表，单击“ >>”能将左边列表全部人员移到右边列表，单击“<<”能将右边列表全部人员移到左边列表。

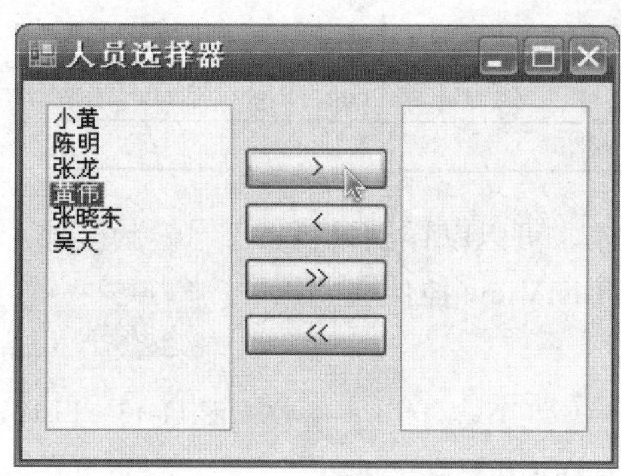

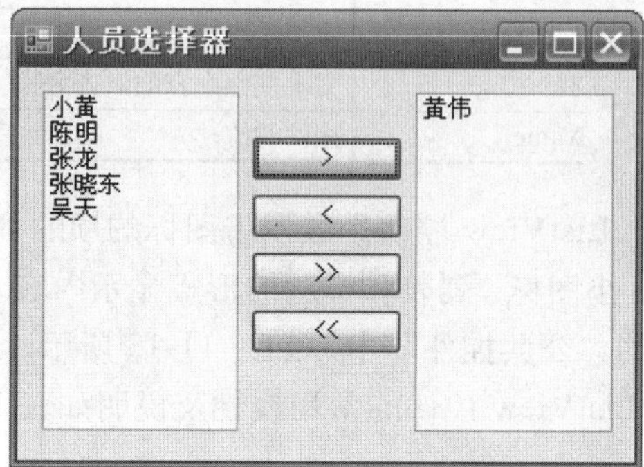

图 11-14　人员选择器

任务三 实现主界面日记提示功能

任务目标

在任务二中已经设计好主界面的布局，能显示指定年月的日历。本任务添加主界面日历的日记提示功能。即当某一天的日记已经编写，日历中该天的项将显示日记图标，使程序更加智能化，如图 11-15 所示。

通过完成本任务，学会 ListView 控件与 ImageList 控件的结合使用，以及 C# 查询数据库中数据的方法。

任务分析

主界面在生成日历时，使用 ListView 控件的 Items 属性的 Add 方法直接添加日历项。要实现日记提示，必须对这种方法作出修改。在添加日历项前，先根据日期查询 Access 数据库中的日记表，判断日记记录是否存在（日记是否已经编写）。如果还没编写，直接添加日历项；如果已经编写，则要添加带有 ImageList 控件中的图标的日历项。

表示日记已经编写

图 11-15　主界面的日记提示

实施步骤

01 双击打开 diary.cs 文件，添加一个 ImageList 控件，添加 ImageList 控件的图像成员 note.jpg，如图 11-16 所示。

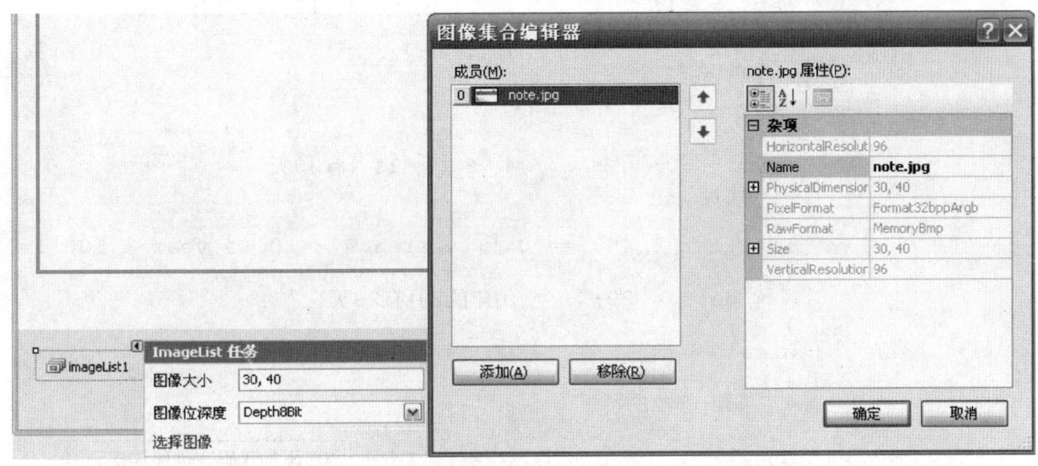

图 11-16 添加 ImageList 控件并添加图像

02 选中窗体上的 lvRiLi 控件，设置 LargeImageList 属性为 imageList1，使 lvRiLi 控件中日历项的大图标能使用 imageList1 控件中的图像。

03 双击 diary 窗体，编写代码引用 System.Data.OleDb 命名空间，使程序能使用 ADO.NET 中访问 Access 数据库的相关类，代码如下。

```
using System;
using System.Collections.Generic;
using System.ComponentModel;
using System.Data;
using System.Drawing;
using System.Linq;
using System.Text;
using System.Windows.Forms;
using System.Data.OleDb;
// 引用System.Data.OleDb命名空间，使用相关ADO.NET类
……
```

04 修改 ShowListView 方法，在添加日历前先根据日期在日记表中查询日记是否已经编写，如果已经编写则要以图标的形式添加日历项。修改后的 ShowListView 方法如下。

```
public  void ShowListView()    //显示当前年月的日历
{
    int year = (int)nudYear.Value;
    int month = (int)nudMonth.Value;
    lvRiLi.Items.Clear();            // 清空日历

    // 判断该月有多少天
    int days = 0;
    switch (month)
    {
        case 1:
```

```
        case 3:
        case 5:
        case 7:
        case 8:
        case 10:
        case 12:
            days = 31;       // 1、3、5、7、8、10、12月有31天
            break;
        case 4:
        case 6:
        case 9:
        case 11:
            days = 30;       // 4、6、9、11月有30天
            break;
        case 2:
            if (year % 400 == 0 || year % 4 == 0 && year % 100 !=0)
            {
                days = 29;  // 闰年的2月有29天
            }
            else
            {
                days=28;
            }
            break;
    }
    // 创建连接到Access数据库的对象
    OleDbConnection conn = new OleDbConnection();
    // 设置连接字符串
    conn.ConnectionString ="Provider=Microsoft.Jet.OLEDB.4.0;Data
    Source=日记本.mdb";
    conn.Open();          // 打开连接

    OleDbCommand cmd = new OleDbCommand();  // 创建命令对象
    cmd.Connection = conn;                  // 设置cmd对象的连接
    cmd.CommandType = CommandType.Text;     // 命令类型为SQL文本

    for (int i = 1; i <= days; i++)         // 添加日历
    {
        // 构成每个日期
        string date = year.ToString() + "-" + month.ToString() + "-" +
        i.ToString();  // 年-月-日
        // 查询数据库该日期日记是否存在
        string sqlSelect = "Select ID From 日记表 Where 日期=#" + date
        + "#";
        cmd.CommandText = sqlSelect;           // 设置cmd对象执行的SQL语句
        object ID =  cmd.ExecuteScalar();       // 返回结果
        if (ID == null)   // 如果不存在
        {
            lvRiLi.Items.Add(i.ToString());
            // 添加不包含图标的项
        }
        else
        {
            lvRiLi.Items.Add(i.ToString(), 0); // 添加包含图标的项
        }
    }
    // 释放资源
    conn.Close();
    cmd.Dispose();
    conn.Dispose();
}
```

① 添加代码，创建连接到Access 数据库的相关对象

② 添加代码，根据日期查询日记是否已经编写

③ 添加包含图标的日历项，Add 方法中的 0 参数表示使用 imageList1 控件中图像的下标

④ 释放对象

代码解释

① 为了访问日记本数据库，代码中使用了两个ADO.NET类：OleDbConnection和OleDbCommand。OleDbConnection类通过设置连接字符串属性ConnectionString建立与Access数据库的连接，建立连接是操作数据库的基础。OleDbCommand类用于执行SQL语句，为了查询日记表必须使用SQL语句中的Select查询语句，这将在【相关知识】中作详细介绍。

② 代码中首先根据年月日构成一个日期字符串，例如2010-10-1。然后根据该日期构成一条Select查询语句。最后使用cmd对象执行该语句并返回查询结果。

③ 如果查询日记表，该日期的日记已经编写，则在添加日历项时，必须加入imageList1控件的图像。所以，代码中Add方法增加了一个参数0，该参数表示使用imageList1控件的图像下标。

④ 使用ADO.NET对象连接并操作数据库后，要养成良好的编程习惯，将连接关闭和释放相关对象的内在资源。

05 由于10月的1～3号的日记已经编写，所以运行程序可得如图11-15所示的效果。

相关知识

(1) 本任务使用ADO.NET中相关类操作Access数据库。ADO.NET是微软公司提供给.NET程序员的一组用于数据库访问的类，程序员可以使用ADO.NET连接到数据库，进行查询、添加、删除和更新等操作。ADO.NET支持对SQL Server、Access等数据库的访问，C#中不同数据库访问的类存放在不同的命名空间，使用访问Access数据库的类必须先引用System.Data.OleDb命名空间。本任务使用的相关类介绍如下。

① OleDbConnection：与Access数据库建立连接。使用时必须设置一个连接数据库的字符串。例如：

```
// 连接字符串
string ConnectString = " Provider=Microsoft.Jet.OLEDB.4.0;Data Source=
日记本.mdb ";
OleDbConnction conn = new OleDbConnction(ConnectString);
// 创建OleDbConnection对象
conn.open();          // 打开连接
conn.close();         // 关闭连接
```

② OleDbCommand：数据命令对象，主要功能是向数据库发送查询、更新、删除、修改操作的SQL语句。例如：

```
// 连接字符串
string ConnectString ="Provider=Microsoft.Jet.OLEDB.4.0;Data Source=
日记本.mdb ";
OleDbConnction conn = new OleDbConnction(ConnectString);
// 创建OleDbConnection对象
conn.Open();      // 打开连接
OleDbCommand cmd = new OleDbCommand();       // 创建OleDbCommand对象
cmd.Connection = conn;      // 设置连接
cmd.CommandType = CommandType.Text;     // 命令文本类
```

```
// 设置要执行的SQL语句型
cmd.CommandText = "Select ID From 日记表 Where 日期='2010-10-1';
Object re = cmd.ExecuteScalar ();        // 执行SQL语句，返回结果
```

OleDbCommand 类有几种不同执行 SQL 语句的方法，本任务使用了 ExecuteScalar 方法。该方法执行 SQL 语句，返回结果集中的第一行第一列的值，返回值的类型是 Object 型，常用于读取数据表中具体某一个值或者用于判断某记录是否存在。

（2）SQL 全称是结构化查询语言（Structured Query Language），是一种数据库查询和程序设计语言，用于存取数据以及查询、更新和管理关系型数据库系统。SQL 语言已成为世界上关系数据库的标准语言，在大、中、小型数据库系统中都支持 SQL 语言。本任务使用了当中的 Select 语句来查询日记表，语法如下。

```
Select 列名列表
[Top n]
From 表名
[Where 条件]
[Group By 列名列表]
[Order By 列名1[ASC|DESC]，列名2[ASC|DESC]…]
```

以下是几点说明。

① […] 中的子句表示可有可无。

② 列名列表表示要显示的列，列名之间用逗号 (,) 隔开，当需要显示全部列时可使用星号 (*)。

③ Top 子句表示查询符合条件的前 *n* 条记录。

④ Where 子句用于指定查询的条件。

⑤ Group By 子句用于按指定的列进行分组，即列值相同的分为一组，一般用于分组统计。

⑥ Order By 子句用于将查询到的结果按指定的列排序，如果在列名后面加 ASC 表示该列按升序排序，加 DESC 表示按降序排序，默认为升序排序。

拓展训练

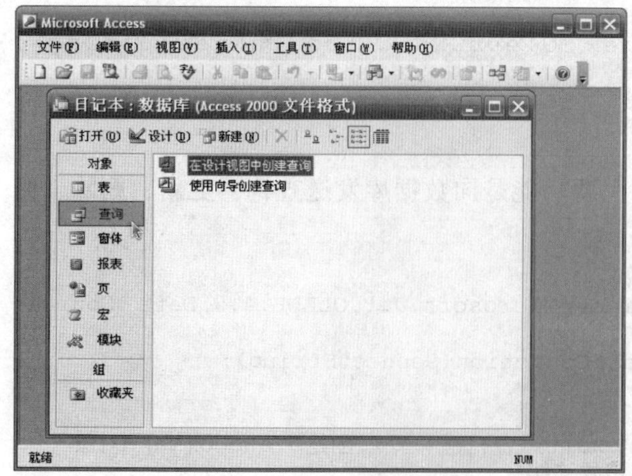

图 11-17 选择“查询”对象

1. SQL 语句除了能使用 OleDbCommand 对象执行外，还能在 Access 2003 所提供的查询设计器中执行，这给调试 SQL 语句带来极大的方便。在 Access 2003 中执行 SQL 语句的方法如下。

（1）在“数据库”对话框中选择“查询”对象，如图 11-17 所示。

（2）选中“在设计视图中创建查询”，单击“打开”按钮，进入创建查询的视图。在弹出的“显示表”对话框中选择“关闭”按钮，如图 11-18 所示。无需添加任何表，稍候使用 Select 语句进行查询。

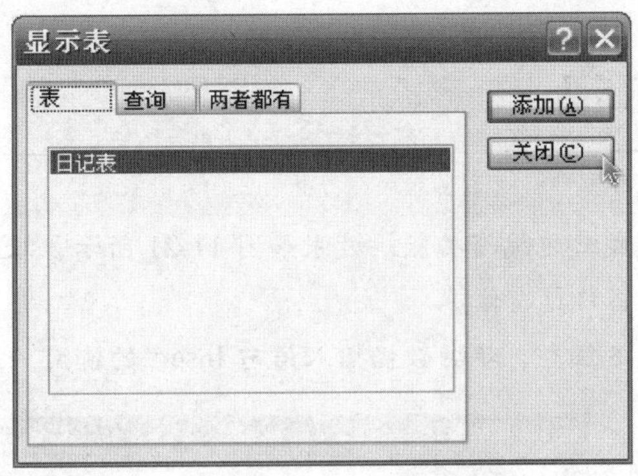

图 11-18　关闭显示表对话框

（3）右击“选择查询”对话框的空白地方，在快捷菜单中选择“SQL 视图”命令，如图 11-19 所示。

图 11-19　进入 SQL 视图

（4）在 SQL 视图模式下输入“Select *　From 日记表”语句，单击工具栏上的运行按钮 ，执行 Select 语句显示查询结果，如图 11-20 所示。

图 11-20　输入 Select 语句并执行

2．扩展练习：在 Access 2003 的查询设计器中编写 Select 语句完成以下练习。

（1）查询全部天气为晴的日记。

（2）查询全部心情为高兴的日记。

（3）查询本月的日记，显示日记的标题与内容。

（4）查询本月心情为高兴的日记，显示日记的标题、天气与内容。

任务四 编写日记

任务目标

本任务完成日记编写功能，效果如图 11-21 所示，双击日历上还没编写日记的日历项，弹出编写日记窗体。

通过完成本任务，学会数据插入语句 Insert 的使用。

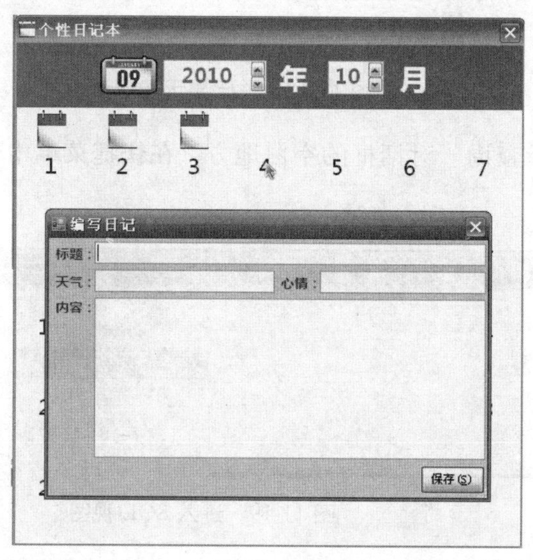

图 11-21　编写日记窗体

任务分析

当用户双击主界面的日历时，在日历的双击事件中判断选中项的日期是否已经编写日记，如果还没编写则弹出编写日记窗体。根据任务三日历的制作原理，可通过选中项是否显示图像图标判断日记是否编写，没有显示图标代表日记还没编写。

在编写日记窗体中，用户输入相应日记信息，单击“保存”按钮保存日记。在“保存”按钮的单击事件中，首先读取窗体上的日记信息，然后执行 Insert 语句将日记信息保存到数据库中，最后关闭编写日记窗体并显示主界面选中项的图标，使它呈现出已经编写日记的效果。

实施步骤

01 在解决方案资源管理器面板中，右击项目 Ex11，添加一个 Windows 窗体，窗体名称为 AddDirary。

02 双击打开 AddDiary.cs，在窗体上添加 4 个 Label、4 个 TextBox 和 1 个 Button 控件，如图 11-22 所示。

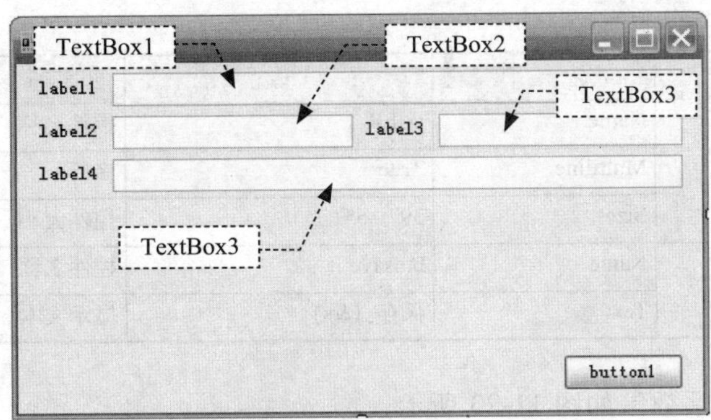

图 11-22 AddDirary 窗体布局

03 按表 11-8 设置 AddDiary 窗体以及控件的属性。

表 11-8 窗体以及控件属性设置及说明

控 件	属 性	值	说 明
AddDirary窗体	BackColor	192, 255, 192	背景色
	FormBorderStyle	FixedSingle	窗体边框
AddDirary窗体	Icon	ZT.ICO	窗体图标
	MaximizeBox	False	隐藏最大化按钮
	MinimizeBox	False	隐藏最小化按钮
	Size	454, 300	控件大小
	Text	编写日记	窗体标题
label1	Text	标题:	显示文本
	ForeColor	Blue	字体颜色
	Font	微软雅黑、粗体、五号	字体格式
label2	Text	天气:	显示文本
	ForeColor	Blue	字体颜色
	Font	微软雅黑、粗体、五号	字体格式
label3	Text	心情:	显示文本
	ForeColor	Blue	字体颜色
	Font	微软雅黑、粗体、五号	字体格式
label4	Text	内容:	显示文本
	ForeColor	Blue	字体颜色
	Font	微软雅黑、粗体、五号	字体格式
TextBox1	Name	txtBt	控件名称
	ForeColor	RoyalBlue	字体颜色
TextBox2	Name	txtTQ	控件名称
	ForeColor	RoyalBlue	字体颜色
TextBox3	Name	txtXQ	控件名称
	ForeColor	RoyalBlue	字体颜色

续表

控　件	属　性	值	说　明
TextBox4	Name	txtLR	控件名称
	Multiline	True	多行
	Size	397,165	控件大小
botton1	Name	btnsave	控件名称
	Text	保存（&s）	显示文本

调整位置与大小后效果如图 11-23 所示。

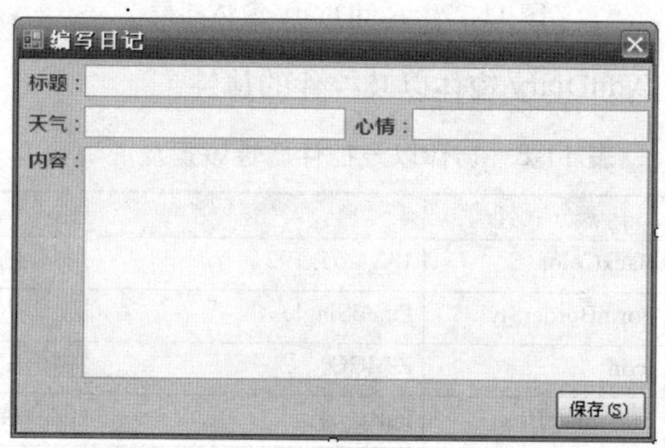

图 11-23　AddDiary 窗体效果

04 双击 AddDiary 窗体，编写引用命名空间与定义公共变量的代码，代码如下。

```
using System;
using System.Collections.Generic;
using System.ComponentModel;
using System.Data;
using System.Drawing;
using System.Linq;
using System.Text;
using System.Windows.Forms;
using System.Data.OleDb;          // 引入访问Access数据库的类的命名空间
namespace Ex11
{
    public partial class AddDiary : Form
    {
        public string date;       // 记录当前日记的日期
        public diary d;           // 记录diary窗体，用于添加后更新diary窗体
        public AddDiary()
        {
            InitializeComponent();
        }
        private void AddDiary_Load(object sender, EventArgs e)
        {

        }
    }
}
```

添加引用命名空间的代码

定义一个 diary 窗体类型的公共变量

05 双击 AddDiary 窗体的“保存”按钮，编写单击事件，代码如下。

```
private void btnSave_Click(object sender, EventArgs e)
{
    string bt = txtBt.Text;        // 读取标题
    string tq = txtTQ.Text;        // 读取天气        ①
    string xq = txtXQ.Text;        // 读取心情
    string lr = txtLR.Text;        // 读取内容

    OleDbConnection conn = new OleDbConnection();     ②
    // 创建连接到Access数据库的对象
    // 设置连接字符串
    conn.ConnectionString = "Provider=Microsoft.Jet.OLEDB.4.0;Data
Source=日记本.mdb";
    conn.Open();          // 打开连接
    OleDbCommand cmd = new OleDbCommand();  // 创建命令对象
    cmd.Connection = conn;        // 设置cmd对象的连接
    cmd.CommandType = CommandType.Text;       // 命令类型为SQL文本

    // 添加日记
    cmd.CommandText = "Insert Into 日记表(日期,标题,天气,心情,内容) Val-
ues(#" + this.Tag.ToString() + "#,'" + bt + "','" + tq + "','" +
xq + "','" + lr + "')";
    cmd.ExecuteNonQuery();     ③

    d.lvRiLi.SelectedItems[0].ImageIndex = 0;      // 主窗体显示小图标
    this.Close();          // 关闭本窗体     ④
}
```

代码解释

① 读取用户输入的日记信息，包括标题、天气、心情和内容。

② 建立 ADO.NET 对象中的 OleDbConnection 对象，连接到日记数据库，并建立 OleDbCommand 对象。

③ 根据日记信息构成 Insert 语句，使用 OleDbCommand 对象执行该语句，将日记保存到日记表中。

④ d 变量是在步骤 04 定义的 diary 窗体类型的公共变量，表示 diary 窗体。使用 d 变量设置 diary 窗体日历选中项显示的图像，达到更新 diary 窗体的效果。最后关闭窗体。

06 双击打开 diary.cs，编写 ListView 控件 lvRiLi 的双击事件 DoubleClick，代码如下。

```
private void lvRiLi_DoubleClick(object sender, EventArgs e)
{
    if (lvRiLi.SelectedItems[0].ImageIndex == 0)      ①
    // 如果图像图标为0，表示已经编写日记
    {
    // 此处将添加弹出查看日记窗体的代码，在任务5完成
    }
    else                ②
    {
        AddDiary ad = new AddDiary(); // 创建编写日记窗体
        ad.date = nudYear.Value.ToString() + "-" + nudMonth.Value.
        ToString() + "-" + lvRiLi.SelectedItems[0].Text;
        // 记录选中项的日期
```

```
            ad.d = this;                             // 传递本窗体，为了添加能更新本窗体
            ad.ShowDialog();                         // 弹出编写日记窗体
        }
    }
```

代码解释

① 根据任务3制作主界面日历的原理，如果日历项对应日期的日记已经存在，日历项就会使用imageList1控件的图像显示图标，图标的下标为0。所以，双击时可以通过判断日历选中项的图像下标来决定要执行的功能。

② 使用new语句创建一个AddDiary窗体，设置该窗体的d公共变量，使它等于本窗体(即Diary窗体，用于编写日记后更新Diary窗体)，然后调用AddDiary窗体的ShowDialog方法，以对话框的形式弹出AddDiary窗体，编写日记。

07 调试运行程序，效果如图11-23所示。

相关知识

Insert语句用于向表中添加数据，语法格式如下。

```
Insert  Into  表名 [(字段列表)]  Values (相应的值列表)
```

说明：

Values子句中给出的值的个数必须与字段列表字段的个数相同，并且数据类型必须一一对应。如果省略了字段列表，则表示全部字段。

示例：

```
Insert  Into 文具表 (文具名,采购价,零售价,库存)  Values ('圆珠笔',1,2,10)
```

拓展训练

请在Access 2003的查询设计器中编写Insert语句，往日记表中插入表11-9所示的数据。

注 意

① 日记表中ID是流水号，插入数据时不用指定。② 在Access 2003中，日期使用#号括住，例如：#2010-10-4#。

表11-9 日记数据

日 期	标 题	天 气	心 情	内 容
2010-10-4	开卷有益	晴	愉悦	今天重读了三国演义的桃园结义，太精彩了。
2010-10-5	欣赏歌曲	雨	高兴	今天天公不作美，下起雨来，只能在家欣赏歌曲。
2010-10-6	出汗真爽	阴	高兴	今天天气阴阴的，最适合打篮球，打了一个下午篮球，出了很多汗。真爽！

任务五 实现日记查看与修改功能

任务目标 本任务完成日记查看与修改功能，效果如图 11-24 所示。双击日历上 2010 年 10 月 4 日的日历项，弹出查看日记窗体，显示当天的日记信息。

通过完成本任务，学会使用 OleDbDataAdapter 类、DataSet 类以及数据更新语句 Update。

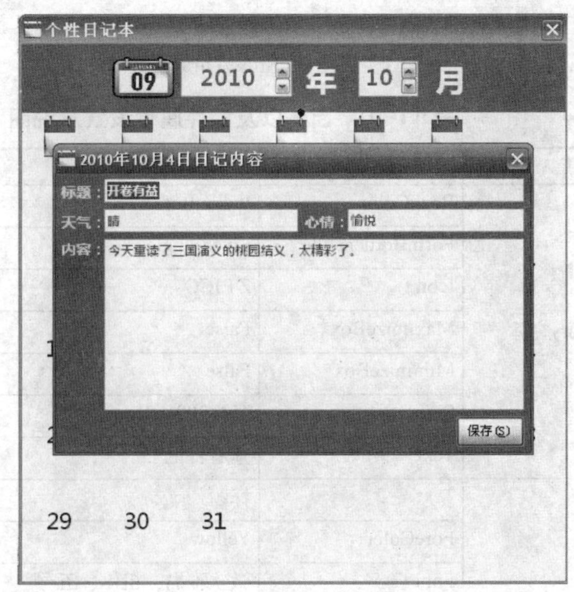

图 11-24 日记的查看与修改功能

任务分析 当用户双击主界面的日历时，如果当天的日记已经编写，则弹出查看日记窗体，查看当天的日记信息。

在查看日记窗体中，用户可以直接修改日记信息，单击“保存”按钮更新日记。在“保存”按钮的单击事件中，首先读取窗体上的日记信息，然后执行 Update 语句，根据日期在日记表中更新日记信息。

实施步骤

01 在解决方案资源管理器面板中，右击项目 Ex11，添加一个 Windows 窗体，窗体名称为 ShowDirary。

02 双击打开 ShowDiary.cs，在窗体上添加 4 个 Label、4 个 TextBox 和 1 个 Button 控件，如图 11-25 所示。

03 按表 11-10 设置 ShowDirary 窗体以及控件的属性。

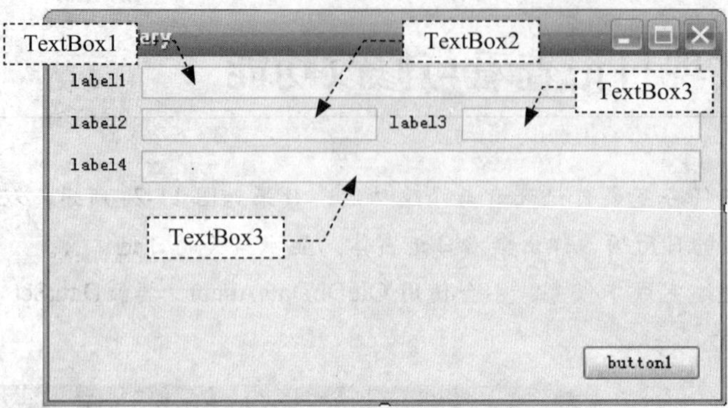

图 11-25　ShowDirary 窗体布局

表 11-10　窗体以及控件属性设置及说明

控　件	属　性	值	说　明
ShowDirary窗体	BackColor	IndianRed	背景色
	FormBorderStyle	FixedSingle	窗体边框
	Icon	ZT.ICO	窗体图标
	MaximizeBox	False	隐藏最大化按钮
	MinimizeBox	False	隐藏最小化按钮
	Size	454, 300	控件大小
	Text	查看日记	窗体标题
label1	Text	标题：	显示文本
	ForeColor	Yellow	字体颜色
	Font	微软雅黑、粗体、五号	字体格式
label2	Text	天气：	显示文本
	ForeColor	Yellow	字体颜色
	Font	微软雅黑、粗体、五号	字体格式
label3	Text	心情：	显示文本
	ForeColor	Yellow	字体颜色
	Font	微软雅黑、粗体、五号	字体格式
label4	Text	内容：	显示文本
	ForeColor	Yellow	字体颜色
	Font	微软雅黑、粗体、五号	字体格式
TextBox1	Name	txtBt	控件名称
	ForeColor	RoyalBlue	字体颜色
TextBox2	Name	txtTQ	控件名称
	ForeColor	RoyalBlue	字体颜色
TextBox3	Name	txtXQ	控件名称
	ForeColor	RoyalBlue	字体颜色

续表

控　件	属　性	值	说　明
TextBox4	Name	txtLR	控件名称
	Multiline	True	多行
	Size	397,165	控件大小
botton1	Name	btnsave	控件名称
	Text	保存（&s）	显示文本

调整位置与大小后效果如图 11-26 所示。

04 双击 ShowDirary 窗体，编写引用命名空间与定义公共变量的代码，并且实现在窗体启动事件 Page_Load 中根据日期从日记表中读取日记信息，代码如下。

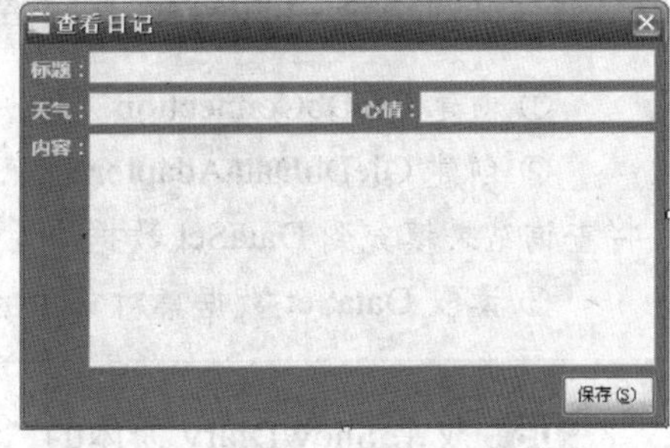

图 11-26　ShowDiary 窗体效果

```
using System;
using System.Collections.Generic;
using System.ComponentModel;
using System.Data;
using System.Drawing;
using System.Linq;
using System.Text;
using System.Windows.Forms;
using System.Data.OleDb;        // 引入访问Access数据库的类的命名空间
namespace Ex11
{
    public partial class ShowDirary: Form
{
    public string date;     // 记录当前日期
        public diary d;     // 记录diary窗体，用于添加后更新diary窗体
        public ShowDirary ()
        {
            InitializeComponent();
        }
        private void ShowDiary_Load(object sender, EventArgs e)
        {
            // 创建连接到Access数据库的对象
            OleDbConnection conn = new OleDbConnection();
            // 设置连接字符串
            conn.ConnectionString  =  "Provider=Microsoft.Jet.
OLEDB.4.0;Data Source= 日记本.mdb";
            conn.Open();          // 打开连接

            OleDbCommand cmd = new OleDbCommand(); // 创建命令对象
            cmd.Connection = conn;                 // 设置cmd对象的连接
            cmd.CommandType = CommandType.Text;    // 命令类型为SQL文本
            OleDbDataAdapter da = new OleDbDataAdapter();
            // 创建适配器对象
            da.SelectCommand = cmd;         // 设置适配器使用的命令对象
            cmd.CommandText = "Select * from 日记表 Where 日期=#" + date
+ "#";
            DataSet ds = new DataSet(); // 创建数据集DataSet对象
            da.Fill(ds);                // 使用适配器对象填充DataSet对象数据

            txtBt.Text = ds.Tables[0].Rows[0]["标题"].ToString();
            // 显示日记内容
```

添加引用命名空间的代码

定义一个 diary 窗体类型的公共变量

①

②

```
            txtTQ.Text = ds.Tables[0].Rows[0]["天气"].ToString();
            txtXQ.Text = ds.Tables[0].Rows[0]["心情"].ToString();
            txtLR.Text = ds.Tables[0].Rows[0]["内容"].ToString();    ③
            ds.Dispose(); // 释放资源
            da.Dispose();
            cmd.Dispose();
            conn.Close();
            conn.Dispose();
        }
    }
}
```

代码解释

① 创建 OleDbConnection 对象，连接到 Access 数据库。

② 创建 OleDbDataAdapter 适配器对象，调用 OleDbCommand 对象执行 Select 语句，并将查询结果填充到 DataSet 数据集对象中。

③ 读取 DataSet 数据集对象中的日记内容，在窗体上显示。

05 双击 ShowDiary 窗体的“保存”按钮，编写单击事件，代码如下。

```
private void btnSave_Click(object sender, EventArgs e)
{
    string bt = txtBt.Text;  // 读取日记内容
    string tq = txtTQ.Text;
    string xq = txtXQ.Text;
    string lr = txtLR.Text;
    OleDbConnection conn = new OleDbConnection();
    // 创建连接到Access数据库的对象
    // 设置连接字符串
    conn.ConnectionString ="Provider=Microsoft.Jet.OLEDB.4.0;Data
    Source=日记本.mdb";
    conn.Open();           // 打开连接

    OleDbCommand cmd = new OleDbCommand();  // 创建命令对象
    cmd.Connection = conn;                  // 设置cmd对象的连接
    cmd.CommandType = CommandType.Text;     // 命令类型为SQL文本
    // 修改日记
    cmd.CommandText = "Update 日记表 Set 标题='" + bt + "',天气='" + tq + "',
    心情='" + xq + "',内容='" + lr + "' Where 日期=#" + date + "#";
    cmd.ExecuteNonQuery();  // 执行Update语句

    this.Close();          // 关闭本窗体          见“代码解释”
}
```

代码解释

根据日记信息构成 Update 语句，使用 OleDbCommand 对象执行该语句，更新日记表中对应日期的日记内容。

06 双击打开 diary.cs，修改 ListView 控件 lvRiLi 的双击事件 DoubleClick，添加响应双击日历查看日记内容的代码，代码如下。

```
private void lvRiLi_DoubleClick(object sender, EventArgs e)
{
    if (lvRiLi.SelectedItems[0].ImageIndex == 0)
    {
        ShowDiary sd = new ShowDiary();       // 创建显示日记内容窗体
        // 保存日记日期
        sd.date = nudYear.Value.ToString() + "-" + nudMonth.Value.To-
        String() + "-" + lvRiLi.SelectedItems[0].Text;
        // 设置查看日记窗体标题，显示日期
        sd.Text = nudYear.Value.ToString() + "年" + nudMonth.Value.To-
        String() + "月" + lvRiLi.SelectedItems[0].Text + "日日记内容";
        sd.d = this;
        sd.ShowDialog();        // 显示窗体
    }
    else
    {
        AddDiary ad = new AddDiary();              // 创建编写日记窗体
        ad.date = nudYear.Value.ToString() + "-" + nudMonth.Value.
        ToString() + "-" + lvRiLi.SelectedItems[0].Text;
        ad.d = this;                  // 传递本窗体，为了添加能更新本窗体
        ad.ShowDialog();              // 弹出编写日记窗体
    }
}
```

日记已编写，创建查看日记窗体

07 调试运行程序，效果如图 11-26 所示。

相关知识

（1）Update 语句用于修改表中的数据，语法格式如下。

```
Update 表名 Set 列1=新值,列2=新值…  Where  <修改的条件>
```

说明：

使用 Update 语句时，如果没有使用 Where 子句，就会对表所有的行进行修改。

示例：

```
Update 文具表  Set  零售价=2.5  Where  文具名='圆珠笔'
```

（2）OleDbDataAdapter：数据适配器对象，是 DataSet 与数据源之间的桥梁，主要使用 Fill 方法从数据源中提取数据并填充到 DataSet 中。

（3）DataSet：数据集，是一系列从数据库中读取出来的数据表的集合，一般与 OleDbDataAdapter 结合使用。当需要读取 DataSet 数据集当中具体某个数据时，需要通过以下方式进行访问：DataSet 对象 .Tables[表名 / 下标].Rows[行号][列名]。

示例：

```
OleDbConnection conn = new OleDbConnection();
// 创建连接到Access数据库的对象
// 设置连接字符串
conn.ConnectionString = "Provider=Microsoft.Jet.OLEDB.4.0;Data
Source=日记本.mdb";
conn.Open();          // 打开连接

OleDbCommand cmd = new OleDbCommand();   // 创建命令对象
cmd.Connection = conn;        // 设置cmd对象的连接
```

```
cmd.CommandType = CommandType.Text;          // 命令类型为SQL文本
OleDbDataAdapter da = new OleDbDataAdapter();  // 创建适配器对象
da.SelectCommand = cmd;        // 设置适配器使用的命令对象
cmd.CommandText = "Select * from 日记表 Where 日期='2010-10-1'";
DataSet ds = new DataSet(); // 创建数据集DataSet对象
da.Fill(ds);                   // 使用适配器对象填充DataSet对象数据

MessageBox.Show(ds.Tables[0].Rows[0]["标题"].ToString());
// 显示日记标题
```

拓展训练

请在 Access 2003 的查询设计器中按以下要求编写 Update 语句修改日记表中的日记信息。

1．将 2010 年 10 月 4 日当天日记的天气改为“阴”。

2．将 2010 年 10 月 6 日当天日记的天气改为晴，心情改为“兴奋”。

3．将日记信息中，天气为晴，并且心情为高兴的标题改为“今天去秋游”。

任务六　实现用户登录功能

任务目标　日记信息属于一个人的隐私，一般只允许本人查看。因此，本项目有必要在进入主界面前进行身份验证。本任务完成用户登录功能，要求用户在进入主界面前输入正确的用户名与密码，效果如图 11-27 所示。

通过完成本任务，理解用户登录的原理，并学会制作用户登录模块。

任务分析　用户登录模块是软件的重要模块，是保证软件安全性的主要方法之一。如图 11-27 所示，本项目启动时，先弹出用户登录窗口，要求用户输入用户名与密码。单击“登录”按钮后，使用 Select 语句在 Access 数据库中的日记表查询是否存在相关用户名与密码。如果不存在提示“登录失败！”，如果存在则关闭用户登录窗口，并显示主界面。

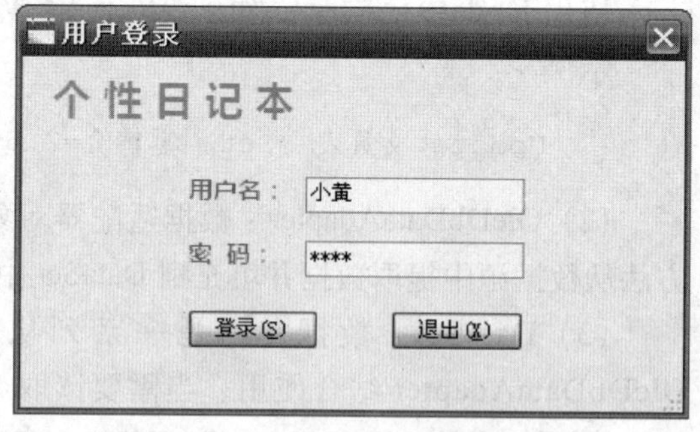

图 11-27　用户登录窗口

实施步骤

01 添加一个窗体，名称为 Login。在该窗体上添加 3 个 Label、2 个 TextBox 和 2 个 Button 控件，如图 11-28 所示。

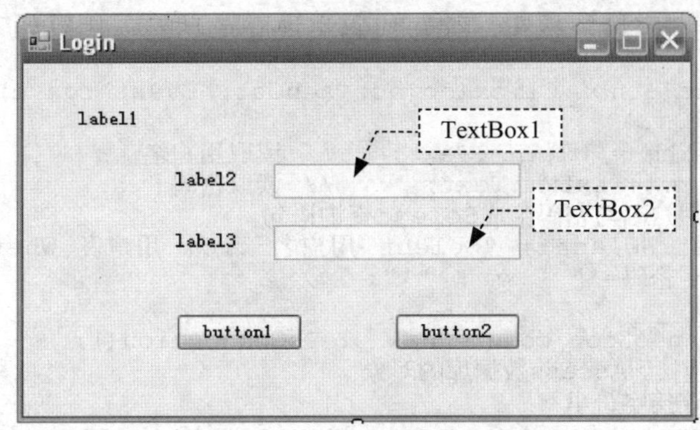

图 11-28 用户登录界面设计

02 根据表 11-11 设置窗体控件属性，窗体界面效果如图 11-27 所示。

表 11-11 窗体控件属性设置及说明

窗体控件	属性	值	说明
Login窗体	Text	用户登录	窗体标题
	StartPosition	CenterParent	窗体第一次出现位置
	Width	385	窗体宽度
	Height	238	窗体高度
	MaximizeBox	False	不可用最大化按钮
	Icon	note.jpg	窗体小图标
label1	Text	个 性 日 记 本	显示文本
	ForeColor	255, 128, 128	字体颜色
	Font的Name	微软雅黑	字体
	Font的Size	16	字体大小
	Font的Bold	True	加粗
	AutoSize	True	自动大小
label2	Text	用户名：	显示文本
	ForeColor	DodgerBlue	字体颜色
	Font的Name	微软雅黑	字体
	Font的Size	10	字体大小
	Font的Bold	True	加粗
	AutoSize	True	自动大小
label3	Text	密 码：	显示文本
	ForeColor	DodgerBlue	字体颜色
	Font的Name	微软雅黑	字体
	Font的Size	10	字体大小
	Font的Bold	True	加粗
	AutoSize	True	自动大小
TextBox1	Name	txtYhm	控件名称
TextBox2	Name	txtMm	控件名称
button1	Name	btnDL	控件名称
	Text	登录(&S)	显示文本
button2	Name	btnExit	控件名称
	Text	退 出(&X)	显示文本

03 双击窗体上“登录”按钮，编写代码实现登录功能，代码如下。

```
private void BtnDL_Click(object sender, EventArgs e)
{
    string Yhm = txtYhm.Text;     // 读取用户名
    string Mm = txtMm.Text;       // 读取密码
    // 根据用户名与密码生成Select查询语句
   string strSelect = "Select 用户名 from 用户表 Where 用户名='" + Yhm
   + "' And 密码='" + Mm + "'";

    OleDbConnection conn = new OleDbConnection();
    // 创建连接到Access数据库的对象
    // 设置连接字符串
    conn.ConnectionString = "Provider=Microsoft.Jet.OLEDB.4.0;Data
    Source=日记本.mdb";
    conn.Open();            // 打开连接

    OleDbCommand cmd = new OleDbCommand();  // 创建命令对象
    cmd.Connection = conn                   // 设置cmd对象的连接
    cmd.CommandType = CommandType.Text;     // 命令类型为SQL文本
    cmd.CommandText = strSelect;
    // 执行查询，查询用户名与密码是否存在
    object r = cmd.ExecuteScalar();         // 返回结果
    if (r == null)    // 如果不存在
    {
        MessageBox.Show("登录失败！");
    }
    else
    {
        this.Close();     // 存在则关闭自己
    }
}
```

执行 strSelect 语句，返回表中第1行第1列的值，为 null 表示返回空表，即用户名与密码不存在

04 双击窗体上“退出”按钮，编写代码实现退出功能，代码如下。

```
private void btnExit_Click(object sender, EventArgs e)
{
    Application.Exit();  // 退出整个项目
}
```

05 双击 Diary 窗体，在 Page_Load 事件中添加启动用户登录窗体的代码，修改后 Page_Load 代码如下。

```
private void Form1_Load(object sender, EventArgs e)
{
    Login lo = new Login();  // 创建用户登录窗体
    lo.ShowDialog();         // 以对话框的形式显示用户登录窗口
    nudYear.Value = DateTime.Now.Year;      // 显示当前年
    nudMonth.Value = DateTime.Now.Month;    // 显示当前月
    ShowListView();     // 显示当前年月的日历
}
```

ShowDialog 方法会使程序暂停，待用户登录窗体关闭后继续往下执行

06 调试运行程序，效果如图 11-27 所示，项目要求用户输入用户名与密码，验证通过后才显示主界面。

相关知识

有关于 Select 语句的详细介绍请参考任务三中的【相关知识】。

项 目 小 结

本项目主要通过开发一款精美的个性日记本软件，向读者详细介绍了 C# 的数据库访问技术。本项目以 Access 2003 数据库为例，介绍了 ADO.NET 中访问 Access 数据库的几个重要对象：数据库连接对象（OleDbConnection）、执行 SQL 语句对象（OleDbCommand）、数据适配器对象（OleDbDataAdapter）以及数据集对象（DataSet 对象）。另外，还介绍了结构化查询语言（SQL）的几种操作数据库的语句：插入语句（Insert）、更新语句（Update）以及查询语句（Select）。

通过对本项目的学习，读者应该能够掌握 ADO.NET 关于操作 Access 数据库的对象以及 SQL 中操作数据库的相关语句。并且掌握 C# 访问数据库的方法，学会使用 C# 结合数据库开发实用的软件。

项 目 实 训

【实训名称】校友通讯录

【实训说明】

本项目实现对校友通讯录的管理，其中包括同学查找、添加新校友、修改校友信息以及删除校友等功能。系统功能说明如下。

（1）程序启动时，对用户身份进行验证，要求用户输入正确的用户名与密码，效果如图 11-29 所示。

（2）登录成功后，程序进入主界面，显示全部校友通讯录信息，效果如图 11-30 所示。

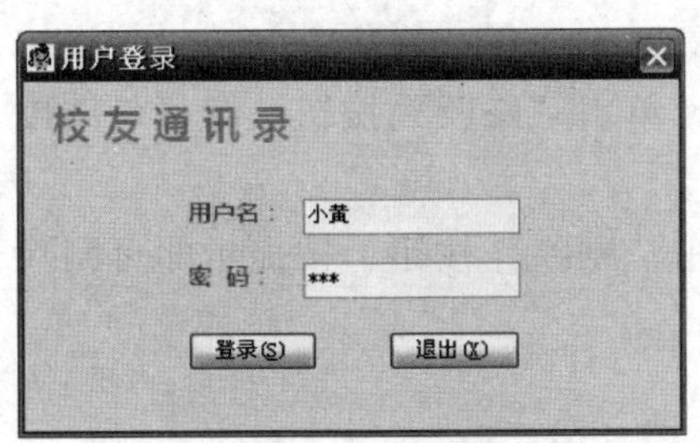

图 11-29　系统登录界面

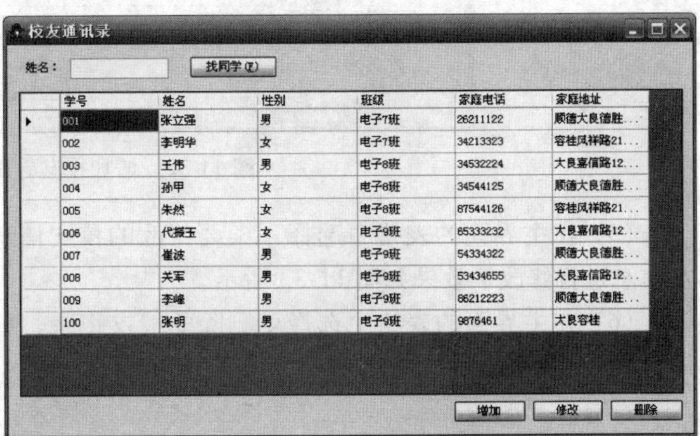

学号	姓名	性别	班级	家庭电话	家庭地址
001	张立强	男	电子7班	26211122	顺德大良德胜…
002	李明华	女	电子7班	34213323	容桂风祥路21…
003	王伟	男	电子8班	34532224	大良嘉信路12…
004	孙甲	女	电子8班	34544125	顺德大良德胜…
005	朱然	女	电子8班	87544126	容桂风祥路21…
006	代振玉	女	电子9班	65333232	大良嘉信路12…
007	崔波	男	电子9班	54334322	顺德大良德胜…
008	关军	男	电子9班	53434655	大良嘉信路12…
009	李峰	男	电子9班	66212223	顺德大良德胜…
100	张明	男	电子9班	9876461	大良容桂

图 11-30　项目主界面

（3）在主界面输入要查找的校友姓名，单击“找同学”按钮，即可查找到相应的同学。查找支持模糊匹配，效果如图 11-31 所示。

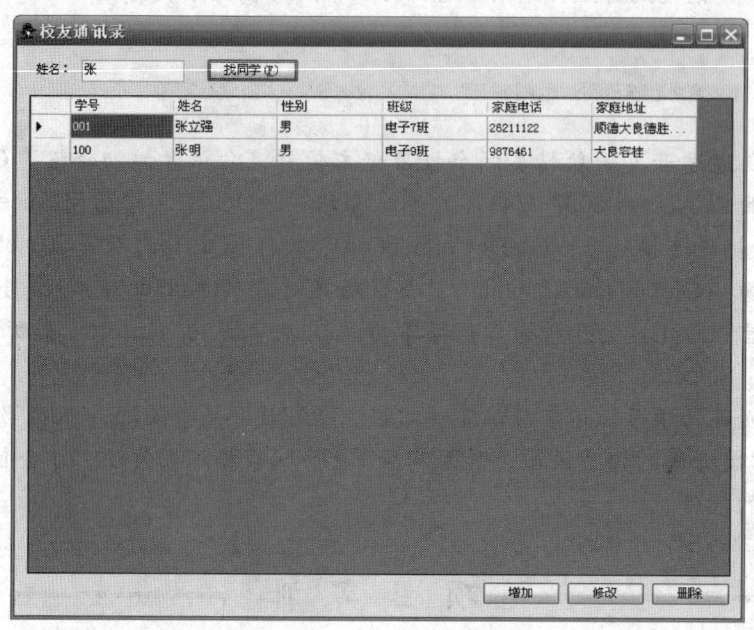

图 11-31　校友查找界面

（4）在主界面单击“增加”按钮，可添加新校友，效果如图 11-32 所示。

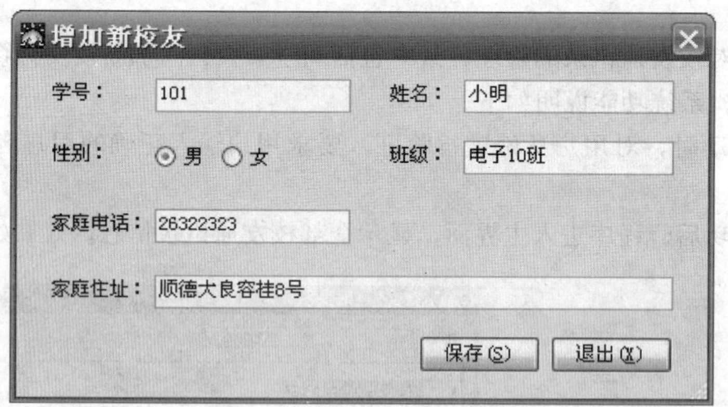

图 11-32　增加校友界面

（5）在主界面的表格中选择一条要修改的校友信息，单击“修改”按钮，即可对该校友信息进行修改，效果如图 11-33 所示。

（6）在主界面的表格中选择要删除的校友记录，单击“删除”按钮，按提示即可删除该记录，效果如图 11-34 所示。

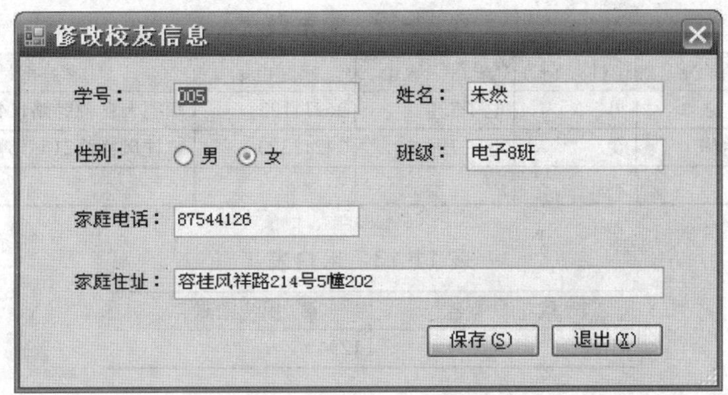

图 11-33 修改校友信息界面

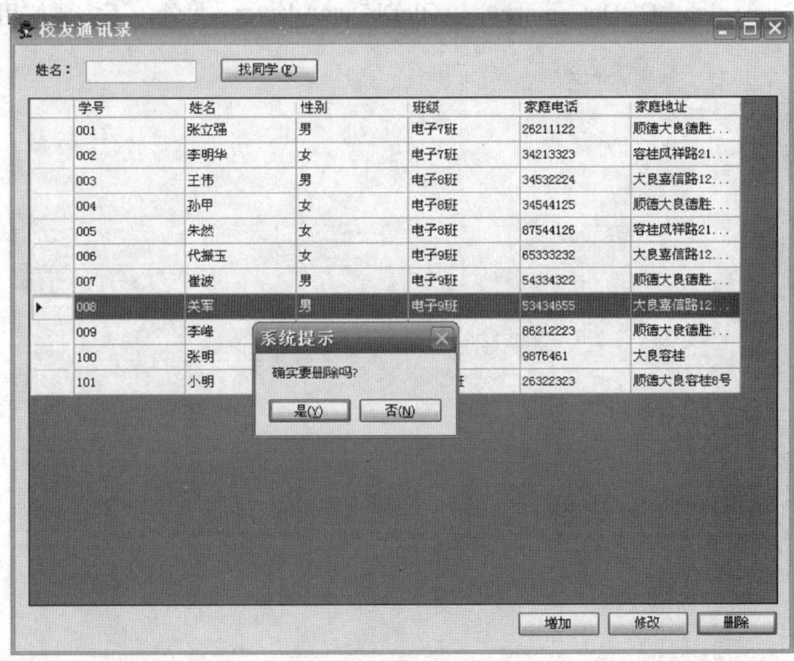

图 11-34 删除校友

【实训要求】

(1) 为了保证项目数据的保密性，系统提供一个登录功能。要求用户输入确定的用户名与密码才可进入系统。

(2) 系统在主界面提供校友查找功能，该功能要求支持模糊。

(3) 允许用户增加、修改校友信息，其中修改校友信息时按学号进行修改。

(4) 对于删除功能必须提供删除确认提示，防止用户误操作。

【实训提示】

(1) 本系统使用 Access 作为后台数据库，其中包括学生表与用户表，如表 11-12 和表 11-13 所示。

表 11-12 学生表

学 号	姓 名	性 别	班 级	家庭电话	家庭地址
001	张立强	男	电子7班	26211122	顺德大良德胜路114号5幢201
002	李明华	女	电子7班	34213323	容桂风祥路214号5幢202
…	…	…	…	…	…

表 11-13 用户表

用 户 名	用户密码
小黄	1234

（2）本项目可使用 using System.Data.OleDb 命名空间中操作 Access 数据库的相关对象，其中包括 OleDbConnection、OleDbCommand 与 OleDbDataAdapter。另外，还需要使用 DataSet 对象用于存放数据。

12 项目十二　文具店零售管理系统

项目说明

本项目开发一个文具零售管理系统，用于文具店的日常流程管理。系统具有用户验证功能，在启动时，首先弹出登录窗口，如图 12-1 所示。用户需要输入正确的用户名与密码才被允许进入系统主界面，如图 12-2 所示。主界面总体分为三部分，左边部分以树的形式列出本系统的菜单，用户可双击启动相应功能。右边部分显示两项用户最为关心的信息，包括本月零售情况以及库存缺货提示，以醒目的方式第一时间提供给用户查阅。

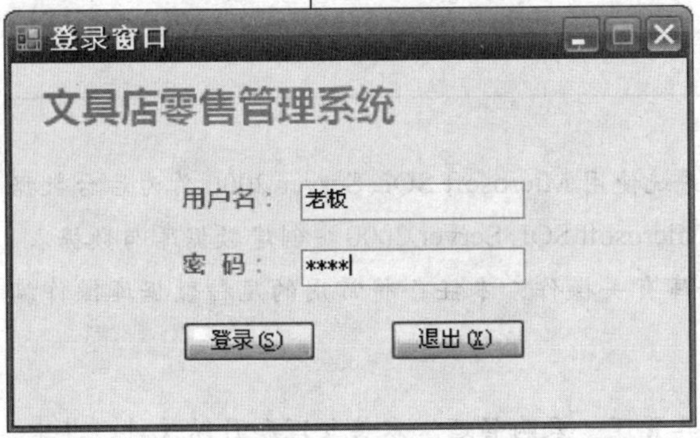

图 12-1　登录窗口

本系统以文具库存为中心，以文具日常经营流程为指导，设计了文具管理、采购管理、零售管理和月结统计四大功能模块。

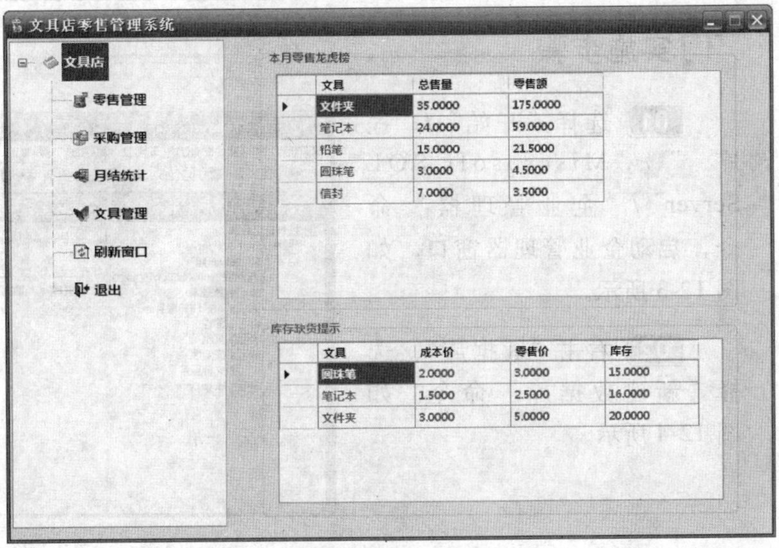

图 12-2　系统主界面

能力目标

- 学会使用树控件 TreeView，掌握设置节点、设置样式与图像列表结合显示节点小图标的方法。
- 学会在 Microsoft SQL Server2000 建立数据库，并掌握 C# 访问 Microsoft SQL Server2000 数据库的方法。
- 学会编写数据库操作公共类，并使用该类实现各种功能。
- 体验开发一套完整管理系统的过程，学会相关设计的思路与实现方法。

任务一 建立数据库

任务目标

为了提高系统的可扩展性，本系统使用 Microsoft SQL Server 2000 作为后台数据库。本任务完成数据库设计，并在 Microsoft SQL Server 2000 中创建数据库与数据表。

考虑到在系统中存在大量数据库有关操作，本任务将常用的几种数据库操作编写在公共类中，供整个系统调用。

任务分析

本系统分为四大模块，包括文具管理、采购管理、零售管理和月结统计。其中，文具管理、采购管理和零售管理需要数据表保存相应信息。另外，还需要为用户登录设计用户表。因此，本系统数据库设计为四个表，分别为用户表、文具表、采购表和零售表。本任务先在 Microsoft SQL Server 2000 创建一个数据库，然后在该数据库中创建这四个数据表。

实施步骤

01 选择“开始”/“程序”/“Miscrosoft SQL Server”/“企业管理器”命令，启动企业管理器窗口，如图 12-3 所示。

02 右击“数据库”，选择“新建数据库”命令，如图 12-4 所示。

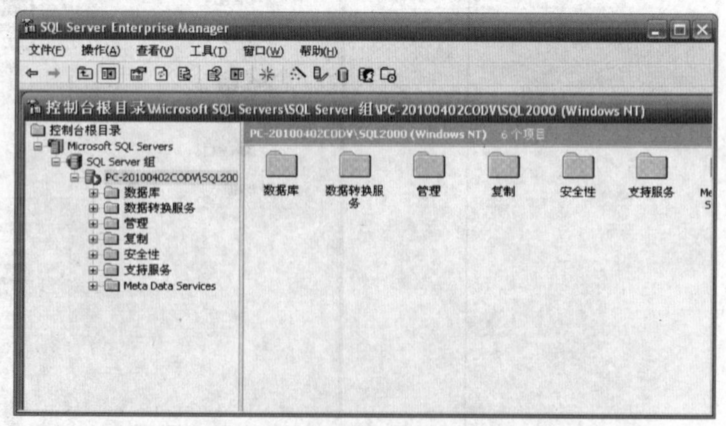

图 12-3 企业管理器

03 在“常规”选项卡中输入数据库名称 WenJu_DB，在“数据文件”和“事务日志”选项卡中选择适当的位置保存数据库两个物理文件，单击“确定”按钮完成创建数据库，如图 12-5 所示。

小贴士

请选择“数据文件”和“事务日志”的保存位置，以便对其进行管理。

04 根据表 12-1 的描述，在 WenJu_DB 数据库中创建文具表。

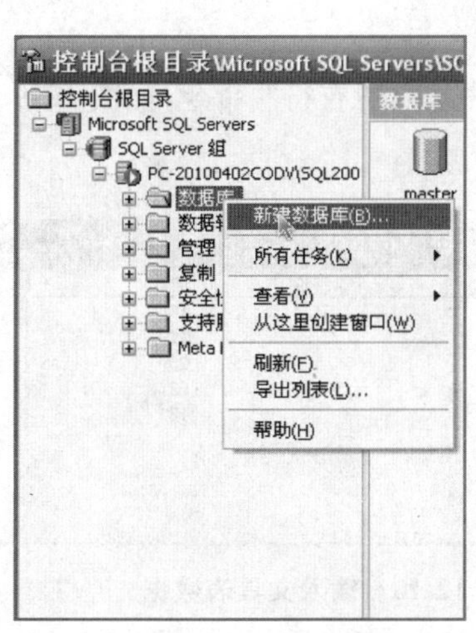

图 12-4 新建数据库

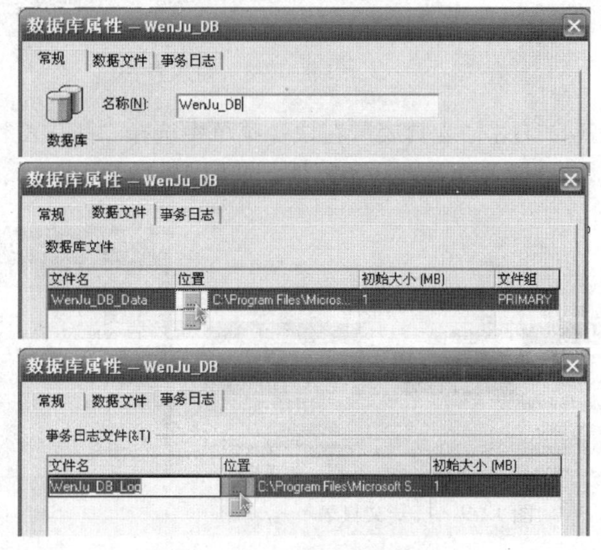

图 12-5 设置数据库属性

表 12-1 文具表

列 名	数据类型	长 度	说 明
文具	varchar	50	非空
成本价	money	8	非空
零售价	money	8	非空
库存	money	8	非空

小贴士

在 Microsoft SQL Server 2000 中，varchar 是可变长字符串型，一般用于保存不固定长度的文本信息；money 是货币，一般用于价格、数量等数字信息。

（1）右击 WenJu_DB 数据库中的“表”，选择“新建表”命令，如图 12-6 所示。

（2）在表设计器中，输入文具表的字段信息，如图 12-7 所示。

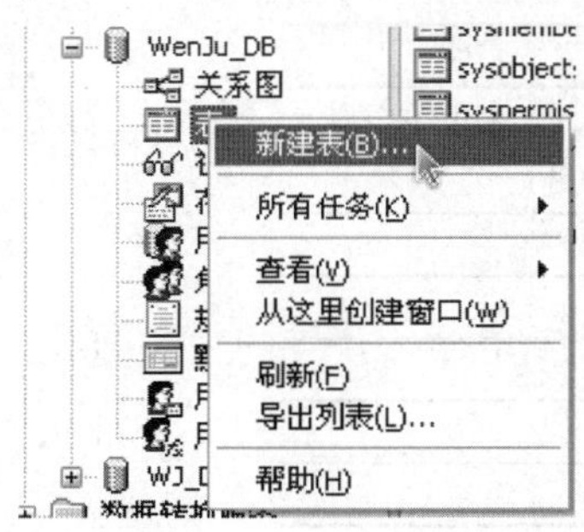

图 12-6 新建表

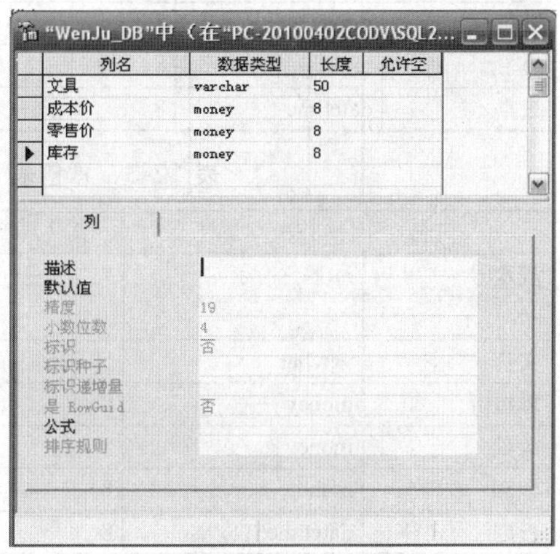

图 12-7 表设计器

（3）单击工具栏的“保存”按钮，输入表名，单击“确定”按钮，完成文具表的创建，如图 12-8 所示。

图 12-8 输入表名

小贴士

可以在关闭表设计器时，输入表名，保存数据表。

（4）右击“文具表”，在快捷菜单中选择“打开表”/“返回所有行”命令，如图 12-9 所示。

（5）输入文具表初始数据，如图 12-10 所示。

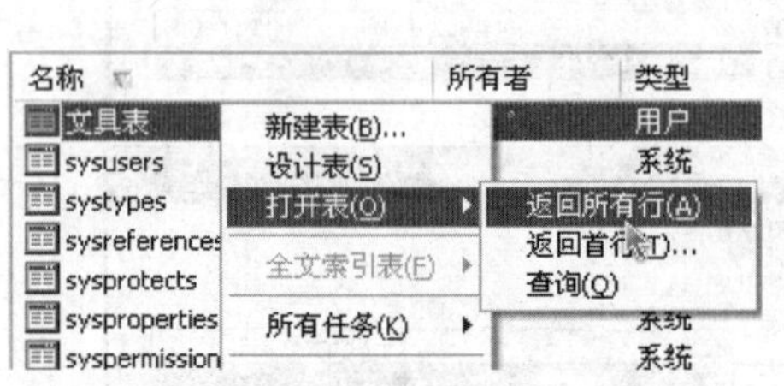

图 12-9 打开文具表

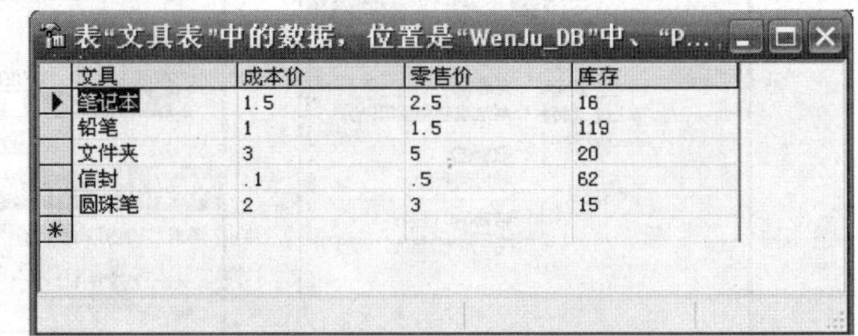

图 12-10 输入文具表数据

05 参考步骤 04 创建文具表的方法，根据表 12-2 采购表、表 12-3 零售表、表 12-4 用户表，在 WenJu_DB 数据库中分别创建数据表，并自行输入初始数据。

表 12-2 采购表

列 名	数据类型	长 度	说 明
流水号	int	4	非空、标识、标识种子1、标识递增量1
文具	varchar	50	非空
采购价	money	8	非空
数量	money	8	非空
金额	money	8	非空
日期	datetime	8	非空

小贴士

在 Microsoft SQL Server 2000 中，标识可以使该列的值在添加数据时自动加递增量，一般用于流水号。

表 12-3 零售表

列 名	数据类型	长 度	说 明
流水号	int	4	非空、标识、标识种子1、标识递增量1
文具	varchar	50	非空
零售价	money	8	非空
数量	money	8	非空
金额	money	8	非空
日期	datetime	8	非空

表 12-4 用户表

列 名	数据类型	长 度	说 明
用户名	varchar	20	非空
密码	varchar	20	非空

注 意

本系统输入初始化用户信息，用户名为“老板”，密码为“1234”。

相关知识

(1)Microsoft SQL Server 2000 数据库通常由主数据文件(扩展名 MDF)、辅数据文件(扩展名 NDF)、事务日志文件（扩展名为 LDF）等组成。在创建数据库时可指定这些文件保存的位置。

(2) Microsoft SQL Server 2000 支持许多数据类型，表 12-5 列出了常用的几种。

表 12-5 Microsoft SQL Server2000 常用的数据类型

数据类型	说 明
int	整型，从-2147483648到2147483647的整数
smallint	短整型，从-32768到32767的整数
money	货币型，常用于表示货币性质的数据，精确到货币单位的10/1000
float	单精度，常用于表示浮点精度数字
datetime	日期型，用于保存日期时间
char	固定长度字符型，最大长度为8000个字符
varchar	可变长度字符型，最大长度为8000个字符

拓展训练

1．在 Microsoft SQL Server 2000 的企业管理器中，除了可以使用可视化的方法来创建数据库和数据表，还可以在查询分析器中直接使用 SQL 语句完成创建数据库及数据表。SQL 语句如下。

(1) 创建数据库的 SQL 语句：

```
CREATE  DATABASE  U6YHGL
   ON (NAME =' U6YHGL_Data', FILENAME = 'D: \ U6YHGL_Data.MDF')
   LOG ON (NAME = ' U6YHGL_Log', FILENAME = 'D:\ U6YHGL_Log.LDF')
```

(2) 创建数据表及录入数据记录的 SQL 语句：

```
CREATE TABLE  文具表
(
    文具      varchar(50)   NOT NULL,
    成本价    money         NOT NULL ,
    零售价    money         NOT NULL ,
    库存      money         NOT NULL
)
```

2．扩展练习：请在查询分析器中使用 SQL 语句创建本系统的数据库与数据表。

任务二　编写公共类

任务目标　本任务编写一个公共类，类中包括本系统关于数据库操作的各个方法。

通过完成本任务学会C#操作Microsoft SQL Server2000数据库的实现方法。

任务分析　本系统公共类中所包括的数据库操作方法有4个。

(1) ExecuteNonQuery方法：执行SQL语句，不返回结果。一般是用于执行插入、更新和删除等语句。

(2) getDataReader方法：执行Select查询语句，返回一个DataReader对象。

(3) GetDataSet方法：执行Select查询语句，返回一个DataSet对象。

(4) ExecuteScalar方法：执行Select查询语句，返回第一行第一列的值。

实施步骤

01 启动Microsoft Visual C# 2008 Express，创建一个Windows窗体应用程序，名称为Ex12。

02 在项目中添加一个类，类名为DBTool，编写DBTool.cs的代码如下。

```
using System;
using System.Collections.Generic;
using System.Linq;
using System.Text;
using System.Data.SqlClient;
// 引用System.Data.SqlClient空间，使用连接SQL的ADO.Net对象
using System.Data;          // 使用DataSet对象
namespace Ex1               // 命名空间
{
    public static class DBTool
    {
        // 数据库连接字符串
        public static readonly string ConnectString = @"server=.;
        database=WJ_DB;uid=sa;pwd=sa";
        // 执行SQL语句命令
        public static void ExecuteNonQuery(string strSql)
        {
            SqlConnection conn = new SqlConnection(ConnectString);
            // 创建SqlConnection对象
            SqlCommand cmd = new SqlCommand();  // 创建SqlCommand对象
            cmd.CommandText = strSql;
            cmd.Connection = conn;
            conn.Open();
            cmd.ExecuteNonQuery();          // 执行
            cmd.Dispose();                  // 释放资源
            conn.Dispose();
        }
```

. 表示本地服务器，实际使用时可改为服务器的IP地址

```
// 执行SQL语句，返回DataReader
        public static SqlDataReader getDataReader(string strSql)
        {
            SqlConnection conn = new SqlConnection(ConnectString);
            // 创建SqlConnection对象
            SqlCommand cmd = new SqlCommand();  // 创建SqlCommand对象
            cmd.Connection = conn;   // 设置SqlCommand属性
            cmd.CommandText = strSql;
            conn.Open();
            SqlDataReader dr = cmd.ExecuteReader();   // 执行查询
            cmd.Dispose();  // 释放资源
            return dr;    // 返回查询结果
        }
        // 根据SQL语句读取数据，返回DataSet
        public static DataSet GetDataSet(string strSql)
        {
            SqlConnection conn = new SqlConnection(ConnectString);
            // 创建SqlConnection对象
            conn.Open();
            SqlDataAdapter da = new SqlDataAdapter(strSql, conn);
            // 创建SqlDataAdapter对象
            DataSet ds = new DataSet();// 创建DataSet对象，存放数据
            da.Fill(ds); // 填充数据
            da.Dispose();
            conn.Dispose();
            return ds;  // 返回查询结果
        }
        // 根据SQL语句查询数据，返回第1行第1列的数据
        public static object ExecuteScalar(string strSql)
        {
            SqlConnection conn = new SqlConnection(ConnectString);
            // 创建SqlConnection对象
            SqlCommand cmd = new SqlCommand();  // 创建SqlCommand对象
            cmd.Connection = conn;              // 设置SqlCommand属性
            cmd.CommandText = strSql;
            conn.Open();
            object val = cmd.ExecuteScalar();   // 执行查询
            conn.Dispose();
            cmd.Dispose();
            return val;  // 返回查询结果
        }
    }
}
```

代码解释

代码中定义DBTool类，类中定义了4个方法：ExecuteNonQuery、getDataReader、GetDataSet和ExecuteScalar。调用ExecuteNonQuery方法时，需要传递一个没有返回值的SQL语句，例如Insert、Update和Delete。调用其余3个方法时，需要传递一个Select语句，3个方法有不同形式的返回值。

小贴士

DBTool类设计成一个静态类，这样就可以直接调用该类，而不需要实例化一个对象。另外，类的方法都是静态方法，都可以直接调用。

相关知识

本系统使用SQL Server数据库，如果要操作SQL Server数据库，必须使用System.Data.SqlClient命名空间下的ADO.NET对象，相关对象如下。

（1）SqlConnection：与 SQL Server 数据库建立连接。使用时必须设置一个连接数据库的字符串。例如：

```
string ConnectString = "server=.;database=WJ_DB;uid=sa;pwd=sa";
// 连接字符串
SqlConnection conn = new SqlConnection(ConnectString);
// 创建SqlConnection对象
conn.open();        // 打开连接
conn.close();       // 关闭连接
```

（2）SqlCommand：数据命令对象，主要功能是向数据库发送查询、更新、删除、修改操作的 SQL 语句。例如：

```
string ConnectString = "server=.;database=WJ_DB;uid=sa;pwd=sa";
// 连接字符串
SqlConnection conn = new SqlConnection(ConnectString);
// 创建SqlConnection对象
conn.Open();       // 打开连接
SqlCommand cmd = new SqlCommand();     // 创建SqlCommand对象
cmd.Connection = conn;     // 设置连接
cmd.CommandType = CommandType.Text;    // 命令文本类型
cmd.CommandText = strSql;    // 设置要执行的SQL语句
cmd.ExecuteNonQuery();       // 执行
```

（3）SqlDataAdapter：数据适配器对象，是 DataSet 与数据源之间的桥梁，主要使用 Fill 方法从数据源中提取数据并填充到 DataSet 中。

（4）DataSet：数据集，是一系列从数据库中读取出来的数据表的集合，一般与 SqlDataAdapter 结合使用。例如：

```
string ConnectString = "server=.;database=WJ_DB;uid=sa;pwd=sa";
// 连接字符串
SqlConnection conn = new SqlConnection(ConnectString);
// 创建SqlConnection对象
conn.Open();      // 打开连接
SqlDataAdapter da = new SqlDataAdapter(strSql, conn);
// 创建SqlDataAdpater对象
DataSet ds = new DataSet();     // 创建DataSet对象，存放数据
da.Fill(ds); // 填充数据
```

任务三　制作主界面

任务目标　本任务完成主界面的制作，主要学会树控件 TreeView 和 Select 查询语句的使用。

任务分析　本系统的主界面分为三部分。左边是用树控件 Treeview 做成的菜单。右边是两个重要的信息提示：本月零售龙虎榜和库存缺货提示。其中零售龙虎榜显示本月销售额最多的10种文具，并从多到少进行排序；库存缺货提示列出库存量小于30的文具。另外，为了给用户赏心悦目的感觉，本系统使用了较多的颜色，使外观更美观。

实施步骤

01 在“解决方案资源管理器”面板中，右击“Form1.cs”，选择“重命名”命令，将名称修改为ZhuJieMian，如图12-11所示。

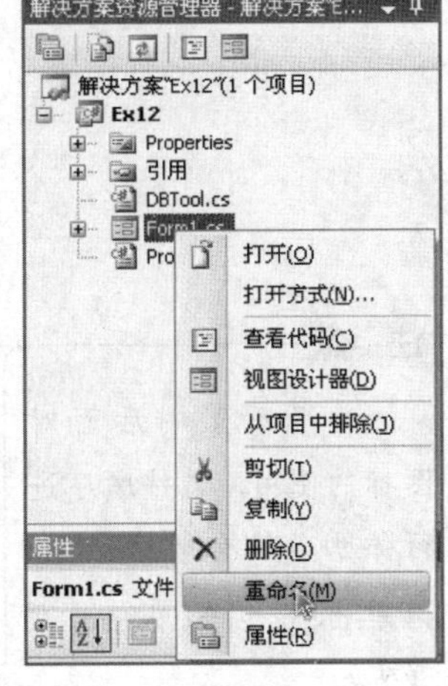

图12-11　重命名Form1窗体

02 按表12-6设置窗体的属性，设置效果如图12-12所示。

表12-6　窗体属性设置

属　性	值	说　明
Text	文具店零售管理系统	窗体标题
MaximizeBox	False	隐藏最大化按钮
Width	804	宽度
Height	561	高度
StartPosition	CenterScreen	启动位置（屏幕中心）
BackColor	255, 224, 192	背景色
Ico	zcm.ico	窗体小图标

图12-12　设置窗体效果

小贴士

可用鼠标选中Form1.cs，然后按F2键进行重命名。

图12-13　添加ImageList控件

03 双击“工具箱”面板上“组件”中“ImageList”控件，添加一个ImageList控件，如图12-13所示。

04 单击窗体下方“imageList1”控件右上方的三角小图标，再单击“选择图像”，如图12-14所示。

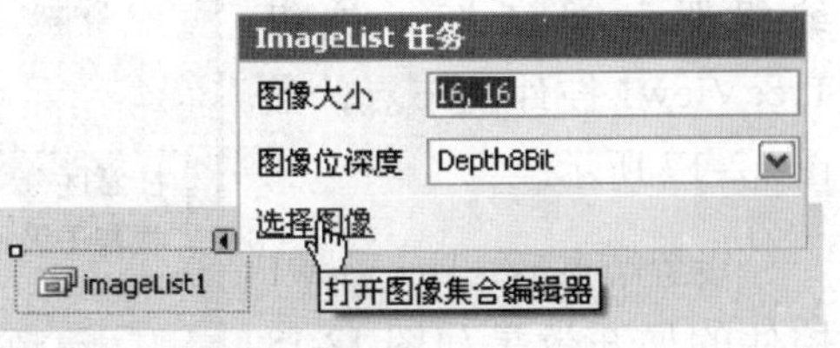

图12-14　设置imageList1控件

05 在弹出的“图像集合编辑器”对话框中，添加主界面所需使用的图标，如图 12-15 所示。

> **注 意**
>
> 为了不影响后面对图标的使用，请按顺序进行添加。如有顺序错乱，请单击↑和↓按钮进行移动。

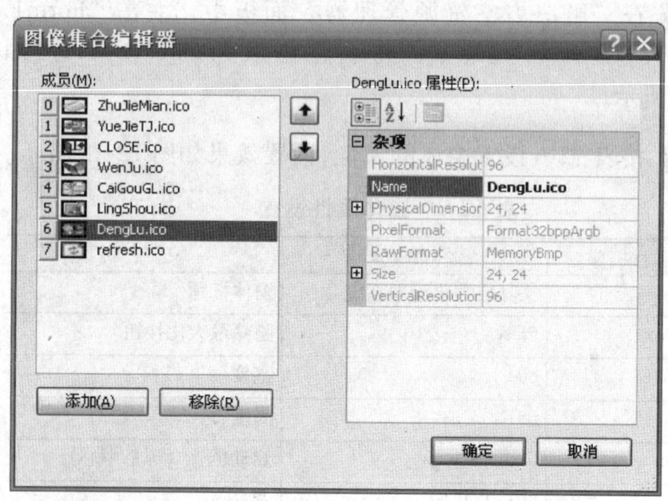

图 12-15　添加 imageList1 控件的图像集合

06 双击“工具箱”面板上“公共控件”中“TreeView”控件，在窗体上添加一个树控件，如图 12-16 所示。

07 按表 12-7 设置 TreeView1 控件的属性，调整大小后将其拖到窗体适当的位置。

图 12-16　添加 TreeView 控件

表 12-7　TreeView1 控件属性设置及说明

属　性	值	说　明
Font的Name	微软雅黑	文字字体
Font的Size	11	文字大小
ImageList	ImageList1	所使用图像列表
Indent	30	字节点的缩进宽度
ItemHeight	40	各节点的高度

08 选中 TreeView1 控件，单击右上方的三角小图标后，再单击“编辑节点”，在弹出的“TreeNode 编辑器”对话框中编辑 TreeView1 控件的节点，如图 12-17 所示。

设置节点后，TreeView1 控件的展开效果如图 12-18 所示。

图 12-17　设置 TreeView1 控件的节点

09 双击“工具箱”面板上“容器”中的GroupBox控件，添加两个GroupBox控件，并在每个GroupBox控件中添加一个DataGridView控件，按表12-8设置它们的属性。

图 12-18　设置后的TreeView1控件

表 12-8　控件属性设置及说明

控　　件	属　　性	值	说　　明
groupBox1	Text	本月零售龙虎榜	显示文本
	ForeColor	ActiveCaption	文字颜色
	BackColor	255, 224, 192	背景颜色
groupBox2	Text	库存缺货提示	显示文本
	ForeColor	Red	文字颜色
	BackColor	255, 224, 192	背景颜色
dataGridView1（零售龙虎榜）	Name	gvSale	名称
	AllowUserToAddRows	False	不允许用户添加行
	AllowUserToDeleteRows	False	不允许用户删除行
	BackGroundColor	White	背景色
	ReadOnly	True	只读
dataGridView2（库存缺货提示）	Name	gvTip	名称
	AllowUserToAddRows	False	不允许用户添加行
	AllowUserToDeleteRows	False	不允许用户删除行
	BackGroundColor	White	背景色
	ReadOnly	True	只读

调整控件大小，拖到窗体适当位置，效果如图12-19所示。

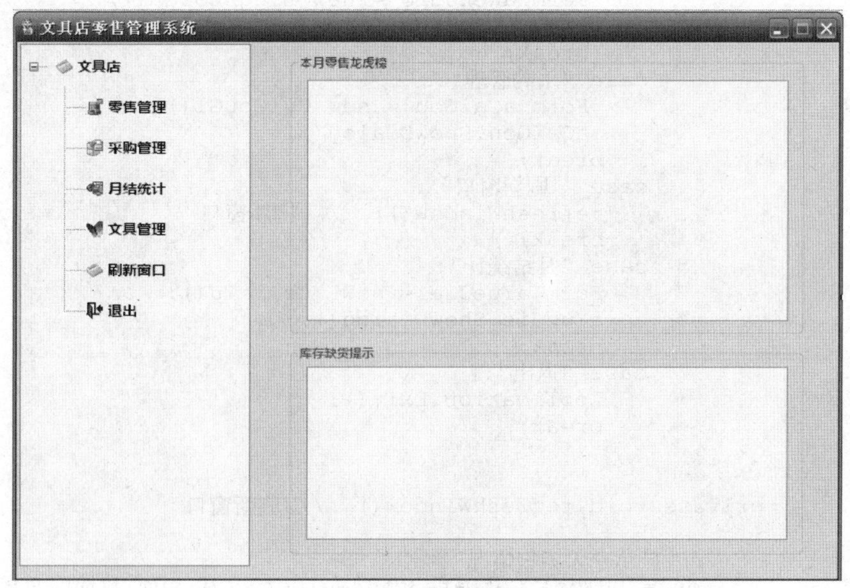

图 12-19　调整后窗体效果

10 双击窗体，输入以下代码。

```
using System;
using System.Collections.Generic;
using System.ComponentModel;
using System.Data;
using System.Drawing;
using System.Linq;
using System.Text;
using System.Windows.Forms;
using System.Data.SqlClient;

namespace Ex12
{
    public partial class ZhuJieMian : Form
    {
        private DataSet ds;    全类公用DataSet对象ds
        public ZhuJieMian()
        {
            InitializeComponent();
        }
        private void Form1_Load(object sender, EventArgs e)
        // 窗体启动
        {
            // 展开功能树
            treeView1.ExpandAll();
            refreshWindow();  // 刷新窗口
        }
        private void treeView1_DoubleClick(object sender, EventArgs e)
        {
            switch(treeView1.SelectedNode.Text)
            {
                case "文具管理":
                    Form aWenJuGL = new WenJuGL();
                    aWenJuGL.ShowDialog();
                    break;
                case "零售管理":
                    Form aWenJuLS = new LingShouGL();
                    aWenJuLS.ShowDialog();
                    break;
                case "采购管理":
                    Form aCaiGou = new CaiGouGl();
                    aCaiGou.ShowDialog();
                   break;
                case "刷新窗口":
                   refreshWindow();  // 刷新窗口
                   break;
                case "月结统计":
                   Form aYueJie = new YueJieTJ();
                   aYueJie.ShowDialog();
                   break;
                case "退出":
                   Application.Exit();
                   break;
            }
        }
        private void refreshWindow()  // 刷新窗口
        {
            // 显示今天零售情况
            ds = DBTool.GetDataSet("Select 文具,sum(数量) 总售量,sum(金
```

```
额) 零售额 From 零售表 Where month(日期) = " + DateTime.Now.Month.To-
String() + " group by 文具  Order By sum(金额) Desc");
                gvSale.DataSource = ds.Tables[0];

                // 显示库存提示
                 ds = DBTool.GetDataSet("Select 文具,成本价,零售价,库存 From
文具表 Where 库存 < 40  Order By 库存");
                gvTip.DataSource = ds.Tables[0];
            }
        }
}
```

11 按照表 12-9 为系统功能模块创建 Windows 窗体。

12 保存项目，按 F5 键运行程序，效果如图 12-20 所示。

表 12-9 系统各功能窗体文件

窗体名称	功　能
WenJuGL.cs	文具管理
LingShouGL.cs	零售管理
CaiGouGL.cs	采购管理
YueJieTJ.cs	月结统计

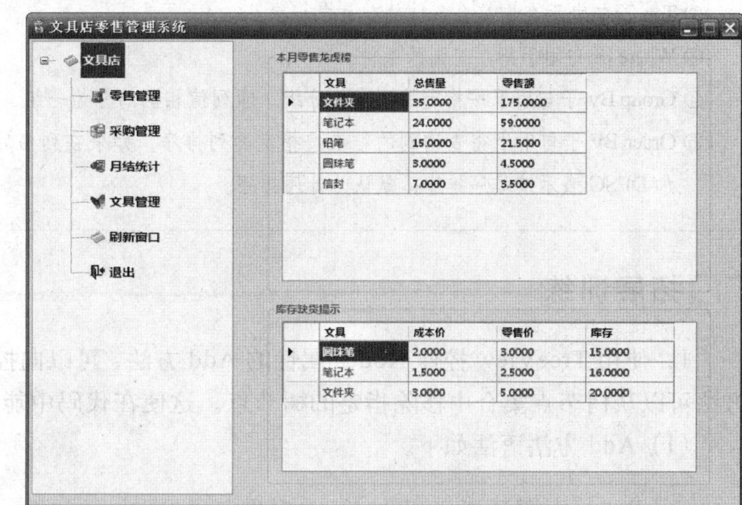

图 12-20 主界面运行效果

相关知识

(1) TreeView 控件可以以树的形式为用户显示节点层次结构，每个节点可以包含子节点，包含子节点的节点称为父节点。例如 Windows 资源管理器功能的左窗口中显示文件和文件夹就是树结构的典型应用，如图 12-21 所示。

图 12-21 Windows 资源管理器树结构

TreeView 控件包括以下几个常用属性。

① ImageList：所使用的图像列表。当在节点前显示小图标时，需要设置该属性为某个 ImageList 图像控件。

② Indent：字节点的缩进宽。用于调整节点与节点之间的宽度。

③ ItemHeight：节点的高度。

④ SelectedNode：TreeView 控件的选中节点。该属性在代码中使用。

（2）Select 语句是 SQL 命令的重要语句之一。它能按指定的条件从数据表中查询数据，并能实现对数据表进行分组、排序等操作。Select 语句语法格式如下。

```
Select 列名列表
[Top n]
From 表名
[Where 条件]
[Group By 列名列表]
[Order By 列名1[ASC|DESC]，列名2[ASC|DESC]…]
```

说 明

① [⋯] 中的子句表示可有可无。

② Top 子句表示查询符合条件的前 n 条记录。

③ Where 子句用于指定查询的条件。

④ Group By 子句用于按指定的列进行分组，即列值相同的分为一组，一般用于分组统计。

⑤ Order By 子句用于将查询到的结果按指定的列排序，如果在列名后面加 ASC 表示该列按升序排序，加 DESC 表示按降序排序，默认为升序排序。

拓展训练

1．使用 TreeView 控件 Nodes 属性的 Add 方法，可以向控件中添加节点。使用 Remove 方法可以从树节点集合中移除指定的树节点。这使在代码中能动态控制树的节点。

（1）Add 方法语法如下。

```
public virtual int Add(TreeNode node)
```

说 明

TreeNode 类型是 TreeView 的节点类，使用它能创建节点对象。

node 是要添加到集合中的 TreeNode 对象。

返回值为添加到树节点集合中的 TreeNode 的从零开始的索引值。

示例：

```
TreeNode fjd = treeView1.Nodes.Add("文具");      // 添加一个父节点
TreeNode zjd = new TreeNode("笔记本");      // 创建一个子节点
fjd.Nodes.Add(zjd);      // 将子节点添加到父节点中
```

（2）Remove 方法语法如下。

```
public void Remove(TreeNode node)
```

说 明

node 为要移除的 TreeNode。

示例：

```
treeView1.Nodes.Remove(treeView1.SelectedNode); // 移除当前选中节点
```

2．扩展练习：请将文具表中的文具名以 TreeView 控件呈现出来，要求建立父节点“文具”，所有文具名作为其子节点。

任务四 制作文具管理模块

任务目标

本任务完成文具管理模块，实现文具的增加、删除、修改和查询功能，效果如图 12-22 所示。

通过完成本任务，理解对数据表增、删、查、改的原理，并学会实现的方法。

图 12-22 文具管理

任务分析

文具管理模块主要实现对文具表的增加、删除、修改和查询功能。如图 12-22 所示，功能默认显示文具表全部文具信息，用户随时可以输入文具名进行查询。在界面下方提供了文具录入功能，可添加新文具。另外，用户可以在文具表中选择一个文具，单击“删除”按钮直接删除，或者在文具录入框架中进行修改。

实施步骤

01 双击 WenJuGL.cs 文件，在窗体上添加两个 GroupBox 控件。然后在 groupBox1 控件上添加 1 个 Label、1 个 TextBox、4 个 Button 和 1 个 DataGridView 控件，在 groupBox2 控件上添加 4 个 Label、4 个 TextBox 和 2 个 Button 控件，如图 12-23 所示。

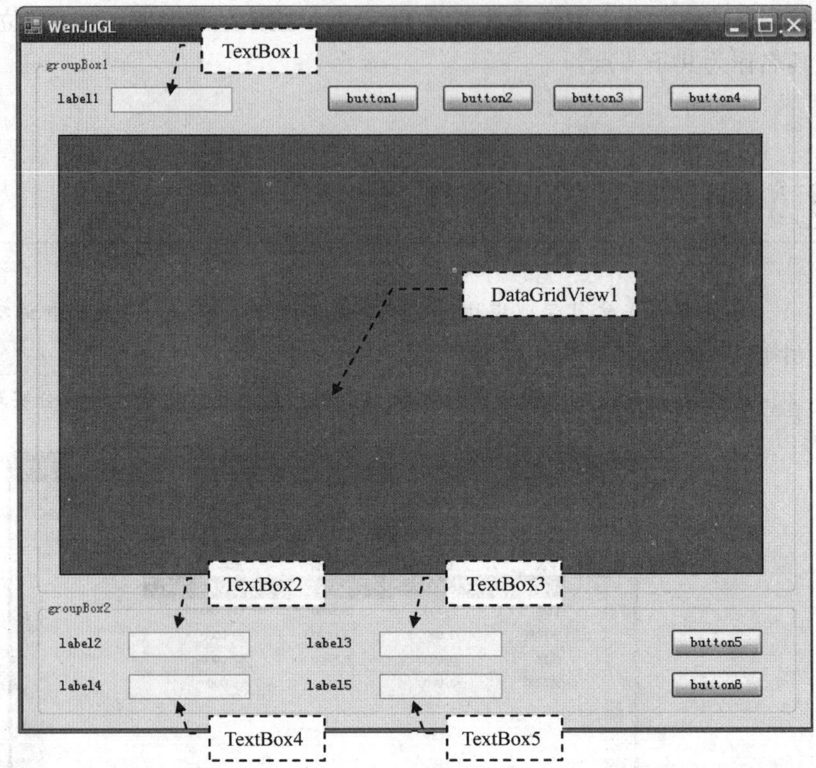

图 12-23　文具管理界面设计

02 根据表 12-10 设置窗体控件属性，窗体界面效果如图 12-22 所示。

表 12-10　文具管理窗体控件属性

窗 体 控 件	属　　性	值	说　　明
WenJuGL窗体	Text	文具管理	窗体标题
	StartPosition	CenterParent	窗体第一次出现位置
	Width	603	窗体宽度
	Height	607	窗体高度
	MaximizeBox	False	不可用最大化按钮
	Icon	WenJu.ico	窗体小图标
groupBox1	Text	文具浏览	框架显示文本
	BackColor	255, 224, 192	背景色
groupBox2	Text	文具录入	框架显示文本
	BackColor	192, 255, 255	背景色
label1	Text	文具：	显示文本
label2	Text	文　具：	显示文本
label3	Text	成本价：	显示文本
label4	Text	零售价：	显示文本
label5	Text	库存：	显示文本
TextBox1	Name	txtFind	控件名称
TextBox2	Name	txtWenJu	控件名称

续表

窗体控件	属　性	值	说　明
TextBox3	Name	txtChengBenJia	控件名称
TextBox4	Name	txtLingShouJia	控件名称
TextBox5	Name	txtKuChun	控件名称
button1	Name	btnCx	控件名称
	Text	查 询(&C)	显示文本
button2	Name	btnAll	控件名称
	Text	显示全部(&V)	显示文本
button3	Name	btnDel	控件名称
	Text	删 除(&D)	显示文本
button4	Name	btnExit	控件名称
	Text	退 出(&X)	显示文本
button5	Name	btnAdd	控件名称
	Text	添 加(&A)	显示文本
button6	Name	btnEdit	控件名称
	Text	修 改(&E)	显示文本
DataGridView1	Name	gvWenJu	控件名称
	AllowUserToAddRow	False	不允许添加行
	AllowUserToDeleteRow	False	不允许删除行
	BackgroundColor	White	背景色
	ReadOnly	True	只读

03 双击窗体，在窗体启动事件 WenJuGL_Load 中实现显示文具表，代码如下。

```
sing System;
using System.Collections.Generic;
using System.ComponentModel;
using System.Data;
using System.Drawing;
using System.Linq;
using System.Text;
using System.Windows.Forms;

namespace Ex12
{                                                    ①
    public partial class WenJuGL : Form
    {
        private DataSet ds;      // 全类使用的DataSet私有变量ds
        public WenJuGL()
        {
            InitializeComponent();
        }
        private void WenJuGL_Load(object sender, EventArgs e)
        {   // 显示文具表
            ds = DBTool.GetDataSet("Select * From 文具表");
            // 调用公共类查询
            gvWenJu.DataSource = ds.Tables[0];            ②
            // 设置DataGridView控件数据源
        }
    }
}
```

代码解释

① 由于功能中许多地方需要从数据库中读取数据，所以定义了一个类中私有使用的 DataSet 变量 ds。

② 在任务 2 中已经编写相应数据库操作方法，此处使用了 GetDataSet 方法，该方法执行 Select 语句，返回一个 DataSet 对象。

04 双击窗体上“查询”按钮，编写代码实现查询功能，代码如下。

```
private void btnCx_Click(object sender, EventArgs e)
{
   string strFind = txtFind.Text;        // 读取文具文本框内容
   string strSelect = "Select * From 文具表 Where 文具='" + strFind +
"'"; // 生成Select语句
   ds = DBTool.GetDataSet(strSelect);   // 调用公共类查询
   gvWenJu.DataSource = ds.Tables[0];   // 设置DataGridView控件数据源
}
```

小贴士

(1) 查询是利用了 Select 的 Where 语句实现。Where 语句后面紧跟一个条件，例如文具 =' 笔记本'，Select 语句只返回符合该条件的记录。

(2) 在 SQL 语句中，字符串必须使用单引号（''）括起来。

05 双击窗体上“显示全部”按钮，编写代码实现显示全部功能，代码如下。

```
private void btnAll_Click(object sender, EventArgs e)
{
    ds = DBTool.GetDataSet("Select * From 文具表");       // 查询整个文具表
    gvWenJu.DataSource = ds.Tables[0];
    // 设置DataGridView控件数据源
}
```

06 双击窗体上“删除”按钮，编写代码实现删除功能，代码如下。

```
private void btnDel_Click(object sender, EventArgs e)
{
     if (MessageBox.Show("确定要删除吗? ", "系统提示", MessageBoxButtons.
YesNo) == DialogResult.Yes)          ①
     {                                                        ②
          string WenJu;
          WenJu = gvWenJu.SelectedRows[0].Cells[0].Value.ToString();
          DBTool.ExecuteNonQuery("Delete From 文具表 Where 文具='" +
          WenJu + "'");
          ds = DBTool.GetDataSet("Select * From 文具表");
          gvWenJu.DataSource = ds.Tables[0];
     }
}
```

代码解释

① 调用 MessageBox 类的 Show 方法弹出询问对话框，提示用户确认删除。该方法第一个参数是提示信息，第二个参数是对话框标题，第三个参数是按钮类型，这里用的是“是 / 否”

按钮。Show 方法会返回一个 DialogResult 枚举类型的值，如果为 Yes 则执行删除操作。

② 返回 DataGridView 控件当前选中行第 1 列的值，即文具名。

07 双击窗体上“添加”按钮，编写代码实现添加功能，代码如下。

```
private void btnAdd_Click(object sender, EventArgs e)
{
    string WenJu = txtWenJu.Text;          // 读取文具名
    double ChengBenJia = Convert.ToDouble(txtChengBenJia.Text);
    // 读取成本价
    double LingShouJia = Convert.ToDouble(txtLingShouJia.Text);
    // 读取零售价
    double KuChun = Convert.ToDouble(txtKuChun.Text); // 读取库存
    // 生成添加SQL语句
    string strInsert = "Insert Into 文具表(文具,成本价,零售价,库存) Val-
ues('" + WenJu + "'," + ChengBenJia.ToString() + "," + LingShouJia.
ToString() + "," + KuChun.ToString() + ")";

    DBTool.ExecuteNonQuery(strInsert);  // 执行Insert语句
    ds = DBTool.GetDataSet("Select * From 文具表");
    gvWenJu.DataSource = ds.Tables[0];
}
```

代码解释

代码首先读取用户输入的文具名、成本价、零售价和库存信息，然后根据这些信息生成 Insert 语句，接着调用公共类中 ExecuteNonQuery 方法执行该语句，插入数据，最后重新刷新窗体的文具表。

08 当用户需要修改文具时，需要先在文具表选中文具。选中的文具的信息会显示在文具录入框架中，此时，用户可进行修改。

（1）选中 gvWenJu 控件，在属性面板中双击 RowEnter 事件，该事件在用户选中某一行时触发，如图 12-24 所示。

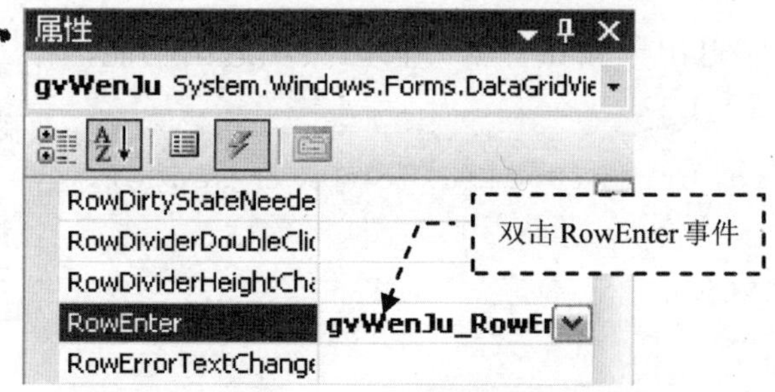

图 12-24　进入 gvWenJu 控件的 RowEnter 事件

（2）编写 gvWenJu 控件的 RowEnter 事件代码，代码如下。

```
private void gvWenJu_RowEnter(object sender, DataGridViewCellEventArgs e)
{
    txtWenJu.Text = gvWenJu.Rows[e.RowIndex].Cells[0].Value.ToString();
```

```
        // 读取文具名
        txtChengBenJia.Text = gvWenJu.Rows[e.RowIndex].Cells[1].Value.
        ToString();
        // 成本价
        txtLingShouJia.Text = gvWenJu.Rows[e.RowIndex].Cells[2].Value.
        ToString();
        // 零售价
        txtKuChun.Text = gvWenJu.Rows[e.RowIndex].Cells[3].Value.ToString();
        // 库存
        this.Tag=gvWenJu.Rows[e.RowIndex].Cells[0].Value.ToString();
        // 保存当前文具名
    }
```

代码解释

代码中分别读取选中行的各种文具信息，在对应的文本框上显示。另外，还保存了当前文具名，这在修改时起作用。

(3) 双击“修改”按钮，编写代码实现修改功能，代码如下。

```
private void btnEdit_Click(object sender, EventArgs e)
{
    string WenJu = txtWenJu.Text;   // 读取文具名
    double ChengBenJia = Convert.ToDouble(txtChengBenJia.Text);
    // 成本价
    double LingShouJia = Convert.ToDouble(txtLingShouJia.Text);
    // 零售价
    double KuChun = Convert.ToDouble(txtKuChun.Text);   // 库存

    // 生成Update修改语句
    string strUpdate = "Update 文具表 Set 文具 = '" + WenJu + "',成本价
="+ChengBenJia.ToString() + ", 零售价=" + LingShouJia.ToString() + ",
库存=" + KuChun.ToString() + " Where 文具='" + this.Tag + "'";
```

gvWenJu 选中行时保存的当前文具名

```
    DBTool.ExecuteNonQuery(strUpdate);  // 执行
    ds = DBTool.GetDataSet("Select * From 文具表"); // 重新查询
    gvWenJu.DataSource = ds.Tables[0];

}
```

09 双击窗体上“退出”按钮，编写代码实现退出功能，代码如下。

```
private void btnExit_Click(object sender,
EventArgs e)
{
    this.Close();
}
```

小贴士

在使用 Update 语句更新数据表记录时，请记住在后面加上 Where 条件语句，以免将全部数据修改，造成不必要的损失。

相关知识

(1) Insert 语句用于向表中添加数据，语法格式如下。

```
Insert Into 表名 [(字段列表)] Values (相应的值列表)
```

> **说 明**
>
> Values 子句中给出的值的个数必须与字段列表字段的个数相同，并且数据类型必须一一对应。如果省略了字段列表，则表示全部字段。

示例：

```
Insert  Into 文具表 (文具名,采购价,零售价,库存)  Values ('圆珠笔',1,2,10)
```

（2）Update 语句用于修改表中的数据，语法格式如下。

```
Update 表名 Set 列1=新值,列2=新值…  Where  <修改的条件>
```

说明：

使用 Update 语句时，如果没有使用 Where 子句，就会对表中所有的行进行修改。

示例：

```
Update 文具表  Set  零售价=2.5  Where  文具名='圆珠笔'
```

拓展训练

请在 Microsoft SQL Server2000 的查询分析器中，使用 Insert 语句向文具表添加如图 12-10 所示的文具信息。

任务五 制作文具采购模块

任务目标　本任务完成采购管理模块，实现文具店日常的文具采购入库管理，效果如图 12-25 所示。通过完成本任务学会组合条件查询。

任务分析　文具采购是文具店日常管理的主要流程之一，本任务实现对该流程的管理。如图 12-25 所示，功能默认显示当天文具的采购情况，用户可以通过修改日期查询其他时间的采购记录。在界面下方提供了文具采购功能，可对文具进行采购入库，也可以对以前采购记录进行修改。另外，当用户采购入库时，必须对文具表对应文具的库存进行调整，实现库存电脑化管理。

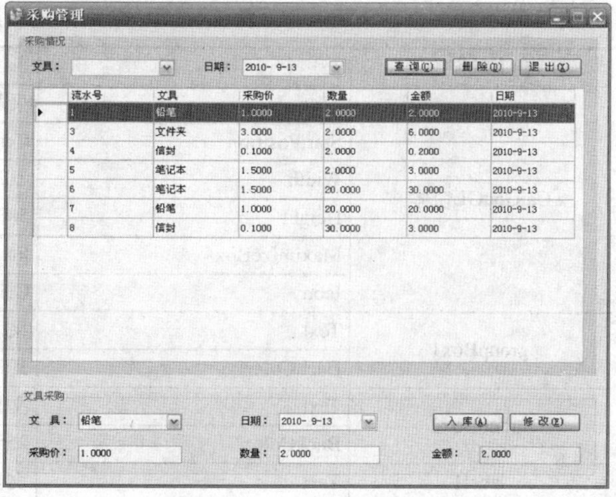

图 12-25　文具采购管理

实施步骤

01 双击打 CaiGouGL.cs 文件，在窗体上添加两个 GroupBox 控件。然后在 groupBox1 控件上添加 2 个 Label、1 个 ComboBox、1 个 DateTimePicker、3 个 Button 和 1 个 DataGridView 控件，在 groupBox2 控件上添加 5 个 Label、1 个 ComboBox、1 个 DateTimePicker、3 个 TextBox 和 2 个 Button 控件，如图 12-26 所示。

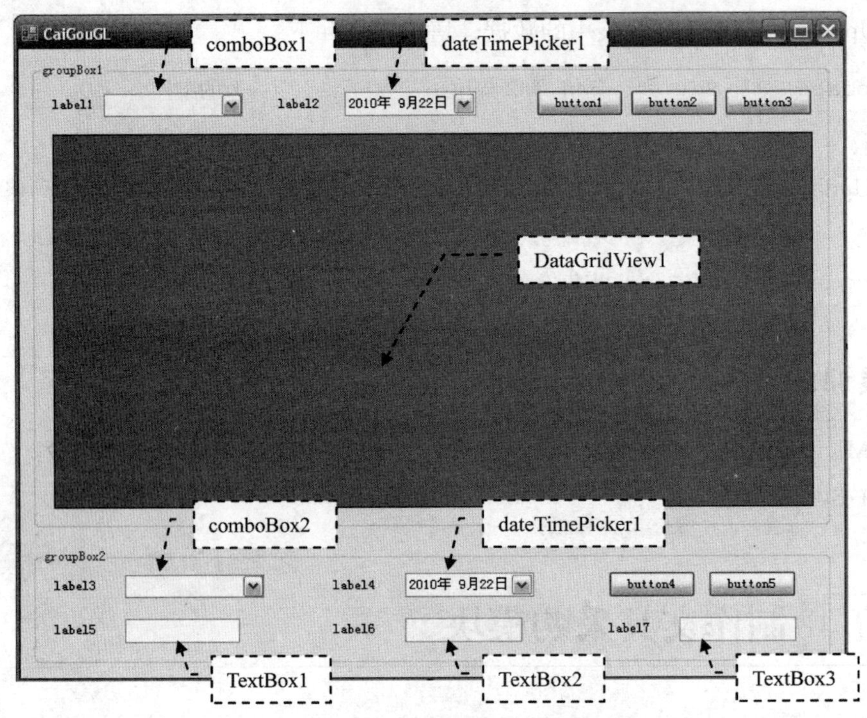

图 12-26　文具管理界面设计

02 根据表 12-11 设置窗体控件属性，窗体界面效果如图 12-25 所示。

表 12-11　文具采购管理窗体控件属性

窗体控件	属　性	值	说　明
CaiGouGL窗体	Text	采购管理	窗体标题
	StartPosition	CenterParent	窗体第一次出现位置
	Width	717	窗体宽度
	Height	580	窗体高度
	MaximizeBox	False	不可用最大化按钮
	Icon	CaiGouGL.ico	窗体小图标
groupBox1	Text	采购情况	框架显示文本
	BackColor	192, 255, 192	背景色
groupBox2	Text	文具采购	框架显示文本
	BackColor	255, 224, 192	背景色
label1	Text	文具：	显示文本
label2	Text	日期：	显示文本

续表

窗体控件	属　　性	值	说　　明
label3	Text	文 具：	显示文本
label4	Text	日期：	显示文本
label5	Text	采购价：	显示文本
label6	Text	数量：	显示文本
label7	Text	金额：	显示文本
comboBox1	Name	cmbFindWenJu	控件名称
dateTimePicker1	Name	dtpFindRiQi	控件名称
comboBox2	Name	cmbWenJu	控件名称
dateTimePicker2	Name	dtpRiQi	控件名称
TextBox1	Name	txtCaiGouJia	控件名称
TextBox2	Name	txtShuLiang	控件名称
TextBox3	Name	txtJingE	控件名称
button1	Name	btnCx	控件名称
	Text	查 询(&C)	显示文本
button2	Name	btnDel	控件名称
	Text	删 除(&D)	显示文本
button3	Name	btnExit	控件名称
	Text	退 出(&X)	显示文本
button4	Name	btnAdd	控件名称
	Text	入 库(&A)	显示文本
button5	Name	btnEdit	控件名称
	Text	修 改(&E)	显示文本
DataGridView1	Name	gvCaiGou	控件名称
	AllowUserToAddRow	False	不允许添加行
	AllowUserToDeleteRow	False	不允许删除行
	BackgroundColor	White	背景色
	ReadOnly	True	只读

03 双击窗体，在窗体启动事件 CaiGouGl_Load 中实现显示文具表，代码如下。

```
using System;
using System.Collections.Generic;
using System.ComponentModel;
using System.Data;
using System.Drawing;
using System.Linq;
using System.Text;
using System.Windows.Forms;
namespace Ex12
{
    public partial class CaiGouGl : Form
    {
        private DataSet ds;
        public CaiGouGl()
        {
            InitializeComponent();
        }
```

```
        private void CaiGouGl_Load(object sender, EventArgs e)
        {
            // 显示今天文具采购信息表
            ds = DBTool.GetDataSet("Select * From 采购表 Where 日期='"
+ DateTime.Today.ToShortDateString() + "'");
            gvCaiGou.DataSource = ds.Tables[0];
①
            ds = DBTool.GetDataSet("Select 文具 From 文具表");
            // 读取文具表信息
            // 初始化窗体上的文具下拉列表框                              ②
            for (int i = 0; i < ds.Tables[0].Rows.Count; i++)
            {
                cmbFindWenJu.Items.Add(ds.Tables[0].Rows[i][0].To-
                String());
                cmbWenJu.Items.Add(ds.Tables[0].Rows[i][0].ToString());
            }
            ds.Dispose();
        }
    }
}
```

代码解释

① DateTime.Today.ToShortDateString()：返回当天的日期。

② 读取文具表，循环整个表，每循环一行，将该行的文具名添加到窗体上两个文具下拉列表框。

04 双击窗体上“查询”按钮，编写代码实现查询功能，代码如下。

```
private void btnCx_Click(object sender, EventArgs e)
{
    string WenJu = cmbFindWenJu.Text;    // 读取文具文本框
    string Riqi = dtpFindRiQi.Text;      // 读取日期文本框

    // 生成Select查询语句
    string strSelect = "Select * From 采购表 Where 日期='" + Riqi + "'";
    if (WenJu.Length > 0)    // 如果用户要按文具进行查询
        strSelect += " And 文具='" + WenJu + "'";    // 加入文具条件

    ds = DBTool.GetDataSet(strSelect);
    gvCaiGou.DataSource = ds.Tables[0];

}
```

代码解释

代码中在生成 Select 查询语句时，先定义 strSelect 变量保存初始的查询语句，该语句包括了日期查询条件。然后判断用户是否选择了文具，如果选择了则将文具条件加入到 Where 条件中。

05 双击窗体上“删除”按钮，编写代码实现删除功能，代码如下。

```
private void btnDel_Click(object sender, EventArgs e)
{
    if (MessageBox.Show("确定要删除吗？", "系统提示", MessageBoxButtons.
YesNo) == DialogResult.Yes)
    {
        string ID = gvCaiGou.SelectedRows[0].Cells[0].Value.ToString();
        // 读取流水号
        string strDel = "Delete From 采购表 Where 流水号=" + ID;
        // 根据流水号删除
        DBTool.ExecuteNonQuery(strDel);
        btnCx_Click(sender, e);     // 调用查询
    }
}
```

代码解释

文具采购管理的删除原理与文具的删除原理一致，只是本功能采用的删除条件是流水号。

06 当用户修改采购价与数量时，系统应该能自动计算金额并显示出来。本任务编写一个计算金额的方法，在采购价与数量文本框内容改变事件 TextChanged 调用，代码如下。

```
private void JsJingE()        // 计算金额
{
    double CaiGouJia = Convert.ToDouble(txtCaiGouJia.Text);
    // 读取采购价
    double ShuLiang = Convert.ToDouble(txtShuLiang.Text);
    // 读取数量
    double JingE = CaiGouJia * ShuLiang;   // 计算金额
    txtJingE.Text = JingE.ToString();    // 显示金额
}
private void txtShuLiang_TextChanged(object sender, EventArgs e)
// 数量文本框改变事件
{
    JsJingE();          // 数量改变时计算金额
}
private void txtCaiGouJia_TextChanged(object sender, EventArgs e)
// 采购价文本框改变事件
{
    JsJingE();          // 采购价改变时计算金额
}
```

07 双击窗体上“入库”按钮，编写代码实现入库功能，代码如下。

```
private void btnAdd_Click(object sender, EventArgs e)
{
    string WenJu = cmbWenJu.Text;    // 读取文具
    double CaiGouJia = Convert.ToDouble(txtCaiGouJia.Text);
    // 读取采购价
    double ShuLiang = Convert.ToDouble(txtShuLiang.Text);
    // 读取数量
    double JingE = Convert.ToDouble(txtJingE.Text); // 读取金额
    string RiQi = dtpRiQi.Text; // 读取日期

    // 生成Insert语句
    string strSelect = "Insert Into 采购表(文具,采购价,数量,金额,日期) " +
                       "Values('" + WenJu + "'," + CaiGouJia.ToString()+
```

```
                    "," + ShuLiang.ToString() +  "," + JingE.ToString() +
                    ",'" + RiQi + "')";
    DBTool.ExecuteNonQuery(strSelect);  // 执行Insert语句
    // 处理库存
    strSelect = "Update 文具表 Set 库存 = 库存+" + ShuLiang + " Where 文
具='" + WenJu + "'";
    DBTool.ExecuteNonQuery(strSelect);
    btnCx_Click(sender, e);
}
```

更新文具表的对应文具的库存

08 编写 gvCaiGou 的 RowEnter 事件和“修改”按钮单击事件，完成入库修改功能。

(1) 选中 gvCaiGou 控件，在属性面板中双击 RowEnter 事件，编写如下事件代码。

```
private void gvCaiGou_RowEnter(object sender, DataGridViewCellEventArgs e)
{
  cmbWenJu.Text = gvCaiGou.Rows[e.RowIndex].Cells[1].Value.ToString();
  txtCaiGouJia.Text = gvCaiGou.Rows[e.RowIndex].Cells[2].Value.ToString();
  txtShuLiang.Text = gvCaiGou.Rows[e.RowIndex].Cells[3].Value.ToString();
  txtJingE.Text = gvCaiGou.Rows[e.RowIndex].Cells[4].Value.ToString();
  dtpRiQi.Text = gvCaiGou.Rows[e.RowIndex].Cells[5].Value.ToString();
  this.Tag = gvCaiGou.Rows[e.RowIndex].Cells[0].Value.ToString();
}
```

(2) 双击“修改”按钮，编写代码实现修改功能，代码如下。

```
private void btnEdit_Click(object sender, EventArgs e)
{
    string WenJu = cmbWenJu.Text;    // 读取文具
    double CaiGouJia = Convert.ToDouble(txtCaiGouJia.Text);
    // 读取采购价
    double ShuLiang = Convert.ToDouble(txtShuLiang.Text);
    // 读取数量
    double JingE = Convert.ToDouble(txtJingE.Text);       // 读取金额
    string RiQi = dtpRiQi.Text;       // 读取日期
    // 更新入库记录
     string strSelect = "Update 采购表 set 文具='" + WenJu + "',采购价
=" + CaiGouJia.ToString() + ",数量=" + ShuLiang.ToString() + ",金额="
+ JingE.ToString() + ",日期='" + RiQi + "' Where 流水号=" + this.Tag.
ToString();
    DBTool.ExecuteNonQuery(strSelect);
    btnCx_Click(sender, e);   // 重新查询
}
```

09 双击窗体上“退出”按钮，编写代码实现退出功能，代码如下。

```
private void btnExit_Click(object sender, EventArgs e)
{
    this.Close();
}
```

相关知识

当 Select 查询条件超出一个时，需要使用组合查询条件，将多个查询条件用逻辑运算符连接起来。Microsoft SQL Server2000 中组合条件的逻辑运算符包括两个。

(1) AND：并且。表示两个查询条件之间是并且的关系，要求记录同时符合两个查询条件。例如，查询 2010 年 10 月 1 日笔记本的采购情况的 Select 语句如下。

```
Select * From 采购表 Where 文具='笔记本' AND 日期='2010-10-01'
```

（2）OR：或者。表示两个查询条件只要符合其中一个即可。例如，查询笔记本和圆珠笔采购情况的 Select 语句如下。

```
Select * From 采购表 Where 文具='笔记本' OR 文具='圆珠笔'
```

拓展训练

1．当需要进行模糊查询时，就要使用 Where 子句中的模糊匹配运算符 Like。例如查询文具名包含“笔”字的采购记录：

```
Select * From 采购表 Where 文具 Like '%笔%'
```

表达式 '% 笔 %' 的 % 是通配符，它表示任意字符。那么在“笔”字前后加上 % 就可表示包含“笔”字。在条件表达式中的常用通配符包括下列 2 种。

（1）%：百分号，匹配包含 0 个或多个字符的字符串。

（2）_：下划线，匹配任何单个的字符。

2．扩展练习。

（1）查询文具名包含“笔记”的采购记录。

（2）查询文具名以“笔”字开头的采购记录。

（3）查询文具名以“本”字结束的采购记录。

（4）查询文具名第 2 个字是“记”字的采购记录。

任务六 制作文具零售模块

任务目标 本任务完成零售管理模块，实现文具店日常的文具售出管理，效果如图 12-27 所示。

任务分析 文具零售管理实现文具店日常文具售出管理。如图 12-27 所示，模块提供按日期与文具名相结合的查询条件，用户可方便查询某一天某一件文具的零售情况。另外，模块也提供了对文具零售记录的增加、修改和删除等基本维护功能。

实施步骤

文具零售管理的窗体界面以及实现原理与文具采购管理相似，读者可以参考任务五进行制作，本任务不作详细介绍。它们存在以下三点不同。

01 操作的数据表不同。采购操作的是采购表，零售操作的是零售表。

02 价格不同。采购使用的是文具的采购价，零售使用的是文具的零售价。这在窗体界面以及代码上都有所体现。

03 处理文具库存方式不同。采购入库时应该对相应文具的库存进行相加，零售售出时应该对相应文具的库存进行相减。

图 12-27　文具零售管理

任务七　实现月结统计功能

任务目标　本任务完成文具店的日常月结统计功能，包括两个方面：采购统计与零售统计，效果如图 12-28 所示。通过完成本任务学会如何使用 Select 语句来对数据表进行简单的统计。

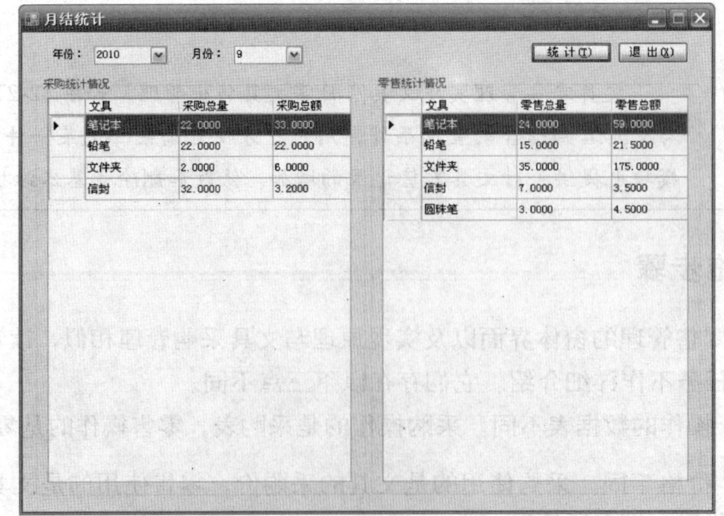

图 12-28　文具月结统计

任务分析 月结统计功能用于文具店每月一次对采购情况与零售情况进行统计。其中采购统计依据采购表，汇总统计各种文具的采购情况；而零售统计则是根据零售表，汇总统计各种文具的零售情况。

如图 12-28 所示，窗体提供用户选择年份与月份，当单击“统计”按钮后，系统对该月份的采购情况与零售情况进行统计，并在下方两个表中显示。

实施步骤

01 双击打开 YueJieTJ.cs 文件，在窗体上添加 2 个 Label、2 个 ComboBox、2 个 Button 和 2 个 GroupBox 控件。然后在 groupBox1 控件上添加 1 个 DataGridView 控件，在 groupBox2 控件上添加 1 个 DataGridView 控件，如图 12-29 所示。

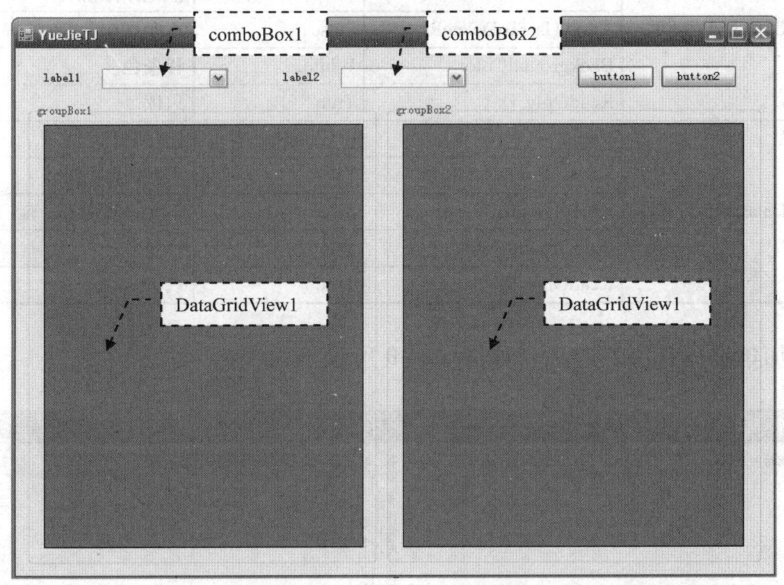

图 12-29 月结统计界面设计

02 根据表 12-12 设置窗体控件属性，窗体界面效果如图 12-28 所示。

表 12-12 月结统计窗体控件属性

窗体控件	属性	值	说明
YueJieTJ窗体	Text	月结统计	窗体标题
	StartPosition	CenterParent	窗体第一次出现位置
	BackColor	192, 255, 255	背景色
	Width	740,	窗体宽度
	Height	550	窗体高度
	MaximizeBox	False	不可用最大化按钮
	Icon	YueJieTJ.ico	窗体小图标
label1	Text	年份：	显示文本
label2	Text	月份：	显示文本
comboBox1	Name	cmbYear	控件名称

续表

窗体控件	属　性	值	说　明
comboBox2	Name	cmbMonth	控件名称
button1	Name	btnTj	控件名称
	Text	统 计(&T)	显示文本
button2	Name	btnExit	控件名称
	Text	退 出(&X)	显示文本
groupBox1	Text	采购统计情况	框架显示文本
	BackColor	192, 255, 255	背景色
groupBox2	Text	零售统计情况	框架显示文本
	BackColor	192, 255, 255	背景色
DataGridView1	Name	gvCaiGou	控件名称
	AllowUserToAddRow	False	不允许添加行
	AllowUserToDeleteRow	False	不允许删除行
	BackgroundColor	White	背景色
	ReadOnly	True	只读
DataGridView2	Name	gvLingShou	控件名称
	AllowUserToAddRow	False	不允许添加行
	AllowUserToDeleteRow	False	不允许删除行
	BackgroundColor	White	背景色
	ReadOnly	True	只读

03 添加年份与月份的选项，如图 12-30 所示。

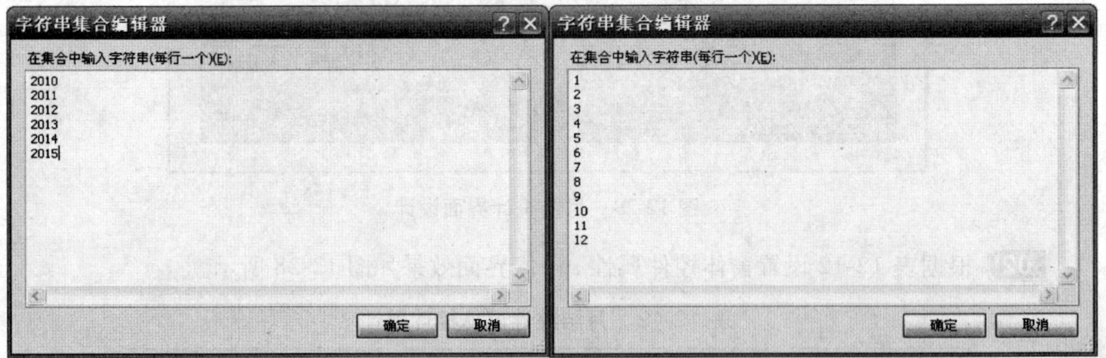

图 12-30　年份与月份的选项

04 双击窗体，在窗体启动事件 YueJie_Load 中设置年份与月份默认为当前年与当前月选项，代码如下。

```
using System;
using System.Collections.Generic;
using System.ComponentModel;
using System.Data;
using System.Drawing;
using System.Linq;
using System.Text;
using System.Windows.Forms;
```

```
namespace Ex12
{
    public partial class YueJieTJ : Form
    {
        public YueJieTJ()
        {
            InitializeComponent();
        }
        private void YueJie_Load(object sender, EventArgs e)
        {
            cmbYear.Text = DateTime.Today.Year.ToString();
            // 设置当前年份
            cmbMonth.Text = DateTime.Today.Month.ToString();
            // 设置当前月份
        }
    }
}
```

05 双击窗体上“统计”按钮，编写代码实现统计功能，代码如下。

```
private void btnTJ_Click(object sender, EventArgs e)
{
    string strSelect;   // Select查询语句
    DataSet ds;
    string Year = cmbYear.Text; // 获取年份
    string Month = cmbMonth.Text;   // 获取月份
    // 采购统计
     strSelect = "Select 文具,sum(数量) As 采购总量,sum(金额) As 采购总额
From 采购表 Where year(日期)=" + Year + " And month(日期)=" + Month+"
Group By 文具";
    ds = DBTool.GetDataSet(strSelect);
    gvCaiGou.DataSource = ds.Tables[0];
    // 零售统计
     strSelect = "Select 文具,sum(数量) As 零售总量,sum(金额) As 零售总额
From 零售表 Where year(日期)=" + Year + " And month(日期)=" + Month + "
Group By 文具";
    ds = DBTool.GetDataSet(strSelect);
    gvLingShou.DataSource = ds.Tables[0];
}
```

代码解释

代码中先读取用户所选择的年份与月份，然后根据年份与月份分别生成采购统计与零售统计的Select语句，并进行统计。

小贴士

关于Select语句分组关键字Group By的使用，请查看【相关知识】。

06 双击窗体上“退出”按钮，编写代码实现退出功能，代码如下。

```
private void btnExit_Click(object sender, EventArgs e)
{
    this.Close();
}
```

相关知识

Select语句中的统计功能是对查询结果进行求和、求平均值、求最大最小值等操作。统计的方法是通过集合函数和Group By子句相结合来实现的。表12-13列出了常用的集合函数。

表 12-13 常用的集合函数

集合函数	功 能
SUM	计算数值总和
MIN	计算最小值
MAX	计算最大值
COUNT	统计个数
AVG	计算平均值

使用 Group By 子句能使查询结果根据分组进行统计。

示例：

```
Select 文具, Sum(数量) AS 总数量, Sum(金额) As 总金额 From 采购表 Group
By 文具表
```

拓展训练

在 Microsoft SQL Server2000 的查询分析器中使用 Select 语句进行以下统计。

1．统计本月总零售额。

2．统计笔记本每天的平均零售量。

3．统计本月笔记本最大一次零售量。

4．统计本月各文具的零售情况（零售量与零售额）。

任务八 制作用户登录模块

任务目标 本任务完成用户登录模块，实现用户进入系统前的身份验证功能，效果如图 12-31 所示。

任务分析 由于本系统涉及到文具店的日常经营情况，属于商业机密，所以需要在进入系统前进行用户登录，保证系统的安全性。如图 12-31 所示，功能要求用户输入用户名与密码，密码以星号显示，只有正确的用户名与密码才能登录本系统，否则将提示身份验证失败信息。

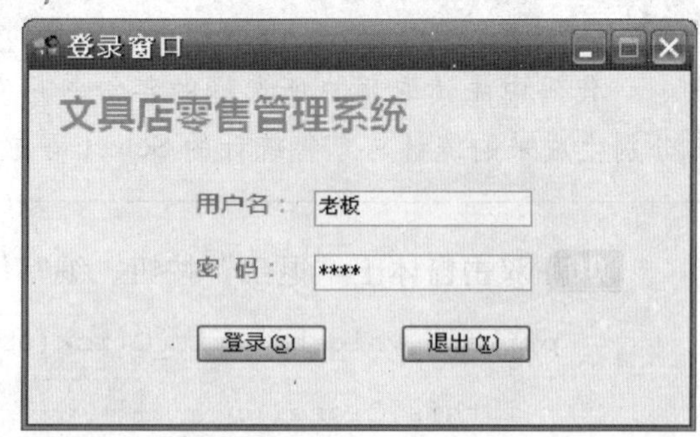

图 12-31 登录窗口

实施步骤

01 添加一个窗体，名称为 DengLu。在该窗体上添加 3 个 Label、2 个 TextBox 和 2

个 Button 控件，如图 12-32 所示。

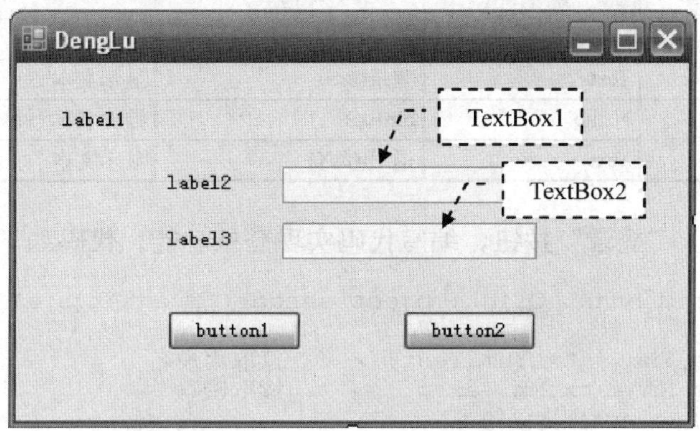

图 12-32　用户登录界面设计

02 根据表 12-14 设置窗体控件属性，窗体界面效果如图 12-31 所示。

表 12-14　用户登录窗体控件属性

窗体控件	属　性	值	说　明
DengLu窗体	Text	登录窗口	窗体标题
	StartPosition	CenterParent	窗体第一次出现位置
	Width	385	窗体宽度
	Height	238	窗体高度
	MaximizeBox	False	不可用最大化按钮
	Icon	DengLu.ico	窗体小图标
label1	Text	文具店零售管理系统	显示文本
	ForeColor	255, 128, 128	字体颜色
	Font的Name	微软雅黑	字体
	Font的Size	16	字体大小
	Font的Bold	True	加粗
	AutoSize	True	自动大小
label2	Text	用户名：	显示文本
	ForeColor	DodgerBlue	字体颜色
	Font的Name	微软雅黑	字体
	Font的Size	10	字体大小
	Font的Bold	True	加粗
	AutoSize	True	自动大小
label3	Text	密　码：	显示文本
	ForeColor	DodgerBlue	字体颜色
	Font的Name	微软雅黑	字体
	Font的Size	10	字体大小
	Font的Bold	True	加粗
	AutoSize	True	自动大小
TextBox1	Name	txtYhm	控件名称
TextBox2	Name	txtMm	控件名称

续表

窗体控件	属　性	值	说　明
button1	Name	btnDL	控件名称
	Text	登录(&S)	显示文本
button2	Name	btnExit	控件名称
	Text	退 出(&X)	显示文本

03 双击窗体上“登录”按钮，编写代码实现登录功能，代码如下。

```
private void BtnDL_Click(object sender, EventArgs e)
{
    string Yhm = txtYhm.Text;    // 读取用户名
    string Mm = txtMm.Text;      // 读取密码
    // 生成Select查询语句
string strSelect = "Select * from 用户表 Where 用户名='" + Yhm +
"' And 密码='" + Mm + "'";
// 查询返回第1行1列的值，找不到则返回null
    if (DBTool.ExecuteScalar(strSelect) != null)
    {
        this.Hide();    // 隐藏本窗体

        ZhuJieMian aForm1 = new ZhuJieMian();
        // 生成主窗体对象
        aForm1.Show();        // 显示主窗体
    }
    else     // 否则登录失败
    {
        MessageBox.Show("登录验证失败！");
    }
}
```

执行 strSelect 语句，返回表中第 1 行第 1 列的值，为 null 表示返回空表，即用户名与密码不存在

04 双击窗体上“退出”按钮，编写代码实现退出功能，代码如下。

```
private void btnExit_Click(object sender, EventArgs e)
{
    Application.Exit();  // 退出整个项目
}
```

项目小结

本项目主要通过开发一款文具店零售管理系统，向读者详细介绍了开发管理信息系统的整个流程。从开发前的需求分析，到数据库设计与创建，再到公共类的编写，最后到各个功能的分析与实现方法，每一个环节都是软件开发流程不可或缺的。

通过对本项目的学习，读者应该能够掌握如何定义公共类，如何实现数据表的增加、删除、修改以及如何对数据表的查询结果进行统计。另外，还应该对软件的开发流程有一个整体认识，能自主根据需求设计并开发管理信息系统。